Berufliche Netzwerke knüpfen
für Dummies

Berufliche Netzwerke knüpfen – Schummelseite

Der Einstieg ins Netzwerken

1. Überlegen Sie sich genau, was Sie mit dem Netzwerken erreichen wollen.

2. Stellen Sie eine Liste mit infrage kommenden Netzwerken (neue und solche, in denen Sie schon Mitglied sind) zusammen.

3. Machen Sie sich mit den Mitgliedschaftskonditionen (Pflichtaktivitäten, Beiträge) vertraut.

4. Melden Sie sich an und stellen Sie sich vor.

5. Nehmen Sie teil, unabhängig davon, ob es um Online-Foren oder regionale Stammtische geht.

Wichtig beim Small Talk

✔ Wählen Sie Themen, bei denen die anderen mitreden können und die auf Gemeinsamkeiten abzielen.

✔ Meiden Sie explosive Themen wie Moral, Politik oder Religion.

✔ Zeigen Sie gute Umgangsformen, indem Sie niemanden stehen lassen, sich vorstellen, wenn Sie zu einer Runde treten, und die anderen ausreden lassen.

✔ Behalten Sie Ihre privaten Dramen für sich und versuchen Sie auch, andere davon abzuhalten, Ihnen etwas zu erzählen, was ihnen danach vielleicht peinlich ist.

✔ Beenden Sie interessante Gespräche mit einem Austausch der Kontaktdaten und merken Sie sich Besonderheiten oder notieren Sie sie auf der überreichten Visitenkarte.

✔ Verabreden Sie sich explizit zu geschäftlichen Themen und vermischen Sie sie nicht mit einem Small Talk bei der ersten Begegnung.

Berufliche Netzwerke knüpfen – Schummelseite

Wie Sie online nach Netzwerken recherchieren

✔ Loggen Sie sich bei XING, LinkedIn oder Ihrem Spezialportal ein und schauen Sie, in welchen Netzwerken Ihre Kollegen oder Vertreter Ihrer Berufsgruppe sind.

✔ Besuchen Sie die Webseite Ihrer zuständigen Kammer oder des Verbandes und durchforsten Sie deren Veranstaltungs- und Linkangebote.

✔ Nutzen Sie Empfehlungs- und Expertennetzwerke nicht nur, um sich selbst zu profilieren, sondern sehen Sie sich auch die Beiträge anderer Experten an und suchen Sie danach, wo sie Mitglied sind.

✔ Gehen Sie nach dem Schneeballsystem vor und suchen Sie in den Mitgliedern von Dachverbänden nach interessanten kleineren Netzwerken.

✔ Suchen Sie nach Spezialnetzwerken etwa für Frauen oder junge Leute innerhalb eines etablierten Angebots.

Was Sie über Veranstaltungen wissen müssen

✔ Wer ist der Veranstalter?

✔ Welchen Zweck verfolgt die Veranstaltung?

✔ Wer ist Redner?

✔ Welche Programmpunkte werden angeboten?

✔ Wen kennen Sie, der auch zu der Veranstaltung möchte?

✔ Welche der Gäste möchten Sie unbedingt kennenlernen?

✔ Müssen Sie im Vorfeld Gesprächstermine vereinbaren?

✔ Brauchen Sie eigenes Material, das Sie weitergeben möchten?

✔ Wie sind Sie angemessen gekleidet?

✔ Welchen zeitlichen Rahmen hat die Veranstaltung?

Daniela Weber

Berufliche Netzwerke knüpfen für Dummies

WILEY-VCH Verlag GmbH & Co. KGaA

**Bibliografische Information
der Deutschen Nationalbibliothek**
Die Deutsche Nationalbibliothek verzeichnet diese
Publikation in der Deutschen Nationalbibliografie;
detaillierte bibliografische Daten sind im Internet
über http://dnb.d-nb.de abrufbar.

1. Auflage 2012

© 2012 WILEY-VCH Verlag GmbH & Co. KGaA, Weinheim

Printed in Germany

Gedruckt auf säurefreiem Papier

Coverfoto: Foto-Ruhrgebiet, Fotolia
Korrektur: Frauke Wilkens, München
Satz: Mitterweger und Partner, Plankstadt
Druck und Bindung: CPI – Ebner & Spiegel, Ulm

ISBN: 978-3-527-70748-5

Cartoons im Überblick

von Rich Tennant

Seite 27

Seite 85

Seite 61

Seite 129

Seite 179

Seite 239

Seite 271

Fax: 001-978-546-7747
Internet: www.the5thwave.com
E-Mail: richtennant@the5thwave.com

Über die Autorin

Daniela Weber hat an der Humboldt Universität zu Berlin Betriebswirtschaftslehre mit den Schwerpunkten Innovationsmanagement und Organisation studiert und sich direkt nach dem Abschluss mit einer Gründungs- und Unternehmensberatung selbstständig gemacht. Aus der Erkenntnis, dass Businesspläne und Abschlussarbeiten hinsichtlich ihrer Planung und Durchführung gar nicht so unterschiedlich sind, entstand ein zusätzliches Standbein im wissenschaftlichen Coachen.

Heute leitet sie die Unternehmensberatung »Go for Goals« sowie die Wissenschaftsberatung »Diplomwerkstatt«, beide mit Stammsitz in Berlin. So entstanden Kontakte zu Gründern und Selbstständigen, die sich auch um ihre Position in Netzwerken Gedanken machen, aber auch zu Studenten kurz vor dem Abschluss, die ebenfalls Bedarf am Netzwerken haben, indem sie sich zum Beispiel mit Alumni vernetzen oder bereits ihre Fühler zu Unternehmen ausstrecken.

Daniela Weber ist Mitglied bei mehreren Netzwerken, bloggt privat und ist bei Twitter und Facebook aktiv. Ihre Erfahrungen gibt sie gern an die Leser dieses Buches weiter.

Danksagung

Bei der Entstehung dieses Buches haben mich verschiedene Menschen mit ihrem Wissen und ihrer Erfahrung unterstützt. Besonders meine Kollegin und Grafikerin Angela Schmerfeld stand immer (auch zu den sonderbarsten Uhrzeiten) für Fragen der Bildbearbeitung zur Verfügung und Anja Bohn von Client Care hat meine Gedanken mit vielen praktischen Hinweisen und Nachfragen ergänzt. Dafür ihnen und allen, die mich mit Nahrung und Auslauf versorgt haben, ein herzliches Dankeschön.

Inhaltsverzeichnis

Über die Autorin   9
Danksagung   9

Einführung   21

Über dieses Buch   21
Konventionen in diesem Buch   22
Törichte Annahmen über den Leser   22
Wie dieses Buch aufgebaut ist   23
    Teil I: Netzwerke verstehen   23
    Teil II: Die Psychologie des Netzwerkens   23
    Teil III: Voraussetzungen für erfolgreiches Netzwerken   24
    Teil IV: Willkommen in der virtuellen Netzwerkwelt   24
    Teil V: Netzwerken live und in Farbe   24
    Teil VI: Besondere Netzwerke   24
    Teil VII: Der Top-Ten-Teil   25
Symbole, die in diesem Buch verwendet werden   25
Wie es weitergeht   25

Teil I
Netzwerke verstehen   27

Kapitel 1
Des Netzwerks Kern   29

Netzwerken – was soll das denn sein?   29
    Formelle und informelle Organisation   31
    Netzwerkarten, die Ihnen begegnen können   31
Der Weg zum Netz ...   34
... und was Sie am Ende davon haben   35

Kapitel 2
Von Knoten und Kanten   37

Auf versponnenen Pfaden   37
Wie Netzwerkelemente zusammenwirken   39

Das Who is who ...   40
    Karlchen Müller   41
    Reine Chefsache   41
    Über den Wolken ...   42
    Das große Ganze – Unternehmen   43
    Rädchen im Getriebe   44
    Wer will das haben?   44
    ... und wer mit wem was tut   45
Was ein Netzwerk kann und was nicht   46

Kapitel 3
Lebenssituationen und Netzwerken   **49**
    Wieso? Ich hab doch eine Stelle!   49
    Netzwerken für Selbstständige und Freiberufler   51
        Was alle wollen   52
        Netzwerke statt Werbung   53
    Als Unternehmen Netzwerke nutzen   54
        Was für alle Unternehmer wichtig ist   54
        Mitarbeiter und Netzwerke   55
        Mit Netzwerken Kunden erreichen   55
    Engagement nach der Ausbildung oder aus der Arbeitslosigkeit 56
    Netzwerken für Gleichgesinnte   59
        Soziales Engagement   60
        Freizeit und Karriere   60

Teil II
Die Psychologie des Netzwerkens   **61**

Kapitel 4
Reden ist Silber ...   **63**
    Was geschieht, wenn wir kommunizieren?   63
    Worüber man redet   68
        Der Small Talk   68
        Vertiefende Gespräche   70
    Kommunikationskultur   70
        Körpersprache   71
        Fragen und Antworten   71

Gespräch oder Streit   72
Sich abgrenzen   72

Kapitel 5
Das ist doch was für Extrovertierte   **73**

Welchen Unterschied macht der Typ?   73
Der Netzwerker als Menschentypus   75
Eine kleine Typologie der Netzwerker   76
Der Macher   79
Der Star   80
Der Umgänger   81
Der Analytiker   82
Welcher Netzwerkertyp sind Sie?   84

Teil III
Voraussetzungen für erfolgreiches Netzwerken   **85**

Kapitel 6
Von Zielen, Strategien und Plänen   **87**

Schöne Aussichten   87
Ziele formulieren   88
Die eigenen Ziele herausfinden   89
Der Weg ist das Ziel   94
Was ist eigentlich eine Strategie?   94
Die taktische Ebene   95
Der Faktor Zeit   97
Orientierungszeit   98
Zeit im Netzwerk   98
Zeit zur Nachbereitung   99

Kapitel 7
Ihr persönlicher Netzwerk-Grundstock   **101**

Startpunkt: Bestandsaufnahme   101
Wen kenne ich?   101
Wen kannte ich einmal?   104

Die Guten ins Töpfchen ...   104
   Aktive oder inaktive Kontakte   105
   VIPs – Very Important Persons   105
   A-, B- und C-Kontakte   106
Pflege und Wiederbelebung von Kontakten   107
   Mit Grußkarten erfreuen   108
   Telefonate richtig einsetzen   109
   Mailings und Newsletter versenden   110
   Long time ago ...   112

Kapitel 8
Das notwendige Handwerkszeug   **113**
Mit Material und Methode   113
   Der Klassiker: Visitenkarten   114
   Mehr aus dem Printbereich   117
   Elektronische Informationen   119
Mit System zum Erfolg   121
   Kontaktorganisation   121
   Terminorganisation   124

Teil IV
Willkommen in der virtuellen Netzwerkwelt   **129**

Kapitel 9
Die Wa (h)re Information   **131**
Wer sind Sie im WWW?   131
   Suchen Sie mal   132
   Woher wissen die das?   133
   Was gehört in Ihr Profil?   136
   Schlecht sind immer nur die anderen   137

Kapitel 10
Der (virtuelle) Ort des Geschehens   **139**
Business-Netzwerke – Kontakte auf Knopfdruck   139
   XING   140

LinkedIn 151
Andere Geschäftsnetzwerke 154
Private soziale Netzwerke geschäftlich nutzen 155
Twitter 155
Facebook 157
Die anderen 159
Netzwerken in Jobportalen 160

Kapitel 11
Dabei sein ist alles: Passiv im Netz 163

Ganz für sich: Nur mal gucken 163
In bester Gesellschaft: Gruppen und Foren 165
Im Abo: Newsletter und andere Nachrichten 166
Newsletter 166
RSS-Feed 167

Kapitel 12
Aus dem Vollen schöpfen: Online-Netzwerke aktiv nutzen 169

Aller Anfang ist XING 169
Kontakte anbahnen 170
Kontakte pflegen 171
Nützliche Gruppenbeiträge verfassen 173
Anknüpfungspunkte zum realen Leben 174
Ich bin ein Experte – und Sie? 175
Andere Möglichkeiten, sich zu profilieren 176
Bewertungs- und Empfehlungsportale 176
Jobportale zum Netzwerken nutzen 177
Warum in die Ferne schweifen: Das Intranet nutzen 178

Teil V
Netzwerken live und in Farbe 179

Kapitel 13
Verstecken gilt nicht: Der Sprung in die wirkliche Welt 181

Was die wahre Welt ausmacht 182
Zeigen Sie Präsenz 182

Interaktionen in der wirklichen Welt 184
Beziehungen angemessen aufbauen 184
Von kleinen Fingern und der ganzen Hand 187
Wie mit Annährungen umgehen? 187
Welches Netzwerk ist geeignet? 188
Das Netzwerk passend zur Lebenssituation 189
Das Netzwerk passend zum Typ 192
Das Netzwerk passend zum Ziel 194

Kapitel 14
Etikette und Werte **195**

Knigge reloaded 195
Das kleine Einmaleins der Umgangsformen 196
Grundlegende Verhaltensweisen 197
Rituale in geschäftlichen Zusammenhängen 200
Werte und werte Mitstreiter 202
Was sind Werte? 203
Wann werden Werte wichtig? 203

Kapitel 15
Der 1:1-Kontakt **207**

Anlässe für direkten Kontakt 207
Firmeninterne Besprechungen 207
Als Unternehmer Kunden oder Lieferanten treffen 208
Politik und Lobbyarbeit 209
Der Rahmen zum Gespräch 209
Frühstück, Mittagessen, Kaffee oder Dinner? 210
Der passende Ort 211
Privat oder zu privat? 213
Vom Small Talk zum Tachelesreden 214

Kapitel 16
Veranstaltungen besuchen **215**

Quo vadis – welche Veranstaltungen bieten was? 215
Veranstaltungsarten 216
Veranstaltungszwecke 221
Veranstaltungsauswahl 223

Die Pflicht: Veranstaltungen besuchen 224
Das formale Drumherum 225
Einer von vielen sein 228
Primus sein: Treten Sie als Gast auf 232
Die Kür: Veranstaltungen organisieren 235
Am Anfang war ein Plan 235
Es werde Licht 237
Die Guten ins Töpfchen ... 238

Teil VI
Besondere Netzwerke 239

Kapitel 17
Branchen- und berufsspezifische Netzwerke 241

Netzwerke für Gewerbetreibende 241
Warenwirtschaft in Industrie und Handel 242
Bauen und basteln: Vernetztes Handwerk 245
Dienste im Netz leisten 245
Als Gastgeber gut dastehen 247
Gesammelte Neugier: Naturwissenschaft und Forschung 248
Netzwerke für Freiberufler 249
Die Heiler 249
Die Schaffer 251
Die Gesetzestreuen 251
Die Kreativen 252
Wissensvermittler 254

Kapitel 18
Netzwerke für (zukünftigen) Lohn und Brot 255

Arbeitnehmer – vereinigt euch! 255
Gewerkschaften 256
Informationsnetze 256
(Noch) Kein Job und trotzdem Netzwerken 256
Netzwerkgelegenheiten für Berufseinsteiger 257
Schneller aus der Arbeitslosigkeit durch Netzwerken 258

Kapitel 19
Frauenpower — 261

Übergeordnete Frauennetzwerke	261
Frauennetzwerke für Führungskräfte	262
Fach- und berufsbezogene Frauennetzwerke	263
Netzwerke für Frauen in bestimmten Berufsgruppen	263
Netzwerke für Akademikerinnen und Wissenschaftlerinnen	264
Politische und kirchliche Frauenorganisationen	265
Frauengruppen der Parteien	265
Frauen und Religion	266

Kapitel 20
Netzwerke für Minderheiten — 267

Die Wirtschaftskraft der Homosexuellen	267
Arbeiten in fremder Kultur: Migrantennetze	268
Netzwerken mit Handicap	269
Weitere Besonderheiten	270

Teil VII
Der Top-Ten-Teil — 271

Kapitel 21
Zehn Gründe, mit dem Netzwerken zu beginnen — 273

Interessante Menschen kennenlernen	273
Informationen sammeln	273
Schnelleren Zugang zu Dienstleistern schaffen	274
Geschäftspartner finden	274
Kunden besser betreuen	274
Ihren Bekanntheitsgrad steigern	275
Ihren guten Ruf pflegen	275
Win-win-Situationen schaffen	275
In schlechten Zeit eine Absicherung haben	276
Spaß!	276

Kapitel 22
Zehn Überlegungen zum Aufbau Ihres Netzwerks — 277

Wen kennen Sie schon? 277
In welchen Netzwerken sind Sie bereits? 277
Was wollen Sie erreichen? 277
Wie sieht's mit dem Budget aus? 278
Welcher Typ sind Sie? 278
Welche persönlichen Interessen können hilfreich sein? 278
Womit wollen Sie anfangen? 279
Welches Material haben Sie und welches fehlt? 279
Welche Netzwerke kommen infrage? 279
Haben Sie einen Plan? 279

Kapitel 23
Zehn Grundregeln, um in Netzwerken nicht anzuecken — 281

Grundsätzliches zum Miteinander in Netzwerken 281
Respekt zeigen 281
Verbündete berücksichtigen 282
Informationen teilen 282
Verantwortung übernehmen 282
Online-Etikette und -Fallen 282
Zurückhaltung üben 283
Transparenz bieten 283
Reaktionsgeschwindigkeit prüfen 283
Verhalten bei persönlichen Treffen 283
Umgangsformen einhalten 284
Small Talk betreiben 284
Authentisch auftreten 284

Anhang A — 285

Die Sozialen: Internationale Service-Clubs 285
Die Exklusiven 288
Führungskräfte und Unternehmer 291
Junges Gemüse 293
Regionale Netzwerke 294
Marketing- und Empfehlungsnetzwerke 297

Stichwortverzeichnis — 299

Einführung

Die Welt wird immer kleiner, jedenfalls scheint es bei einem Blick auf die globale Wirtschaft so zu sein. Waren werden im- und exportiert, Produzenten und Zulieferer können in vollkommen anderen Regionen der Welt ansässig sein und inmitten dieses internationalen Informationsüberflusses sollen Sie sich noch zurechtfinden und Ihrem ganz persönlichen Business nachgehen.

Die gute Nachricht ist: Sie stehen damit nicht allein da. In vielen Gruppen und Verbänden schließen sich Gleichgesinnte zusammen, um gemeinsam mehr zu erreichen als allein. Das können Informations- oder Empfehlungsnetzwerke sein, aber auch Interessenverbände oder Freizeitvereine; allen gemeinsam ist, dass sie Ihnen die Möglichkeit bieten, sich in einem Netz von Kontakten zu etablieren, am Austausch von Gedanken und Gütern teilzunehmen und sich und Ihre Ideen bekannt zu machen.

Über dieses Buch

Das Buch, das Sie in den Händen halten, soll Ihnen ein Wegbegleiter sein, während Sie sich durch den Netzwerkdschungel bewegen. Es wird Ihnen verschiedene Angebote und Aspekte des Netzwerkens vorstellen und Ihnen Wege aufzeigen, wie Sie Ihr individuelles Netzwerk aufbauen und gestalten können. Für Sie bedeutet das, dass Sie sich nun in einen bequemen Sessel zurückziehen und dieses Buch von vorn bis hinten lesen können, dann wissen Sie so viel über die theoretische Seite vom Netzwerken wie man wissen muss, um loszulegen. Und viele praktische Tipps haben Sie auch gelesen.

Sie können aber auch zu den Teilen blättern, die Sie im Moment interessieren. Vielleicht wollten Sie schon immer einmal wissen, was im Internet für Netzwerkmöglichkeiten bestehen, dann springen Sie gleich zu Teil IV. Oder hat die psychologische Seite Ihr Interesse geweckt? Los geht's zu Teil II. Was immer Sie wissen möchten, können Sie sich anlesen, ohne dass Sie alle Seiten bis dahin durchgearbeitet haben müssen. Allerdings empfehle ich Ihnen einen Blick in die Voraussetzungen zu werfen (Teil III), damit Sie nicht in wilden Aktionismus verfallen und am Ende mit zu vielen angefangenen Strängen und zu wenigen Erfolgen dastehen. Die speziellen Netzwerke (Teil VI) hingegen sind oft nur für diejenigen interessant, die auch zu den jeweiligen Gruppen gehören.

Mein Wunsch ist, dass Sie nach der Lektüre dieses Buches eine Vorstellung davon haben, wie Ihr eigenes Netzwerk aussehen könnte, wie Sie sich darin bewegen, was Sie sich davon versprechen können – und was nicht – und welche Netzwerke für Sie ganz persönlich infrage kommen. Die Auswahl und Zusammenstellung allerdings kann ich leider nicht für Sie übernehmen. Hier müssen Sie selbst ran und je nach zeitlichem und finanziellem Budget und individuellen Zielen aktiv werden. Ein Buch bleibt eben doch ein Buch und kann Sie nur mit Informationen versorgen, durch die Sie im Netzwerkgeschehen erfolgreich sein können.

Konventionen in diesem Buch

In den verschiedenen Kapiteln des Buches gibt es unterschiedliche Schwerpunkte, die eigene Kennzeichnungen mit sich bringen. Damit Sie sich besser im Text zurechtfinden, sind manche Textstellen besonders hervorgehoben:

✔ Im Text stehen Internetadressen in `Schreibmaschinenschrift`. Weil es so viele sind, verzichte ich auf die Angabe `http://`, die zwar an den Anfang der kompletten URL einer Webseite gehört, die Sie sich hier aber bitte dazudenken.

✔ Besonders wichtige Sachverhalte sind **fett** geschrieben.

✔ Oft sind die Namen und Beschreibungen von Netzwerken schlecht auseinanderzuhalten. Damit Sie immer wissen, wann der offizielle Name eines Netzwerks gemeint ist, stehen diese Bezeichnungen *kursiv* gesetzt. Das Gleiche gilt für die Namen von Hilfsprogrammen oder Organisationen.

✔ Viele der Netzwerke sind gemeinnützig und daher eingetragene Vereine. Auch wenn das Kürzel »e. V.« zum Namen eines Vereins gehört, fällt es in diesem Buch unter den Tisch, um nicht zum meistverwendeten und am meisten den Lesefluss störenden Wort gekürt zu werden.

Törichte Annahmen über den Leser

Netzwerken ist etwas für alle Alters- und Berufsgruppe, es unterscheidet sich nicht für Akademiker oder Handwerker (außer dass es jeweils andere Spezialnetzwerke gibt), und somit gibt es eigentlich niemanden, für den dieses Buch nicht gut geeignet wäre.

Niemanden? Doch. Wenn Sie bereits ein Netzwerkprofi sind, werden Sie sich vermutlich an vielen Stellen langweilen, da Sie schon fast alles wissen. Den ein oder anderen Hinweis kann ich sicher auch solchen geben, die schon lange im

Geschäft sind und sich seit Jahren mit Netzwerken beschäftigen beziehungsweise in solchen bewegen. Aber vor allem ist dieses Buch an Einsteiger gerichtet.

Ich nehme also an, dass Sie, lieber Leser, liebe Leserin, eben noch nicht viel Ahnung davon haben, was Netzwerken Ihnen bringen kann und wie Sie sich am besten dabei anstellen. Ansonsten ist es lediglich notwendig, einen Internetzugang zu haben, um die empfohlenen Netzwerke nachrecherchieren und im Detail ansehen zu können. Besonders weil ich von Ihnen annehme, dass Sie mir keinen Blick in die Zukunft zutrauen, ist ein Internetzugang hilfreich, um auch Preisangaben in diesem Buch nachprüfen zu können, denn da kann sich im Laufe der Zeit immer mal was ändern.

Wie dieses Buch aufgebaut ist

In insgesamt sieben Teilen werden Sie schrittweise an das Konzept »Netzwerken« und die Möglichkeiten, die sich Ihnen zur Ausgestaltung bieten, herangeführt. Jeder einzelne Teil steht zwar auch für sich, doch um als Neuling die verschiedenen Facetten vom Netzwerken zu verstehen, lohnt es sich, alle Teile zu lesen. Je weiter das Buch voranschreitet, umso spezieller wird das Wissen. Die Teile I, II und III sind für alle gleichermaßen geeignet, doch schon bei der Entscheidung, ob Sie erst (oder überhaupt) Teil IV zur virtuellen oder Teil V zur real existierenden Netzwerkwelt lesen, hängt das von Ihren Interessen ab. Und in Teil VI kann naturgemäß nicht alles für alle gleichermaßen interessant sein, hier dürfen und sollen Sie selektiv lesen, was Sie betrifft.

Teil I: Netzwerke verstehen

Den Anfang dieses Buches macht ein Teil, der Ihnen helfen soll, sich über die Beschaffenheit von Netzwerken klar zu werden. Was ist ein Netzwerk, aus welchen Teilen besteht es und wer kann darin welche Rolle haben? Das sind grundlegende Fragen, die in den ersten drei Kapiteln beantwortet werden. Am Ende von Teil I hat sich für Sie hoffentlich der etwas nebulöse Begriff des Netzwerkens geklärt und Sie wissen, worum es geht und wieso es gerade für Sie wichtig sein kann, sich zu beteiligen.

Teil II: Die Psychologie des Netzwerkens

Teil II beschäftigt sich mit dem Aspekt Mensch, genauer gesagt mit dem Verhalten von Menschen, die in Netzwerken zusammenkommen, und der Kommunikation zwischen ihnen. Da es in Netzwerken besonders um Informationen geht, sollen deren Vermittlung und die verschiedenen Arten und Typen von Mitstreitern beschrieben werden.

Teil III: Voraussetzungen für erfolgreiches Netzwerken

So sehr Teil II sich um Menschen dreht, so technisch kommt Teil III daher. Knackig und präzise geht es um Zieldefinitionen, Strategien und die Mittel, um Ihre Ziele auch zu erreichen. Dazu notwendiges Material wie beispielsweise Visitenkarten wird hier erwähnt, aber auch eine Systematik, wie Sie der zunehmenden Zahl von Kontakten organisatorisch Herr werden.

Teil IV: Willkommen in der virtuellen Netzwerkwelt

In diesem Teil geht es darum, im Internet Kontakte zu knüpfen und sich in virtuellen Netzwerken zurechtzufinden. Dazu werden Sie erst einmal mit dem Grundlagenwissen über Profile und Datensicherheit ausgestattet, bevor Sie einen Überblick über die wichtigsten Online-Netzwerke erhalten, in denen Sie sich passiv umschauen oder dann aktiv mitmachen können.

Teil V: Netzwerken live und in Farbe

Ohne aktiv zu werden kommen Sie bei den Netzwerkmöglichkeiten in der wirklichen Welt nicht weit. Ob es um Treffen mit Geschäftspartnern allein oder bei Veranstaltungen geht: Sie müssen anwesend sein und sich benehmen können. Wie Sie Unsicherheiten überwinden und was geeignete Events zum Üben sind, wissen Sie, nachdem Sie Teil V gelesen haben.

Teil VI: Besondere Netzwerke

Die bislang genannten Netzwerke, online wie reale, sind allen gleichermaßen zugänglich, die sich mit anderen verbünden wollen. Dennoch gibt es eine Menge Gründe, sich innerhalb seiner Branche, seiner Interessengruppe oder nach sonstigen Interessen zu vernetzen. Was hier für wen infrage kommt, wird in Teil VI aufbereitet.

Teil VII: Der Top-Ten-Teil

Im Westen nichts Neues und auch im Top-Ten-Teil finden sich vor allem solche Hinweise übersichtlich und in komprimierter Form wieder, die über das Buch verstreut bereits aufgetaucht, aber wichtig sind.

Symbole, die in diesem Buch verwendet werden

 Ein Tipp hilft immer dann, wenn es etwas gibt, das Ihnen das Netzwerken erleichtern kann. An dieser Stelle stehen Ratschläge, die Ihnen Zeit und Aufwand sparen sollen oder zusätzliche Informationen verschaffen können.

 Vorsicht ist die Mutter der Porzellankiste. Dieses Zeichen steht an Stellen, an denen es Chancen geben kann, Sie aber auch auf die Risiken achten sollten. Wann immer im Zusammenhang mit einem Thema Fallstricke bekannt sind, bemühe ich mich, Sie ausreichend davor zu warnen. Sie müssen nicht auf jede Herdplatte selbst gefasst haben, um zu wissen, dass sie heiß ist.

 Wissen Sie noch, damals ...? Vor ein paar Seiten, als ich etwas bereits erklärt habe? Dieses Symbol soll Ihnen Wissen, das an anderer Stelle bereits ausgeführt wurde, in Erinnerung rufen.

 Ab und an stehen Beispiele nicht in Extrakästen, sondern im Text direkt dort, wo sie passen. Aber eine weitere törichte Annahme über Sie, lieber Leser, liebe Leserin, ist, dass Sie das an dem großen Schild mit der Aufschrift »Beispiel« erkennen werden.

Wie es weitergeht

Ich wünsche ich Ihnen viel Spaß mit diesem Buch. Sie können es von vorn bis hinten lesen, Sie können nach Stichwörtern suchen oder nur bestimmte Passagen anschauen. Sie können ein Feuerchen damit machen, aber darüber wäre ich traurig.

Vor allem können Sie nun umblättern und ins Thema Netzwerken einsteigen. Lesen Sie, was immer Sie interessiert; am Ende sollten Sie losziehen und Ihr Netzwerk aufbauen können.

Teil I

Netzwerke verstehen

The 5th Wave

By Rich Tennant

»Ich schwöre, es ist kein dubioses Schneeballsystem. Du hilfst
ein paar Leuten bei ihren Reparaturen zu Hause. Und dann, wenn du
das bei zehn Freunden gemacht hast,
wirst du die Samstage so wie ich genießen können.«

In diesem Teil ...

Oh toll, netzwerken ... Aber was genau ist das eigentlich? So oder ähnlich sind die Reaktionen von Menschen, die sich noch nicht in Gruppen und Verbünden organisieren, um berufliche Erfolge zu erringen.

Teil I dieses Buches möchte Ihnen einen ersten Eindruck verschaffen, worum es sich bei Netzwerken handelt, wer darin aktiv ist und wie die unterschiedlichen Beteiligten zusammenspielen. So können Sie besser einordnen, wie Sie selbst in Netzwerken handeln können und mit wem Sie es wahrscheinlich zu tun kriegen.

Des Netzwerks Kern

In diesem Kapitel

▷ Wie man sich Netzwerke aus dem Alltag herleiten kann

▷ Was in wissenschaftlichen Disziplinen zum Stichwort Netzwerk zu finden ist

▷ Wie sich das heutige Verständnis von Netzwerken entwickelt hat

▷ In welchen Dimensionen Netzwerke beschrieben werden

Für viele, die nicht schon mit der heute so kleinen und vernetzten Welt aufgewachsen sind, ist die Terminologie von Web 2.0, Social und Business Networking, aber auch der Trend zum Klub für alles und jeden Neuland. Waren vor nicht allzu vielen Jahren Seilschaften ebenso beneidet wie verpönt und Geschäftsklubs etwas für die oberen Zehntausend, ist es inzwischen nur noch sehr schwer möglich, etwas zu erreichen, ohne dafür entsprechend vernetzt zu sein.

Manches dabei ist jedoch auch der sprichwörtliche alte Wein in neuen Schläuchen, und so umfasst der Netzwerkbegriff heute auch althergebrachte Erfolgstreiber wie Empfehlungen und Mund-zu-Mund-Propaganda. Die sind nur systematischer und zielorientierter organisiert als das vor dem Netzwerkboom der Fall war. Viele verstehen nicht genau, was sich hinter der schwammigen Begrifflichkeit eigentlich verbirgt. Um das Netzwerken erfolgreich für sich zu nutzen, sollten Sie durchschauen, aus welchen psychologischen, virtuellen und realen Bausteinen es sich zusammensetzt.

In diesem Kapitel werden Sie einen Eindruck davon bekommen, was sich alles hinter dem Begriff Netzwerk verbergen kann und wie es entsteht. Hier finden Sie einen Ausblick auf alles, womit ich Sie später noch im Detail beglücken werde, sei es, welche Arten von Netzwerken es gibt, welche Beteiligten sich darin tummeln und wie die dann miteinander verbunden sein können.

Netzwerken – was soll das denn sein?

Woran denken Sie, wenn Sie an ein Netz denken? Ein Spinnennetz? Ein Fischernetz? Ein Haarnetz? All das führt in die richtige Richtung, wenn Sie sich abseits von wissenschaftlichen Ergüssen der Frage zuwenden wollen, wovon beim allgegenwärtigen, aber gleichermaßen nebulösen Netzwerken denn die Rede ist.

Ein Spinnennetz ist ein nahezu unsichtbares Gebilde, das seinem Schöpfer als Zuhause, aber auch als Beutefalle dient. Gleichermaßen verfangen sich Fische im Netz des Fischers; die Kleinen schlüpfen durch, die großen Fische werden gefangen. Und schon wird deutlich, wieso Netzwerken, besonders in der wenig modernen Form der reinen Kundenakquise, häufig einen negativen Beigeschmack bekommt: Wer möchte sich schon als Beute fühlen, die in die Falle gelockt werden soll?

Das Haarnetz-Beispiel hilft bei der neutralen Herangehensweise schon eher: Etwas wird zusammengebracht und in Form gehalten, was dennoch rückgängig gemacht werden kann (anders, als von einer Spinne gefressen zu werden!). Zumal auch hier, zumindest wenn man sich auf einer Friseurtagung befindet, ein (Kunst-)Werk dabei herauskommen kann; etwas von Menschenhand Geschaffenes. Im Verlauf dieses Buches soll dies der Leitgedanke sein.

 Netzwerken ist ein aktiver Gestaltungsvorgang und dient allen Beteiligten. Es soll weder Hierarchien noch Abhängigkeiten schaffen. Im Verlauf dieses Prozesses entsteht ein individuelles Netz aus Kontakten und Beziehungen.

Abbildung 1.1: Aufbau von Netzwerken

Die Netzwerke, von denen im beruflichen Zusammenhang die Rede ist, bestehen fast immer aus Menschen. Sie können einzeln oder in Gruppen auftreten und entsprechend vernetzt sein. Sie können am Rande eines Netzwerks wenig verbunden oder im Zentrum mit komplexen Verbindungen stehen. Kapitel 2 befasst sich näher mit den Beziehungen zwischen den Beteiligten, die die Knotenpunkte des Netzes bilden. Wie die Kommunikation auf diesen Bahnen verläuft, ist Gegenstand des zweiten Teils des Buches zum Thema Psychologie.

Formelle und informelle Organisation

Das erste große Missverständnis, wenn es um die Begrifflichkeit des Netzwerkens geht, entsteht oft schon durch die unterschiedliche Verwendung des Wortes Netzwerk. Es bezeichnet einerseits das, was sich der Einzelne als »sein« persönliches Netzwerk aufbaut, andererseits aber auch bereits bestehende Institutionen, die als Netzwerk einen Rahmen bieten, in dem sich andere Menschen kennenlernen können. Beispielsweise sind in Unternehmen formelle Netzwerke durch Projektgruppen oder Abteilungen gegeben, informelle entstehen häufig aus privaten Anlässen, etwa in der Raucherpause oder weil Hobbys geteilt werden.

Menschen, die nicht in formellen Netzwerken organisiert sind, können dennoch gut vernetzt sein, weil sie in informellen Strukturen gute Kontakte und möglicherweise viel Einfluss haben. Andererseits gibt es auch diejenigen, die allem beitreten, was sie aufnimmt, aber durch mangelnde Aktivität nie zu tatsächlich hilfreichen Beziehungen kommen.

Neue informelle Netzwerke sind schwer zu finden und nicht ohne Weiteres zugänglich. Oftmals entstehen sie aus Treffen von Menschen, die abseits der offiziellen Bahnen Verknüpfungen suchen, und neue Mitglieder werden im Kreise Gleichgesinnter durch Einladung rekrutiert. Als Netzwerkanfänger haben Sie aber wahrscheinlich schon Zugang zu verschiedenen eigenen informellen Netzwerken. Die Menschen, mit denen Sie hierdurch in Kontakt stehen, werden die Grundlage bilden, wenn es in Kapitel 7 darum geht, Ihr persönliches Netzwerk zu erfassen.

Formelle Netzwerke und die dazugehörigen Organisationen sollten Sie ausführlich prüfen, bevor Sie sich zur Mitgliedschaft entscheiden. Nicht nur, dass Sie keine Vorteile erzielen, wenn Sie sich schnell für ein ungeeignetes Netzwerk entscheiden, Sie machen zudem noch einen schlechten Eindruck auf potenzielle Geschäftspartner, wenn Sie durch Abwesenheit glänzen. Je nach Lebenssituation befinden Sie sich auch automatisch in bestimmten Netzwerken, die Sie sich gar nicht aussuchen können. Hier kommen Sie gar nicht daran vorbei, sich ein wenig über angemessenes Verhalten zu informieren, um sich keine Nachteile einzuhandeln. Teil V hilft Ihnen dabei, sich in vorhandenen Netzwerken sicher bewegen zu können.

Netzwerkarten, die Ihnen begegnen können

Um zu begreifen, was die Elemente von Netzwerken sind und wie Sie selbst ein Teil davon werden können, ist es hilfreich, sich dem Begriff aus verschiedenen Richtungen zu nähern, denn je nach Zusammenhang ist Netzwerk nicht gleich

Netzwerk. Ihre persönliche Art, sich zu vernetzen, ist immer einzigartig und lässt sich nicht theoretisch beschreiben, aber der ein oder andere Hinweis für ein eigenes Verständnis ergibt sich aus unterschiedlichen Forschungsrichtungen und in der Folge auch praktischen Anwendungen.

Technisch gesehen ist der Netzwerkbegriff in der Mathematik und in der Informatik beheimatet. Wenn Sie ihn in eine beliebige Suchmaschine eingeben, stranden Sie oft bei Begriffen wie Konnektivität, Peer-to-Peer oder Datendiensten. Das hilft Ihnen nicht weiter. Wenn Sie sich weit weg vom Fachchinesisch im einfachsten Fall eine zentrale Datenbank oder einen Server vorstellen, von dem ausgehend verschiedene Arbeitsstationen mit Informationen versorgt werden, haben Sie ein klassisches Sternnetzwerk. Der wichtigste Anteil steht in der Mitte und alle anderen gruppieren sich um ihn herum – Chefs sehen sich gern in dieser Rolle, was dem Arbeitsklima oft nicht guttut. Die im Netzwerk verbundenen Computer unterscheiden sich zudem gravierend von sozialen Netzwerken; sie verändern sich nicht ohne Weiteres, denken nicht, ändern nicht ihre Meinung und widersprechen nicht.

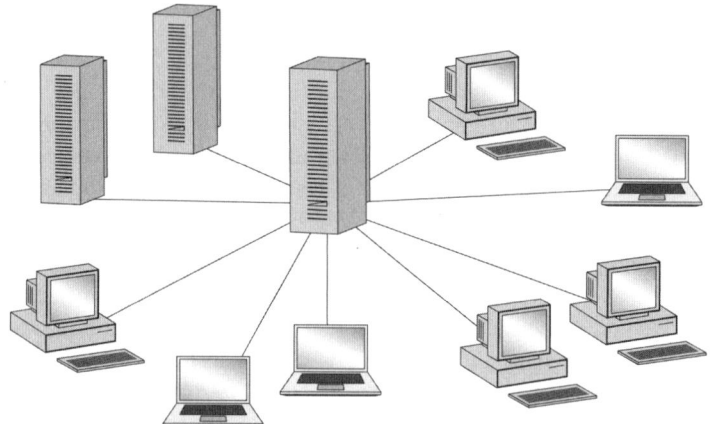

Abbildung 1.2: Computernetzwerk

In der Betriebswirtschaft ist mit einem Netzwerk häufig der geschäftliche Zusammenhang gemeint, in dem die Organisation eingebettet ist. So sind Kooperationen oder Joint Ventures typische Ergebnisse von Vernetzung. Personen spielten auf dieser Ebene erst einmal keine Rolle. Mit zunehmender Beachtung des Potenzials, das Mitarbeiter für ihr Unternehmen darstellen, entwickelt sich die Forschung und langsam auch deren Anwendung auf der Ebene weiter, auf der einzelne Menschen und deren Vernetzung von Wissen und Können unternehmerisch zu berücksichtigen sind.

Für die Unternehmensführung sind dabei Aspekte wie Machtstrukturen, die sich aus informellen Gruppen ergeben, oder Wissensverbreitung und -bewahrung Kernthemen. Die Ziele, die Betriebe mit der Untersuchung von Netzwerkoptionen verfolgen, stimmen allerdings nicht immer überein mit den Zielen der Angestellten, die sich in den Zusammenschlüssen organisieren. Ein Arbeitgeberverband sitzt eben immer auf der anderen Seite des Tisches, gegenüber den Gewerkschaftsvertretern.

Aus den Geisteswissenschaften wie der Soziologie, der Ethnologie und der Psychologie ergeben sich anders gelagerte Herangehensweisen an das Netzwerkphänomen. Schon in den 20er-Jahren des vergangenen Jahrhunderts hat sich der Arzt Jakob Moreno im Rahmen der von ihm erfundenen Soziometrie mit sozialen Gruppen und Beziehungen auseinandergesetzt. Grafisch stellte er solche Systeme in sogenannten Soziogrammen dar, die – wie viel später in der Informatik auch – aus Personen auf bestimmten Punkten (sie sogenannten Knoten) und ihren Beziehungen in Form von Linien (die sogenannten Kanten) bestanden.

 Ein Netzwerk ist mehr als die Summe seiner Teile. Durch die Existenz von Vernetzung ergeben sich Dynamiken und menschliche Verhaltensweisen, die ohne eine Gruppierung der Individuen nicht auftreten würden.

In der Ethnologie und Anthropologie gehen manche Forscher von Netzwerken als den tatsächlichen sozialen Beziehungen in einer Gemeinschaft aus. Dabei wurden in der Vergangenheit besonders Völkergemeinschaften und andere kulturelle Gruppen untersucht. Inzwischen stehen auch die Genderforschung oder Internetgruppen im Blickfeld der Forschung.

Eine eigene Netzwerktheorie existiert – trotz der Präsenz des Begriffs in beinahe jedem Feld, sei es technisch, wirtschaftlich oder sozial – bislang nicht. Modelle von Interaktion müssen immer zunächst einschränken, wer die betrachteten Akteure sein sollen und welche Beziehungen zwischen ihnen wichtig sind. Sie als kritischer Teilnehmer von Netzwerkaktivitäten können aber aus den unterschiedlichen Ansätzen Ihre persönlichen Schlüsse ziehen, was Ihr Bild vom Netzwerk prägt und auf welche Beteiligten und Beziehungen Sie Wert legen. Dieses Buch konzentriert sich auf solche Akteure und Verbindungen, die in der Geschäftswelt wichtig sind.

Der Weg zum Netz ...

In der Biografie von Menschen ist durch die Geburt in der Regel schon die erste Zugehörigkeit zu Netzwerken festgelegt. Sie werden in eine Familie hineingeboren, deren Netz sich in Form eines Stammbaums darstellen lässt. Und wer weiß, ob es nicht eine Großtante in Amerika gibt, die eines Tages noch eine Rolle in Ihrem Leben und vielleicht sogar beim beruflichen Fortkommen spielen wird. Andere Einflüsse, die Ihr Netzwerk im Laufe Ihres Lebens bestimmen, werden in Kapitel 7 thematisiert.

Im Gegensatz zum Sternnetzwerk geht der Stammbaum von einer bestimmten Stelle aus und verzweigt sich dann weiter. Denselben Effekt erzielen Sie auch, wenn Sie beispielsweise eine Telefonkette ins Leben rufen, bei der jeder Angerufene wiederum zwei andere kontaktiert.

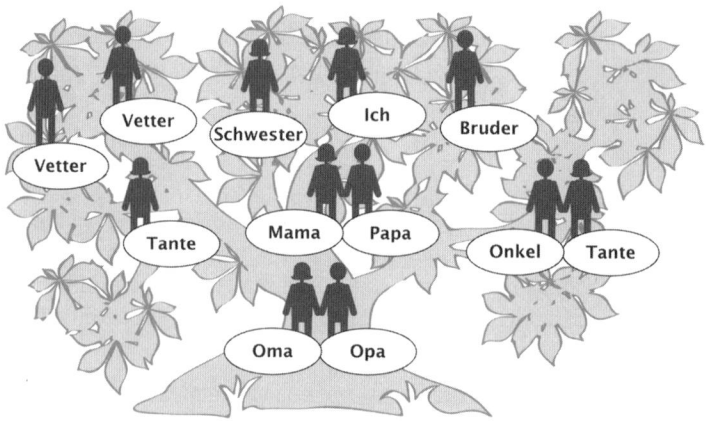

Abbildung 1.3: Stammbaum

Wie und mit wem Sie Kontakt halten und pflegen, wen Sie nicht leiden können, obwohl Blut dicker ist als Wasser, und ob Sie überhaupt jemals Berufliches mit Familiärem vermischen wollen, sind Entscheidungen, die jeder Einzelne für sich treffen muss. Aber Sie sollten sich klarmachen, dass bereits in diesem naturgegebenen Netzwerk die Chance liegt, Umgangsformen, Hilfsbereitschaft, aber auch Abgrenzungsfähigkeiten zu erproben. Die in Kapitel 14 ausführlich erläuterten Verhaltensweisen dienen ja nicht nur dazu, im Auge des Betrachters möglichst gut dazustehen. Eine positive Grundhaltung im Leben kann es auch erheblich verschönern und vereinfachen. Glücklich ist, wem schon als Kind eine entsprechende Herangehensweise vermittelt wurde. Alle anderen können es auch später im Leben noch lernen.

Der Lebensweg von Menschen in unseren Breitengraden wird häufig durch den Besuch von Institutionen geprägt. Krippe, Kindergarten, Grund- und Oberschule, Ausbildung oder ein Studium führen zu unterschiedlichen Kontakten. Dabei nimmt das Maß der regionalen Ausdehnung zu, bis hin zum Auslandssemester oder ausländischen Gaststudenten, die von fernen Ländern berichten. Auch das Ausmaß, in dem Sie sich Ihrem späteren Beruf nähern und die Institution fachbezogener wird, nimmt mit den Jahren zu. Damit verändert sich auch die Qualität Ihrer Kontakte. So kann ein Freund aus Kindertagen sicherlich ein vertrauenswürdiger Vermittler zu neuen Kreisen werden, inhaltliche Unterstützung bei einem beruflichen Problem finden Sie aber vermutlich eher im Alumni-Netzwerk ehemaliger Mitstudenten.

Wenn Sie erst mal im Arbeitsleben stehen, sind Ihre Kollegen, Vorgesetzten und Untergebenen oder Kunden, Mitarbeiter und Lieferanten Ihr berufliches Netz. Über Ihre Abteilungskollegen hinaus bieten sich Angestellten oftmals Chancen, sich in Arbeitskreisen zu profilieren und Mitarbeiter aus anderen Bereichen kennenzulernen. Zusätzlich haben Sie sich hoffentlich Ihre Familienkontakte erhalten und einen Freundeskreis über die Jahre in Schulen, Sportvereinen oder in anderen Zusammenhängen aufgebaut.

... *und was Sie am Ende davon haben*

Nun könnten Sie versucht sein zu denken, dass Sie ja schon ganz gut vernetzt sind, und sich darüber ärgern, dieses Buch gekauft zu haben. Das wäre jedoch kurzsichtig. Zu wissen, dass Sie Teil eines Knäuels sind (oder gar noch als Wolle am Schaf hängen), verschafft Ihnen noch nicht die Vorteile, die Sie in diesem Fall geschäftlich von Netzwerken erhoffen. Der Rest des ersten Buchteils dient dazu, Ihnen Ihre Position und Aussichten im Netzwerk zu verdeutlichen (Kapitel 2) und einzuordnen, in welcher Lebenssituation Sie sich was vom Netzwerken versprechen können (Kapitel 3). Danach wissen Sie, wie Ihr zukünftiger kuschliger Wollpullover aussehen könnte. Auch davon haben Sie aber noch nichts.

Erst wenn Sie wissen oder gelernt haben, wie man strickt, in diesem Fall Verknüpfungen zwischen Menschen statt Garn, und was Ihnen persönlich für eine Einbindung liegt, können Sie sich in den Netzwerken, die später beschrieben werden, auch bewegen. Der psychologische Teil II ist also nicht Selbstzweck, auch wenn es mir großen Spaß bereitet hat, ihn zu schreiben, sondern auch schon ein Teil über das rhetorische Handwerkszeug, das Sie weiterbringt.

Das Sternnetzwerk mag selbstbezogenen Persönlichkeiten liegen und der Stammbaum erklären, woher Sie stammen und wer zu welcher Generation gehört. Aber erst wenn Sie diese Konzepte mehrfach aufmalen, in einen Mixer stecken und schütteln, kommt etwas dabei heraus, was Ihrem wirklichen Netzwerk ähnlich sehen könnte: Am Ende gehört zum Netzwerken das systematische Umgehen mit und Ergänzen von Kontakten, die sich nebeneinanderher entwickelt haben. Teil III dieses Buches will Sie daher mit einer Idee versorgen, an welchem Ende des Wollknäuels Sie ziehen und was Sie später je nach Bedarf daraus stricken können.

Tragen Sie nun all Ihre Erkenntnisse über sich und die Welt, Kommunikationsflüsse und mögliche Ziele an solche Orte, an denen Sie Netzwerken betreiben können, seien sie virtuell (Teil IV) oder real (Teil V), dann und erst dann werden Sie etwas davon haben: spannende Kontakte, neuen gedanklichen Input und zusätzliche Geschäfte. Je weniger Sie die in den Mittelpunkt stellen, desto wahrscheinlicher wird es, dass sie fließen.

Von Knoten und Kanten

In diesem Kapitel

▷ Aus welchen Beteiligten Netzwerke bestehen

▷ Welche Beziehungstypen es im Netzwerk geben kann

▷ Wer wie mit wem im Netzwerk zusammenhängt

▷ Wo die Chancen und die Grenzen von Netzwerken liegen

*W*enn Sie beruflichen Nutzen aus Netzwerken ziehen wollen, spielt es eine große Rolle, was Sie von wem erwarten beziehungsweise erhoffen können und mit welchen Partnern im Boot Sie vielleicht erfolgreicher rudern. Außerdem sollten Sie sich selbst einordnen können, um zu erfahren, auf welchen Ebenen Netzwerken für Sie überhaupt sinnvoll ist.

Deshalb soll dieses Kapitel aufzeigen, wer die üblichen Verdächtigen in Netzwerken sind und wie diese typischerweise miteinander in Verbindung stehen. Dabei ergeben sich jeweils besondere Beziehungen. Am Ende sollen Sie zusammenstellen können, welche Kontakte für Sie wichtig sind und wie Sie mit ihnen umgehen wollen.

Auf versponnenen Pfaden

Grundsätzlich sind Netzwerke durch ihre Struktur gekennzeichnet. Das einfachste Merkmal eines Netzwerks ist dessen Größe. Sie wird häufig nur in Form der Mitgliederzahl angegeben, kann aber auch durch Orts- oder Untergruppen präzisiert werden. Je größer ein Netzwerk ist, desto mehr Kontakte kann es Ihnen bringen, desto weniger vertraut sind aber auch oft die Mitglieder untereinander.

Das im Netzwerk gehandelte vorrangige Gut heißt Information. Diese wandelt, einmal gesendet, von Mensch zu Mensch (oder von Knoten zu Knoten des Systems), hinterlässt hier und dort und da eine Spur geistiger Erhellung und findet schließlich ihren Adressaten, den Empfänger. Auf den Spuren der Information, also den sogenannten Kanten, folgen später hoffentlich ertragreichere Geschäftsbegriffe wie Geld, Waren oder Dienstleistungen, aber zunächst einmal geht es ums Reden.

Die Dichte und die sogenannte Multiplexität sind weitere Eigenschaften, mit denen die Soziologie Netzwerke näher bestimmt.

✔ Ein dichtes Netzwerk ist dadurch gekennzeichnet, dass die Beteiligten um eine zentrale Person herum auch intensiv miteinander in Kontakt stehen. Das Gegenteil wäre das Sternnetzwerk, in dem keinerlei Verbindungen zwischen den Kontakten einer Person bestehen. Je nachdem, ob Sie beispielsweise eine große, laute, häufig zu Feiern in unterschiedlicher Besetzung vereinte Familie haben oder außer Ihnen keiner mehr mit dem anderen redet, sind Sie in einem dichten oder weniger dichten familiären Netzwerk zu Hause. In dichten Netzwerken kommt es häufig zusätzlich zur sogenannten Clusterbildung: Drei der sieben Geschwister, die sich nahestehen, fahren häufig zusammen in den Urlaub, eine alleinerziehende Mutter hat eine enge Bindung zu ihrer Tochter, solche Besonderheiten könnten engere Zusammenschlüsse innerhalb eines Netzwerks (Cluster) ausmachen.

✔ Die Multiplexität bestimmt die Zahl der Beziehungsstränge zwischen zwei Beteiligten. Wenn Sie einen Kollegen auch aus dem Schachklub kennen und er noch der Schwager Ihrer Cousine ist, bestehen drei voneinander unabhängige Verbindungen zu ihm. Ein Netzwerk mit vielen Mehrfachbindungen gilt als stabiler als ein Zusammenschluss mit nur einer gemeinsamen Komponente.

Ein engmaschiges Netz lässt wenig durch und verteilt die Informationen schnell. Sind die Mitglieder räumlich weiter entfernt oder auch hinsichtlich sozialer Merkmale wie Bildung oder Alter weniger harmonisch, so sind die Art und der Weg der Information verändert.

Bei der Auswahl von geeigneten Netzwerken sollten Sie eine Vorstellung davon haben, in welcher Art von Netzwerk Sie sich wohlfühlen, aber auch, wo Sie Erfolge erzielen können. Treten Sie einem Zehn-Personen-Klub bei, der sich mit der Rettung des sibirischen Tigers befasst, ist die Wahrscheinlichkeit gering, neue Freunde zu finden, wenn Sie Pelzhändler sind.

 Zu den strukturelle Merkmalen eines Netzwerks gehören Größe, Dichte, Harmonie und die Homogenität hinsichtlich des Alters, der Bildung und der Inhalte. Geschäftsnetzwerke sind je nach Zweck unterschiedlich groß beziehungsweise dicht und unterschiedlich homogen.

Neben den strukturellen Merkmalen gibt es noch Relationsmerkmale wie die bereits genannte Multiplexität sowie die Intensität und Frequenz von Beziehungen.

Wie Netzwerkelemente zusammenwirken

Das Netzwerk als System aus Knoten und Kanten ist Ihnen bereits ein Begriff. Darin fließen zunächst Informationen, später hoffentlich auch Waren, Dienstleistungen und Geld, und es ist durch Größe, Dichte und Beziehungsabläufe geprägt.

Sie sind so ein Knoten, weshalb ab jetzt nicht mehr der technische Begriff Verwendung finden soll, sondern auf die Personen eingegangen wird, die als Knotenpunkte im Diagramm auftauchen würden. Sie als Star in der Mitte eines Sternnetzwerks sind umgeben von Kontakten ersten Grades. Diejenigen, die Sie kennen, sind füreinander Kontakte zweiten Grades, sofern sie sich nicht direkt und unabhängig von Ihnen kennen, mit noch einer Person dazwischen dritten Grades. Auf die letzten beiden Gruppen kommt es in der Regel beim Netzwerken an, denn oft finden Sie nicht den Kunden direkt durch ein Gespräch, sondern Ihr Gesprächspartner findet Sie so interessant, dass ihm ein Bekannter einfällt, mit dem Sie möglicherweise Geschäfte machen können.

Ihre konkrete Verbindung zu anderen Menschen ist durch Kanten bestimmt. Was im Bild einfach ein Strich zwischen Ihnen und dem oder den nächsten Knoten ist, ist in der Wirklichkeit oft eine große Herausforderung, weil Beziehungen zwischen Menschen nicht nur auf der Liebesebene komplizierte Konstrukte sind.

Je nachdem, in welchem Umfeld ein Netzwerk entwickelt wird, sind die Beziehungen unterschiedlicher Natur. Sie können einen XING-Account angelegt und mehrere Tausend Kontakte darin gesammelt haben. Möglicherweise kennen Sie manche davon persönlich, aber vermutlich die meisten nicht. Das macht nicht nur die Qualität des Kontakts aus, sondern auch die Art der Verbindung zwischen Ihnen. Je persönlicher ein Kontakt ist, je länger Sie die entsprechende Person kennen und je mehr Sie ihr vertrauen, desto eher glauben Sie einer Empfehlung und desto wahrscheinlicher wird es, dass Sie auf eine bestimmte Anfrage eine hilfreiche Antwort erhalten. Kontakt ist also nicht gleich Kontakt und jede Beziehung unterscheidet sich von der nächsten.

 Um ausgewogen zu netzwerken, sollten Sie eine gute Mischung aus nahen und weiter entfernten Anknüpfungspunkten finden. Ein Netzwerk aus Ihren besten Freunden wird beruflich ebenso einseitig und in mancher Hinsicht wenig hilfreich sein wie ein Monsternetz, das völlig anonym ist.

Das dritte wichtige Element eines Netzwerks, der Informationsfluss, unterscheidet ebenfalls hinsichtlich seiner Qualität und Vertrauenswürdigkeit je nach

Netzwerktyp, -größe und -harmonie. Auf einer Fachtagung für Fluglotsen vermittelte Inhalte zu neuen Sicherheitsvorgaben haben sicherlich einen anderen Charakter als ein informelles Gespräch zwischen Kollegen über die möglicherweise bald frei werdende Stelle der möglicherweise schwangeren Marketingleiterin. Dennoch handelt es sich in beiden Fällen im weitesten Sinne um Ausflüsse von Netzwerkaktivitäten.

 Wenn Sie von jemandem eine Information erhalten, bewerten Sie diese so sorgfältig und objektiv wie möglich. Nur weil ein Kontakt etwas sagt, muss es nicht wahr sein. Nur wenn Sie diesem Menschen vertrauen, sollten Sie die Informationen weitergeben und das Risiko eingehen, sich dadurch angreifbar zu machen. Das Prinzip der Stillen Post hat seinen Ursprung scheinbar auch im Netzwerk, auf jeden Fall funktioniert es hier hervorragend – und nicht unbedingt zum Besten der Beteiligten.

Oft scheint es so zu sein, dass eine Information umso schwerer zugänglich wird, je wichtiger sie ist. Daraus leiten manche Experten ab, dass das Wissen, das Sie aus frei zugänglichen Netzwerken einfach beziehen können, wertlos sei. Hierbei handelt es sich um einen schweren Irrtum.

Wenn Sie über ein x-beliebiges Netzwerk zu einem Treffen kommen und zufällig den Geburtstag eines anderen erfahren, haben Sie eine Information, an die Sie anknüpfen können. Schicken Sie dann zur rechten Zeit einen Gruß, bringen sich damit in Erinnerung, und bei Gelegenheit treffen Sie sich wieder. Dann sind Sie bereits auf der »Den-kenn-ich-irgendwie«-Treppe aufgestiegen und erhalten vielleicht über diesen vertrauter gewordenen Kontakt zukünftig bessere Informationen.

Mal ehrlich: Glauben Sie tatsächlich, dass die Begrenzung des Zugangs automatisch die Qualität der Inhalte fördert? Oft ist eine Beschränkung auch nur ein Trick, um exklusiver zu wirken und beispielsweise höhere Beiträge zu fordern oder den Wunsch zu wecken, genau hier in der Warteliste zu versauern.

Das Who is who ...

Die unterschiedlichen Beteiligten tummeln sich also in verschiedenen Strukturen, virtuellen und realen, geschlossenen und offenen, erreichbaren und scheinbar unerreichbaren. Deshalb sollen diese Akteure nun genauer unter die Lupe genommen werden. Dabei gilt, dass jeder auch in mehreren Kategorien zu Hause sein kann, ein Freiberufler, zum Beispiel ein Arzt, auch Chef sein kann oder ein Angestellter auch Kunde für ein ganz anderes Unternehmen sein kann.

Karlchen Müller

Menschen wie Sie und ich, die stellt man sich unter dem Otto-Normal-Verbraucher oder Karlchen Müller vor. Was hat der nun mit Netzwerken zu tun? Ganz einfach, Karlchen ist Teil einer Familie, Käufer von vielen Produkten, Angestellter, der demnächst Ihr bestes Pferd im Stall sein könnte, in seiner Freizeit vielleicht Erfinder oder aber einfach nur nett und unterhaltsam. Auf jeden Fall sollten Sie ihn wahrnehmen als Teil der Gesellschaft und somit als potenziellen Kontakt. Doch vor allem kennt er viele Menschen, andere Karlchens, aber auch Multiplikatoren und andere Leute mit Bedürfnissen, zu denen Ihr Angebot passen könnte und denen er von Ihnen erzählen kann.

 Wir sind alle Karlchen – oder Karla – Müller. Daher sollten Sie nicht den Fehler machen, in Netzwerken nur nach den »besonderen« Ansprechpartnern zu suchen. Kontakte zweiten oder dritten Grades, die die Wirksamkeit von Netzwerken ausmachen, erreichen Sie über jeden halbwegs kommunikativen Menschen. Kontakte ersten Grades sollten Ihnen vor allem erst einmal sympathisch sein, sodass Sie sich gern mit ihnen unterhalten.

Oft ist es auch bei einem Treffen mit bislang unbekannten Leuten einfacher, eher durchschnittlich wirkende Menschen anzusprechen und mit ihnen ins Gespräch zu kommen. Die Stars des Abends, die Vorträge gehalten haben oder Ehrengäste sind, werden häufig sowieso erst einmal von allen anderen belagert. Nutzen Sie die Zeit, um einen ganz normalen, neuen Kontakt zu knüpfen.

Reine Chefsache

Immer wieder liest man in Managementzeitschriften Überschriften wie zum Beispiel »Die geheimen Machtzirkel der Manager. Wie sich die neue Wirtschaftselite vernetzt«. Das schürt sofort Neid und Missgunst, schließlich sind »die da oben« ohnehin alle überbezahlt und erhalten hohe Boni, ohne tatsächlich etwas zu leisten. Weit gefehlt.

Tatsächlich handelt es sich um Kontakte und Informationsaustausch auf einer Ebene, von der Managementfremde ohnehin nicht viel hätten. So geht es in diesen Kreisen auch nicht mehr um fachliche Hilfe, sondern eher um einen Austausch informeller Art zu allen möglichen Themen, die die Welt und die Gesellschaft bewegen. Neue Mitglieder werden selten aufgenommen, vorhandene scheuen sich, über ihre Verbindungen zu plaudern. Managerkreise sind vernetzt, und das in Deutschland weniger auf der Basis von Elite(hoch)schulen wie etwa in Frankreich (ENA), England (Cambridge und Oxford) oder den USA (Harvard oder Yale), sondern aufgrund der Tatsache, dass derjenige, der an der Macht ist, auch etwas zu sagen haben könnte.

Es geht aber auch eine Stufe unter der Wirtschaftselite des Landes; auch Chefs mittelständischer Unternehmen vernetzen sich, um Informationen über Märkte, Finanzen, Arbeitsbedingungen oder die Probleme der Welt auszutauschen. Wenn Sie ein Chef oder eine Chefin sind, Unternehmens- und Personalverantwortung tragen und branchenintern zum aktuellen Themen auf dem Laufenden bleiben wollen, sind formelle Zirkel wie Verbände leitender Angestellter, Führungskräfte oder (für die unter 40-Jährigen) die Wirtschaftsjunioren sicherlich eine gute Anlaufstelle.

Über den Wolken ...

... muss die Freiheit wohl grenzenlos sein. So besang es einst Reinhard Mey. Freiheit hat aber ihren Preis und so sind es besonders Freiberufler, die häufig händeringend im Netzwerken ihr Heil und ihre Kundschaft suchen.

Ich hebe diese Gruppe deshalb hervor, weil das Online-Netzwerken von Freien aus der IT-Branche, von Webdesignern und Programmierern erfunden zu sein scheint. Die Erstellerin meines ersten eigenen Webauftritts wies mich im Jahre 2004 auf eine Online-Plattform namens openBC hin. Sie sagte: »Ich weiß nicht genau, wie es funktioniert, aber ich hoffe, dass ich darüber Aufträge bekomme.« Aus openBC ist schon lange XING geworden, zu dem Sie in Kapitel 10 genauere Informationen finden. Die Designerin hat in den folgenden Jahren über das Netzwerken einen Großteil ihrer Kunden und Kollegen gefunden. Der Austausch mit Kollegen, die Kunden übernehmen können, zu Problemen eine schnelle Lösung wissen oder aber Subaufträge zu vergeben haben, ist ein wesentlicher Teil der Arbeit von freien Kreativen.

Unter Freiberuflern versteht man aber auch die klassischen freien Berufe wie Ärzte, Anwälte, Journalisten und Steuerberater. Allen gemeinsam ist, dass sie kein Gewerbe ausüben und eher sich selbst, ihr Wissen und ihre Erfahrung denn bestimmte Warengruppen anbieten. Da ein Kunde aber einen Schuh oder ein Auto wesentlich besser vergleichen kann als Erfahrung und Wissen einer Person, ist es für Freiberufler wichtig, einen guten Ruf zu haben und empfohlen zu werden. Würden Sie zu einem Arzt gehen, den Sie aus dem Branchenbuch herausgesucht haben? Oder lieber zu einem, der Ihnen von einer vertrauenswürdigen Person empfohlen wurde? Eine Autowerkstatt suchen Sie sich vielleicht noch aus den Gelben Seiten, einen Steuerberater vermutlich nicht.

Freiberufler sollten demnach nicht nur den Austausch mit Gleichgesinnten im Auge behalten, sondern ihre Netzwerkaktivitäten auch in die Breite betreiben. Je mehr unterschiedliche Menschen Sie kennen und je mehr unterschiedliche Gesprächspartner einen guten Eindruck von Ihnen gewonnen haben, desto höher ist die Chance, dass positive Informationen über Sie fließen. Besonders interessant ist der Netzwerktyp des Empfehlungsnetzwerks, zu dem Sie in Kapitel 12 mehr lesen können.

Das große Ganze – Unternehmen

Ein Unternehmen ist im Grunde nichts anderes als eine Ansammlung von Managern und Chefs, Angestellten, Waren, Dienstleistungen und Kunden. Unternehmen treten in Netzwerken aber auch eigenständig als Beteiligte auf, etwa als Arbeitgeber oder Kunden in der Zulieferindustrie. Im Zusammenhang mit professionellem Netzwerken fällt auf, dass immer mehr Unternehmen große Anstrengungen unternehmen, um durch *Employer Branding*, also die Positionierung von sich als Arbeitgeber und Marke mit festen, positiven Eigenschaften, einen guten Eindruck auf potenzielle Arbeitskräfte zu machen und gut gebildete Menschen anzuziehen. Sie sind zudem bei Facebook und MySpace vertreten, twittern News an ihre Kunden in die Welt und ziehen auch in Verbänden alle Register des Netzwerkmarketings.

Netzwerke eignen sich auch als Vertriebsform von Waren. Schon die Tupperware-Partys in den 1950er-Jahren, bei denen sich Hausfrauen aus der Nachbarschaft trafen, um sich von der Gastgeberin alle Neuerungen in Plastik vorführen zu lassen, bauten auf Vernetzung, Kontakte und Vertrauen auf. Ähnlich funktionieren Pyramiden- oder Schneeballsysteme, bei denen der Gewinn einer Vertriebsstelle zusätzlich zum eigenen Verkauf von den Verkaufserfolgen der angeworbenen Mitglieder abhängt. Viele dieser Systeme sind verboten und mindestens moralisch bedenklich.

 Jedes Unternehmen benötigt für seine Waren ein Vertriebssystem, das netzwerkartig angelegt ist. Sollten Sie den Eindruck haben, mit eigenen finanziellen Beiträgen in ein Netz gezogen zu werden, bei dem es mehr um Vertreter- als um Kundenakquise geht, befreien Sie sich schnellstmöglich daraus.

Schließlich benötigen Unternehmen Orte, an denen sie sich und ihre Angebote präsentieren können. Messen und Veranstaltungen sind geeignete Plätze, um sich Informationen über Firmen einzuholen und direkte Kontakte zu Vertretern der Unternehmen zu knüpfen.

Rädchen im Getriebe

Wenn der Begriff Netzwerken oder Networking fällt, klappen viele Angestellte die Ohren zu und glauben, das ginge sie nichts an. Das ist eine Fehleinschätzung, denn Arbeitnehmer vertreten als Vertriebler oder Führungskräfte das Unternehmen nicht nur nach außen, sondern sind in internen Netzwerken organisiert. Ihre Karriere hängt unter Umständen davon ab, ob Sie sich zu Besprechungen bemühen und dort mit kreativen Beiträgen glänzen, ob Sie in der Kantine Kontakt zu anderen suchen und den Flurfunk beachten. Als Angestellter basteln Sie in der Regel allein an Ihrer Karriere, zumindest an den 364 Tagen im Jahr, an denen kein Mitarbeitergespräch ansteht, bei dem Sie Ihren Chef über Ihre Ziele informieren können. Als Einzelkämpfer kommen Sie jedoch nicht weit. Ein Arbeitnehmer, der nicht Dienst nach Vorschrift betreibt, sondern ehrgeizig und mit dem Unternehmen verbunden ist, kann eine große Bereicherung im Netzwerk anderer sein, was ihn beliebt und somit gut informiert macht.

Wer will das haben?

Eine seltene und scheue Gattung der Netzwerkknoten, die alle Selbstständigen wollen und brauchen (und leider allzu oft offensiv jagen und damit verschrecken), sind die Kunden. Oft scheinen Netzwerkveranstaltungen Treffen von Anbietern zu sein, eine Gruppe von Jägern ohne Beute. Die erste Visitenkartenparty, die ich – gerade mal zwei Jahre selbstständig – besucht habe, hatte auf der Gästeliste 87 Leute, davon 14 Anwälte, 26 Unternehmensberater und rund 30 Versicherungsvertreter. Es war dennoch ein unterhaltsamer Abend, denn ein Thema findet sich immer und auch Small Talk möchte geübt werden. Aber bei einer solchen Ansammlung von Anbietern, die zwar nett, aber dennoch die direkte Konkurrenz sind, ist die Wahrscheinlichkeit denkbar gering, unmittelbar oder indirekt zu einem Auftrag zu kommen. Dennoch hatte etwa ein Drittel der Anwesenden nach der Veranstaltung die Visitenkarte der einzigen anwesenden Hundetrainerin eingesteckt, was beweist, dass wir alle doch auch potenzielle Kunden waren.

 Wenn Sie direkten Kundenkontakt aufbauen wollen, suchen Sie sich solche Netzwerke oder Veranstaltungen, bei denen die direkte Konkurrenz klein ist und man Sie nicht unbedingt erwartet. Wenn Mitbewerber anwesend sind, verbünden Sie sich, anstatt sie anzufeinden.

Da alle Menschen konsumieren (müssen), gibt es kaum einen, der autark auf einem Hof abseits der Zivilisation leben kann. Für erfolgreiches Netzwerken sollten Sie deshalb immer im Hinterkopf haben, dass es Ihr Ruf ist, den Sie aufbauen, nicht Ihr Produkt, das Sie dem Kunden-Opfer vor sich verkaufen wollen. Früher oder später wird Ihr Kontakt oder ein Bekannter von ihm ohnehin brauchen, was Sie anbieten, dann muss ihm Ihr Name einfallen. Wenn er es nicht braucht und nicht Ihr Kunde werden kann, sollten Sie ihm auch nichts verkaufen wollen.

Kunden sind oft im eigenen Interesse als Chefs, Freie oder Angestellte, Vertriebler oder Lobbyisten in Netzwerken unterwegs. Nur selten, etwa bei Verbrauchermessen, heften sie sich das Schildchen »potenzieller Käufer« ans Revers. Lassen Sie sich Zeit herauszufinden, ob ein Kontakt ein Kunde sein könnte. Und lassen Sie sich empfehlen, empfehlen, empfehlen.

... *und wer mit wem was tut*

Die verschiedenen Gruppen von Netzwerkbeteiligten sind miteinander verbunden, wollen aber unterschiedliche Dinge, je nachdem, mit wem sie in Kontakt treten.

Kunden untereinander nutzen zur Vernetzung vielfältige Plattformen im Internet, um sich über ihre Erfahrungen mit bestimmten Produkten oder Unternehmen auszutauschen. Dabei wird das Angebot immer transparenter, Preissuchmaschinen erleichtern Vergleiche und Bewertungen können Vertrauen schaffen oder ein Unternehmen die Kunden kosten.

Verbrauchernetzwerke, in ihrer ursprünglichen Form oft als Verbraucherzentralen organisiert, sorgen dafür, dass die Gemeinschaft Informationen zusammenträgt, auf der Einzelne zugreifen können. Es muss im Interesse der Unternehmen sein, bei Bewertungen und Test gut wegzukommen und schlechte Publicity zu vermeiden oder auch zu kontern. Deshalb sollte es Beauftragte geben, die sich um solche an sich privaten Netzwerke kümmern. Jeder Selbstständige kann nachvollziehen, dass schlechtes Feedback zu seiner Leistung geschäftsschädigend ist und er daher informiert sein sollte, was über ihn im Umlauf ist.

Um sich den Fragen der modernen Kommunikation zu stellen, aber auch um einfach nur Kontakte zu knüpfen und neue Menschen kennenzulernen, gibt es Netzwerke, die sich an Selbstständige, Freiberufler, aber auch Angestellte richten. Diese Art des aktiven Netzwerkens ist es, die hauptsächlich in diesem Buch betrachtet werden soll. Menschen mit den unterschiedlichen Hintergründen finden sich zusammen, um sich miteinander auszutauschen und sich über das jeweils eigene Gebiet zu informieren. Sie treffen sich in eher privaten Zusammenhängen, weil sie gern eine bestimmte Sportart treiben, oder in beruflichen, weil sie einem bestimmten Anbietertyp oder einer Branche angehören. In jedem

Fall wollen sie einen amüsanten Tag oder Abend verbringen, nette Menschen treffen und sich Inspirationen von anderen einholen.

 Als neuer Akteur in einem solchen Netzwerk nehmen Sie sich am besten einfach nur vor, eine gute Zeit zu haben und möglichst unterhaltsam zu sein. Dann finden Sie recht sicher Anknüpfungspunkte, ohne allzu schnell vom Geschäft anzufangen.

Jeder Mensch hat Kontakt mit Unternehmen, sei es als Kunde, Angestellter oder Freelancer. Vernetzung sollte dann stattfinden, wenn die Interessen von einzelnen Akteuren sich mit den Unternehmensinteressen überschneiden. Beispielsweise sind in der XING-Gruppe »Bio-Produkte« einerseits Kunden vernetzt, die Informationen suchen, andererseits können sich Unternehmen profilieren, die in diesem Zusammenhang gefunden werden wollen oder aber sich mit möglichen Kooperationspartnern vernetzen wollen.

Unternehmen, die reine Geschäftsinteressen verfolgen, schließen sich häufig in Interessengruppen zusammen. Arbeitgeber- oder Branchenverbände sind klassische Unternehmensnetze, in denen Posten vergeben, Informationen geteilt und mit vereinter Kraft Verhandlungen geführt werden. Dagegen stehen auf Arbeitnehmerseite Gewerkschaften, die Netzwerke mit ähnlich gelagerten Zielen sind: den Einfluss Einzelner durch Bündelung zu verstärken.

In Unternehmen dienen besonders informelle Netzwerke zwischen den Angestellten der Informationsbeschaffung. Über private Kontakte hin zu anderen Firmen werden freie Stellen diskutiert, Empfehlungen für deren Besetzung abgegeben und im Gegenzug vom ein oder anderen Auftrag berichtet. Wer hier nicht engagiert ist, vertut ein erhebliches Potenzial beruflicher Aufstiegschancen. Der betriebliche Sportverein oder ein Arbeitskreis kann als formelles Netzwerk in Unternehmen ebenfalls wertvolle Kontakte einbringen.

Was ein Netzwerk kann und was nicht

Es wird deutlich, dass die Beteiligten an Netzwerken sich nicht klar voneinander abgrenzen lassen. Jeder tritt mal als Anbieter und mal als Nachfrager auf und seine Interessen sind immer unterschiedlich. Genauso wenig sind die Vor- und Nachteile des Netzwerkens für jeden gleich. Das gilt ebenso für die Grenzen. Allerdings gibt es einige verbreitete Herangehensweisen und Erwartungen an das Wundermittel Netzwerk, vor denen ich Sie gern bewahren möchte.

Ein Netzwerk ist keine Garantie für beruflichen Erfolg. Die Zeiten, in denen man beamtenähnlich durch reine Mitgliedschaft in einer Gruppe Karriere machen konnte, sind vorbei. Netzwerke eröffnen Ihnen vielmehr den Raum, andere für sich einzunehmen und zu überzeugen. Ihre Redekunst in Bezug auf die fachliche Qualifikation oder die Qualität Ihrer Ware ist dabei zunächst nicht wichtig, denn ein Netzwerk ist keine Kaffeefahrt und die Teilnehmer eines Treffens wollen nicht mit einer Thermodecke nach Hause gehen. Wenn Sie schlecht arbeiten oder minderwertige Produkte verkaufen, ist es dem Netzwerkmechanismus bereits eingebaut, dass sich das herumsprechen wird. Reden Sie also nicht zu viel über möglicherweise Großes, das Sie vollbringen können, sondern erscheinen Sie als Mensch, mit dem andere gern in Kontakt kommen.

 Engagierte Netzwerker sind häufig über mehr als nur ein Forum miteinander verbunden. Hüten Sie sich davor, in einer Gruppe Menschen zu verprellen und dabei zu denken, dass Sie ja weiterziehen können. Es gibt zwar eine unüberschaubare Zahl an Netzwerken, aber man trifft sich immer zweimal im Leben und Ihr Ruf ist Ihr wichtigstes Gut im Kontakt mit anderen. Jedes Netzwerk ist mit anderen verbunden, sei es virtuell oder persönlich über die Beteiligten. Den Informationsfluss zwischen den verschiedenen Beteiligten kann niemand verhindern.

Ein Netzwerk kann Vertrauen schaffen und Vertrauensvorschüsse einbringen. So wie Sie einem Geschäftspartner vertrauen, weil er bislang gute Leistungen gebracht hat, vertrauen Sie vielleicht auch seinem Urteil und seiner Integrität, wenn er Ihnen jemanden aus einem anderen Bereich empfiehlt. Prüfen Sie die neuen Kontakte und merken Sie sich, woher sie kamen. Gute Netzwerker kennen die Menschen, die sie empfehlen, persönlich, dennoch besteht die Gefahr, dass in Ihrem Fall der Tipp vielleicht doch unpassend war. Bleiben Sie also kritisch.

Viele Neulinge in der Netzwerkwelt, besonders in der virtuellen, sind wie ein Kind im Schlaraffenland unterwegs und klicken begeistert und voreilig alle möglichen Gruppen an, denen sie gern beitreten möchten. Machen Sie diesen Fehler nicht, denn auch zu viele Netzwerkmitgliedschaften sind kontraproduktiv. Entweder Sie fallen nicht weiter auf, weil Sie sich ohnehin nicht am Geschehen und den Diskussionen beteiligen, dann sind Sie als Karteileiche nicht viel wert. Oder Sie zerreißen sich zwischen den verschiedenen Gruppen, um überall präsent zu sein, dann reicht Ihre Zeit und Energie vermutlich nicht aus, um in die Tiefe zu gehen. Was genau »zu viele« Netzwerke sind, ist verschieden. Hinweise, um sich nicht zu verzetteln, finden Sie in Kapitel 6. In der realen Welt werden Sie ein Engagement in mehr als einer Handvoll Netzen, die sich regelmäßig zu Veranstaltungen treffen, kaum bewältigen können.

Auf den Gegenwert zu warten ist ebenfalls ein Ansatz, der Sie im Netzwerken nicht besonders weit bringen wird. Natürlich ist das Ziel einer gelungenen Kontaktaufnahme die Win-win-Situation, in der beide Beteiligten etwas von der neuen Bekanntschaft haben. Aber die jeweiligen Vorteile müssen sich nicht zeitgleich einstellen. Ziehen Sie los und helfen Sie, wenn Sie etwas für einen anderen tun können.

Wenn Sie von einem Auftrag oder einem Kunden für einen Ihrer Kontakte hören, wenn Sie ein Produkt oder eine Dienstleistung empfehlen können, wenn einer einen Makler, Zahnarzt oder Hundetrainer sucht: Seien Sie großzügig damit, andere zusammenzubringen. Aber rechnen Sie nicht nach. Die Haltung »Meine Hundetrainerin hat nun drei neue Kunden aus meinem Branchenverband, nun könnte sie doch auch endlich etwas für mich tun« ist nicht der Sinn der Übung. Im Englischen heißt es:»What comes around goes around«, positiv lässt sich das übersetzen mit: Was man gibt, kommt irgendwann auch wieder zu einem zurück. Das muss aber nicht zwangsläufig aus derselben Richtung zurückkommen, ich helfe nach unten und bekomme Unterstützung von oben, alles gleicht sich dann aus. Das sollte der grundlegende Ansatz beim Netzwerken sein. Die Hundetrainerin wird sich revanchieren, wenn sie kann, und sie wird das umso lieber tun, je weniger Sie ihr das Gefühl geben, noch etwas schuldig zu sein.

Ein letzter Fallstrick liegt in der naheliegenden Verknüpfung von Freundschaft (oder Familie) und Geld. Ihr Mann wird der Investor bei Ihrer Geschäftsidee, Ihr bester Freund als Marketingbeauftragter und die Kusine einer Freundin macht den Webauftritt. Das kann funktionieren, muss aber nicht.

Sie steigern die Chancen auf eine gelungene Mischung aus Privatem und Geschäftlichem, indem Sie strikte Geschäftsregeln wie Verträge und angemessene Bezahlung aufrechterhalten. Oft wird Ihr bester Freund Ihnen aber einfach einen Kollegen empfehlen, der ebenfalls Marketingfachmann ist und sich möglicherweise in der angestrebten Branche noch viel besser auskennt als er. Ihr Freund bekommt ein Essen, der andere Fachmann ist froh über die Empfehlung und wird sich dafür revanchieren, und Sie können ihn feuern, wenn Sie nicht zufrieden sind, ohne Ihr Privatleben zu belasten. Das erscheint in aller Regel wesentlich entspannter.

Lebenssituationen und Netzwerken

3

In diesem Kapitel

▶ Warum Netzwerken in den unterschiedlichen Lebens-
umständen sinnvoll sein kann

▶ Was Sie als Arbeitnehmer, Selbstständiger, Freiberuflicher
oder Erwerbsloser vom Netzwerken haben

▶ Welche Netzwerke für welche Aufgaben und Ideen passend sind

*V*ielleicht haben Sie mit sich gehadert, als Sie dieses Buch gekauft haben, oder Sie haben es als Geschenk erhalten und wissen nun gar nicht, was es Ihnen nutzen soll. Viele Menschen glauben, Netzwerken sei etwas für die anderen, den Rest der Welt gar, aber nicht für sie selbst. Angestellte denken, dass das für Unternehmer sei, Selbstständige, dass es doch nur um Jobs ginge, und Arbeitslose fühlen sich im Netzwerküberfluss schnell verheddert und außerdem selten gemeint.

Doch Netzwerken kann in jeder Erwerbssituation nützlich sein, wie, das soll dieses Kapitel zeigen.

Wieso? Ich hab doch eine Stelle!

Was kann Netzwerken einem Angestellten schon bringen? Das fragen sich viele, die sich noch nie näher mit der Vielfältigkeit von Netzen und Kontakten auseinandergesetzt haben. Auf der Grundlage, dass Netzwerke Informationsträger sind, lassen sich recht einfach verschiedene Bereiche beschreiben, bei denen Sie mit Kontakten besser dastehen als ohne.

✔ Der Klassiker: Vertrieb

Ihr Job könnte darin bestehen, zuständig für die Verbreitung eines bestimmten Produkts zu sein, oder auch für ganze Produktlinien oder Dienstleistungen. Nun suchen Sie Kunden beziehungsweise Informationen darüber, wo Sie nach Kunden suchen könnten. Dabei sind die Partner im Netzwerk nicht selten gleichgestellte Angehörige der Mitbewerber. Besonders in informellen Zirkeln trifft man sich, gut vernetzt, und tauscht sich über den Markt und die Entwicklungen aus.

Auf der Suche nach Kunden liegen Sie auch mit einer Mitgliedschaft in Empfehlungsnetzwerken oder den sogenannten Service-Clubs nicht verkehrt. Mehr dazu, welche Alternativen sich für Ihre Zwecke am besten eignen, finden Sie am Ende dieses Kapitels.

✔ Der Flurfunk: Gut informiert über alles, was so im Betrieb läuft

Man munkelt, die Zahlen seien schlecht. Gerüchte schieben sich von Arbeitsplatz zu Arbeitsplatz und verbreiten Hoffnung oder Angst und Schrecken. Wer jetzt die besten Kontakte hat, weiß eher, woran er ist. Von internen Ausschreibungen erfahren Sie zuerst und ob der Chef den Urlaub streicht oder nicht, ist Ihnen auch schon zu Ohren gekommen. Vor allem aber können Sie sich ein gutes Bild von der Stimmung in Ihrem Unternehmen machen, wenn Sie über Ihr Großraumbüro hinaus Kontakte pflegen, Mitarbeiter anderer Abteilungen regelmäßig zum Essen treffen oder auch mal in der Pause in der Teeküche stehen und plaudern.

✔ Die Geheimen: Zusammenschlüsse der Macht

Informationen sind ein unerlässlicher Bestandteil von Netzwerken und so verwundert es nicht, dass aus gebündelten, möglichst umfassenden Informationen über etwas auch Macht entsteht. Manager großer Unternehmen sind miteinander vernetzt, auch wenn sie direkte Konkurrenten sind. Sie tauschen sich aus über politische Ideen und zukünftige Entwicklungen und schaffen dabei häufig, ihre Interessen zu bündeln. Wenn beispielsweise eine Kommission über neue Bilanzierungsregelungen entscheidet, kann es nur von Vorteil sein, wenn der Vorsitzende bereits die ein oder andere Gesprächsrunde mit den zuständigen Mitarbeitern der Industrie geführt hat. Vorstellungen davon, wie die Welt sein könnte, lassen sich auf informellem Wege über gute Kontakt einbringen – und sonst gar nicht.

✔ Die Öffentlichen: Gewerkschaftliche Organisation

Der Ursprung von Gewerkschaften liegt in dem Wunsch der Arbeitnehmer, nicht rechtlos den Besitzern der Fabriken, in denen sie arbeiten, ausgeliefert zu sein. Auch hier gilt das Prinzip Macht, diesmal aber nur bedingt über die Güte der Informationen als schlicht über die Menge der Mitglieder. Wer sich mit der IG Metall anlegt, hat 2,2 Millionen mehr oder weniger Engagierte gegen sich, und wenn ein einzelner Rettungsassistent auf seiner Wache schlecht behandelt wird, dann kann er als Mitglied Verdi zur Hilfe rufen.

Gewerkschaften erfüllen also nach wie vor einen Schutzzweck, der sie als Netzwerk interessant macht. Sie sind auch eine Gruppierung, die durch

Treffen und Aktivitäten hervorsticht, bei denen Sie Ihren Bekanntenkreis erweitern und neue Informationen sammeln können.

✔ Ganz privat: Berufliche Weiterentwicklung mit Vitamin B

Als Arbeitnehmer sind Sie vielleicht auch interessiert zu erfahren, wie das Leben in einem anderen Unternehmen so wäre. Ehemalige Kollegen, die sich beruflich anders weiterentwickelt haben, Freunde und Bekannte, die Mitglieder im Sportverein oder Ihre Nachbarn können zu Informationsquellen werden, wenn es um frei werdende Stellen oder auch nur Informationen über Ihnen unbekannte Arbeitsplätze geht. Hätte eine gute Freundin von mir vor ihrem Jobwechsel mehr auf die Aussagen gegeben, die von Mitarbeitern ihres späteren Arbeitgebers über das allgemeine Unternehmensklima geäußert wurden, sie hätte vermutlich nach einer anderen Stelle gesucht. Dafür hat sich ein paar Jahre später, auch wieder aus völlig anderen Zusammenhängen, die erneute Möglichkeit zu einem Wechsel ergeben – diesmal mit positivem Ausgang. Beziehungen können also die Karriere und Entwicklung fördern. Nicht auf das zu hören, was gut informierte Quelle sagen, führt oft zu vermeidbaren Fehlentscheidungen.

Die verschiedenen Perspektiven und Interessen lassen sich nur hier auf dem Papier voneinander trennen. In einem Berufsverband Mitglied zu sein, kann zu privaten Freundschaften und damit zu Informationen über andere Unternehmen oder Zusammenschlüssen führen, die ein gemeinsames Ziel verfolgen. Es gibt unzählige andere Vorteile, die eine gute Vernetzung im eigenen Betrieb und mit Angehörigen anderer Organisationen mit sich bringen. Die Ausrede »Ich will ja nichts verkaufen, ich brauche kein Netzwerk« gilt nicht. Am Ende müssen Sie immer auch sich selbst vermarkten, selbst als Arbeitnehmer.

Netzwerken für Selbstständige und Freiberufler

Oft sind sie Einzelkämpfer, manchmal Leiter kleiner, seltener mittelgroßer Unternehmen. Sie kümmern sich in der Regel um alle Unternehmensbereiche selbst, sind ihr eigener Marketingfachmann, die eigene Vertriebschefin; eine One-Man-(oder Woman-)Show in Aktion. Oder sie haben eine eigene Firma, Mitarbeiter inklusive einer Sekretärin und versuchen nun, die Vorteile des Netzwerkens zu verstehen.

Was alle wollen

Besonders als einer unter vielen, als kleiner Fisch, der nicht durch Rekorde oder unglaubliche Innovationen durch die Presse geht, sind Sie darauf angewiesen, durch Netzwerken bestimmte Grundbedürfnisse zu stillen.

✔ Wichtig: Den Bekanntheitsgrad steigern

Vielleicht tun Sie etwas, das noch keiner kennt? Mir ging es so, als ich mich mit einer Wissenschaftsberatung an den Markt getraut habe. Kein Ghostwriting, nur strukturelle Unterstützung, das war das Konzept. Viele Kunden berichten mir nach wie vor von Freunden, die sich mit ihren Abschlüssen gequält haben und sagen: »Wenn ich gewusst hätte, dass es so etwas gibt, das hätte ich auch in Anspruch genommen.«

Der Bekanntheitsgrad ist eine grundlegende Erfolgsprämisse. Egal ob Sie Yoga für Hunde (das gibt es wirklich und heißt folgerichtig Doga), Urlaub in einer Höhle in den Anden oder einen Sprachkurs für Papageien anbieten, nur wer davon weiß, kann ein Kunde werden. Wenn Sie also Ihr Angebot bei einem Netzwerkabend gut vorstellen können, erzählen die Teilnehmer das am nächsten Tag bestimmt den Hunde- (oder Papageien-) Besitzern, die so kennen.

✔ Nützlich: Kooperationspartner suchen

Viele Anbieter besonders von Dienstleistungen, aber auch ausgefallenen Produkten denken, sie wären unersetzlich. Wenn es tatsächlich so ist, dass keiner Ihr Kerngeschäft so gut kann wie Sie, sollten Sie dennoch darüber nachdenken, über Kooperationen das Angebot zu erweitern oder Teile davon auszulagern. Da solche Schritte ein hohes Maß an Vertrauen voraussetzen, sind hier enge Netzwerke, bei denen Sie die Mitglieder im besten Fall schon eine Weile kennen, gute Orte, um Partner zu finden, die Sie bedenkenlos mit ins Boot holen können.

Besonders im Bereich der Steuer- oder Rechtsberater, die in immer internationalerem Umfeld den Durchblick behalten müssen, bieten sich gut gewählte Kooperationen an, um möglichst viele Arbeitsfelder abdecken zu können, ohne zum wandelnden Lexikon zu mutieren.

✔ Mal durchatmen: Anbieter von hilfreichen Dienstleistungen finden

Wenn Sie nicht über Kooperationen zu einer Entlastung Ihrer 60-Stunden-Woche kommen wollen, dank derer Sie auch gar keine Zeit mehr zum Netzwerken haben, finden Sie dank Empfehlung oder Kurzvorstellung vielleicht einen Dienstleister, der Ihr Leben vereinfachen kann. Ein zuverlässiger Babysitter, Telefonservice, Wäschedienst oder auch nur Getränkelieferant, der Ihnen empfohlen wird, kann vieles leichter machen.

✔ Kreativ: Neue Ideen oder Kundenkreise eruieren

In Netzwerken können Sie ausprobieren, wie neue Ideen bei potenziellen Geschäftspartnern ankommen würden. Sie können Kunden, aber auch mögliche Kooperationspartner dazu befragen, was ihre ehrliche Meinung zu einem neuen Projekt ist. Aussagen wie »Wenn Sie es schaffen, ein funktionierendes XY auf die Beine zu stellen, bin ich Ihr erster Kunde.« sind zwar noch keine Garantie, aber bereits ein gutes Feedback.

Vielleicht haben Sie aber auch ein etabliertes Angebot, das Sie gern ausweiten möchten. Ich spiele zum Beispiel mit dem Gedanken, zukünftig nicht mehr nur Studenten zu unterstützen, die zeitlich oder sonst wie überforderte Betreuer haben und daher Hilfe brauchen. Ich denke darüber nach, die Dozenten an der Uni zu schulen, damit die Studenten dort besser betreut werden können. Alles, was ich brauche, ist eine Veranstaltung, bei der wissenschaftliche Mitarbeiter möglichst vieler Fakultäten anwesend sind, und ein bisschen Zeit, um deren Reaktionen zu sammeln.

Netzwerke statt Werbung

Werbung ist teuer, oft nach dem Gießkannenprinzip eingesetzt und uneffektiv und in manchen Berufssparten noch verpönt, wenn nicht gar verboten. Sie können Netzwerke zu Werbezwecken nutzen, indem Sie

✔ Empfehlungen publik machen.

Werden Sie entweder durch eigene Tipps aktiv oder bitten Sie Ihre Kunden, Sie zu empfehlen. Wer zufriedene Kunden hat und sie vielleicht durch regelmäßige Events oder andere Hätscheleien noch zufriedener macht, braucht sich in der Regel um Neuakquise nicht zu kümmern.

✔ Expertennetzwerke nutzen.

Sie können das Internet oder Diskussionsforen und Vorträge besuchen, um sich etwa als Anwälte oder Ärzte kompetent zu einem Thema zu äußern und dadurch auf sich aufmerksam zu machen. Ausführliche Hinweise dazu finden Sie in den Kapiteln 12 und 17.

Als Unternehmen Netzwerke nutzen

Netzwerke sind an sich personengebunden und ein Unternehmen ist keine Person. Dennoch finden sich Profile von Unternehmen in virtuellen Netzwerken, Tagungen oder Messen werden organisiert und gar Incentive-Reisen angeboten. Der Grat zwischen Werbung und Netzwerken ist schmal. Ich finde, dass alle Aktivitäten, bei denen die Eingeladenen einen positiven Nutzen in Form von neuen Kontakten ziehen können und nicht nur ein Produkt erwerben sollen, als Netzwerkaktivitäten durchgehen können. Sie müssen dennoch immer einen ganz konkreten Zweck für das Unternehmen erfüllen.

Was für alle Unternehmer wichtig ist

Unabhängig von der Struktur Ihres Unternehmens – ob Sie allein sind oder viele Angestellte haben, ob Sie private Abnehmer erreichen wollen oder im B2B-Bereich andere Unternehmen beliefern – einige Vorteile kann sich jeder Unternehmer durch Netzwerke verschaffen.

✔ Imagepflege betreiben

Eine Schlagzeile wie »Puma tritt UN-Netzwerk für Klimaneutralität bei« zeigt die Einstellung des Unternehmens und wirbt für seine umweltgerechte Produktion, ohne direkte Werbung zu sein. Das verbessert das Image und den Ruf des Unternehmens. Die Voraussetzung für den Beitritt in solche Netzwerke, die Siegel vergeben und mit deren Hilfe Sie als Gutmensch beziehungsweise »Gut-Unternehmer« dastehen, muss allerdings gegeben sein.

Besonders in Branchen, in denen es viele schwarze Schafe gibt, was die Produktions- oder Anstellungsbedingungen betrifft, kann ein Netzwerkbeitritt ein Signal sein, dass man zu den Guten gehört.

✔ Marktinformationen austauschen

Führungskräfte von Unternehmen sind häufig Teil informeller Netzwerke, die branchenintern den Markt beobachten und kommentieren sowie Einfluss auf politische Entscheidungen oder Regelungen nehmen. Ein Unternehmen muss in Entscheidernetzwerken repräsentiert sein, um Einfluss nehmen zu können. Wer nicht selbst für sich sprechen kann oder will, kann sich von Lobbyisten vertreten lassen.

Mitarbeiter und Netzwerke

Wenn Sie Arbeitskräfte suchen oder bereits haben, können Sie Netzwerke gleichermaßen gut für sich und Ihre Mitarbeiter nutzen.

✔ Mitarbeiterakquise in zwei Akten

Es ist schon fast zu trivial, um es aufzuschreiben, aber dennoch ist es vielen Bewerbern nicht klar: Im Zuge der Überprüfung von potenziellen Mitarbeitern nutzen Unternehmen sehr gezielt virtuelle soziale Netzwerke, um sich einen Eindruck über den Charakter der Bewerber zu verschaffen.

Ein anderes Feld, auf dem sich Netzwerke für die Mitarbeiterbeschaffung eignen, sind Beiträge in sozialen Netzwerken über die Unternehmen. Beispielsweise zieht Facebook Informationen aus Wikipedia auf Firmenseiten. Hier sollte zumindest überprüft werden, ob das so richtig ist, was dort steht. Das Image, das im Netz von einem Unternehmen wiedergegeben wird, beeinflusst die Beliebtheit als möglicher Arbeitgeber und damit die Qualität der Bewerber erheblich.

✔ Mitarbeitern Netzwerke bieten

Natürlich wollen Sie nicht, dass Ihre Mitarbeiter täglich stundenlang in sozialen Netzwerken surfen, anstatt ihrer Arbeit nachzugehen. Aber zu ignorieren, dass inzwischen eine Vielzahl von Angestellten Accounts bei Facebook und Co haben, ist auch nicht klug. Seien Sie modern und erstellen Sie Angebote für Ihre Mitarbeiter auch in solchen Netzen. Dann können Sie wenigstens ein Auge darauf haben.

Andere Netzwerke für Mitarbeiter könnten tatsächliche Gruppen für Sport oder Ernährungsangebote sein. Sie schaffen einen besseren Zusammenhalt und vernetzen Mitarbeiter, die sich zukünftig miteinander austauschen und damit die Informationsflüsse im Unternehmen verbessern.

Mit Netzwerken Kunden erreichen

Vernetzt zu sein bedeutet auch, für den Kunden besser ansprechbar zu sein und ihm mehr von sich mitzuteilen. Das verbindet und macht Sie als Unternehmen oder Vertreter einer Marke präsenter und realer. Am besten gelingt das, wenn Sie:

✔ Kunden direkt ansprechen

Messen und andere Veranstaltungen wie ein Tag der offenen Tür sind Aktivitäten, in deren Rahmen ein Unternehmen gezielt seine Produkte ausstellen und mit den Kunden in Kontakt treten kann. So ist ein persönlicher Kontakt mit Käufern oder Zwischenhändlern möglich. Wenn die Veranstaltung mit Unterhaltung und kleinen Geschenken verbunden wird, können Sie in umso besserer Erinnerung behalten werden.

✔ Kunden auch mal zu Wort kommen lassen

Auch ein Beschwerdemanagement ist eine Netzwerkstruktur, in der den (in diesem Falle unzufriedenen) Kunden die Möglichkeit gegeben wird, Kontakt zum Unternehmen aufzunehmen und ein Problem zu lösen. Untersuchungen haben belegt, dass nach einer Beschwerde gut beratene und dann doch zufriedene Kunden das Unternehmen häufiger weiterempfehlen als solche, die von Anfang an zufrieden waren.

Engagement nach der Ausbildung oder aus der Arbeitslosigkeit

In der Situation, unfreiwillig erwerbslos zu sein, lässt mancher den Kopf hängen und zieht sich spätestens nach Bewerbung Nummer 273 zurück. Je länger die Arbeitslosigkeit dauert, desto mehr schwindet die Hoffnung auf Anstellung und desto größer wird der Anteil der Bekannten, die sich in einer ähnlichen Situation befinden. Viele Arbeitslose, besonders im sogenannten Hartz IV, also Bezieher des Arbeitslosengeldes II, scheuen sich vor offiziellen Versammlungen und Treffen mit anderen Beziehern dieser Leistungen, weil sie frustrierendes Gejammer und gegenseitiges Beklagen fürchten.

Dabei ist es gerade für Arbeitsuchende wichtig, gut vernetzt zu sein und schnell und persönlich von freien Stellen zu erfahren. Sie können von Netzwerken auf unterschiedliche Arten profitieren:

✔ Vorrangig: Hilfe bei der Jobsuche

Eine neue Stelle zu finden, ist das zentrale Interesse beim beruflichen Netzwerken aus der Arbeitslosigkeit. Dabei helfen Online-Job-Portale nur bedingt, denn hier ist der Informationsfluss anonym; Personaler zeigen freie Stellen an und wie tausend andere auch bewerben Sie sich mit Ihrem Profil, einem mehr oder weniger ansprechenden Anschreiben und Ihren Bewerbungsunterlagen.

In einem Netzwerk, in dem Sie sich engagieren und bekannt sind, hören Ihre Kontakte für Sie mit. Sie erfahren von einer freien Stelle, die nicht Ihrem Profil entspricht, aber Sie wissen, wer sich gut darauf bewerben könnte? Greifen Sie zum Telefon und teilen Sie es der Person mit, denn das tun Ihre Verbindungen für Sie auch. Dabei eignen sich solche Netzwerke, in denen Vertrauen und emotionale Bindung über gemeinsame Interessen entstehen, besonders. Wenn Sie zum Beispiel bei XING nach einer Gruppe suchen, die Ihrem Hobby Tanzen entspricht, und diese Gruppe sich zufällig in Ihrer Wohngegend befindet, können Sie sofort Anschluss finden und Kontakte knüpfen.

 Bedenken Sie, dass Netzwerke, die Sie beruflich nutzen wollen, keine Selbsthilfegruppen sind. Sie treten also nicht zum ersten Mal auf und sagen:»Hallo, ich bin Frau Meier und ich suche einen Job als Projektmanagerin.« Sie gehen zu so einer Veranstaltung, weil Sie gern tanzen und neue Menschen kennenlernen möchten. Jeder Mensch hat laut soziologischer Studien etwa 500 bis 1.000 direkte Kontakte und entsprechend mehr Kontakte zweiten Grades. Das sind also ungefähr 1.500 Personen, die vielleicht etwas von einer frei werdenden Stelle wissen, wenn Sie auf einer Tanzveranstaltung nur drei nette Gespräche mit Menschen führen, die sich für Sie umhören wollen.

Je aktiver Sie streuen, was genau Sie können und suchen (früher oder später ist der Beruf dann doch ein Thema und Sie können äußern, wie aktiv Sie nach einem neuen Job suchen), desto höher ist die Wahrscheinlichkeit, dass Ihnen von einer passenden Stelle berichtet wird, die Sie bislang noch nicht gefunden haben.

✔ Vitamin B: Empfehlungen

Besser noch als Kontakte, die sich für Sie umhören, sind Kontakte, die persönliche Beziehungen zu den Personalverantwortlichen haben und Sie empfehlen können. Es ist nicht anrüchig, über diese Art von »Vitamin B« zu einem Vorstellungstermin zu kommen, denn überzeugen müssen Sie dann immer noch selbst.

Nun stellt sich die Frage, wie solche Kontakte entstehen können. Wer in einer Branche unterkommen möchte, in der er absolut niemanden persönlich kennt, wird es schwer haben. Hier ist es schon eher nützlich, in berufsbezogenen Zusammenhängen zu suchen. Eine Medizinerin, die in der Pharmabranche als Projektverantwortliche arbeiten möchte, sollte darüber nachdenken, als neues Mitglied des Netzwerks *Evidenzbasierte Medizin* Fachtagungen im pharmakologischen Bereich zu besuchen und in der Pause Gesprächspartner zu finden. Früher oder später kennt sie den, der einen kennt, der einen Job zu vergeben hat.

✔ Das Mindeste: Hilfe bei den Unterlagen

Wenn Sie niemanden kennen, der Sie empfehlen könnte, hilft ein guter Kontakt im Netzwerk doch zumindest dabei, all Ihre Unterlagen in Ordnung zu bringen und mit distanzierter Sachkunde die Mängel zu beseitigen, die Ihnen noch nicht aufgefallen sind. Tauschen Sie sich aus über Erfahrungen mit bestimmten Firmen und deren Vorgehen bei Bewerbungsrunden. So können Sie Ihre Mappe im Vorfeld noch genauer an die ausgeschriebene Stelle anpassen.

✔ Mehrwert durch Weiterbildung

Netzwerke für Arbeitslose haben oft ein breit gefächertes Angebot an Weiterbildungsmaßnahmen. Allein schon die Bundesagentur für Arbeit, wenn Sie so wollen das größte Netzwerk aller Erwerbslosen, bietet Umschulungen vom Automobilkaufmann bis zum Zerspannungsmechaniker an – und bezahlt sie. Oft ist es allerdings schwer, dem zuständigen Fallmanager die entsprechenden Informationen zu entlocken. Hier wird das Internet Ihr bester Freund, denn dort finden Sie die gesuchten Informationen und Erfahrungsberichte.

Nicht staatliche private Netzwerke, die häufig als eingetragener Verein auftreten, bieten ebenfalls Schulungen an. So findet sich zum Beispiel ein Kurs in professionellem Projektmanagement bei *nea* (`www.nea-ev.de`), eine Übersicht über aktuelle Weiterbildungsangebote unter `www.arbeitsratgeber.de`.

✔ Aus der Arbeitslosigkeit gründen

Sie wollen nicht mehr arbeitslos sein und endlich Ihr eigener Chef werden? Auch gut. In den vergangenen Jahren haben über 150.000 Menschen mit staatlicher Hilfe (Einstiegsgeld beziehungsweise Gründungszuschuss) aus der Arbeitslosigkeit gegründet. Auch ein Gründungscoaching kann gefördert werden, etwa über die *Kreditanstalt für Wiederaufbau* (KfW).

 Nehmen Sie jede Unterstützung an, die Sie bekommen können. Geförderte Businessplan-Seminare, Coaching-Leistungen und vergünstigte Kredite helfen Ihnen unmittelbar, sorgen aber oft auch dafür, neue Kontakte aufzubauen. Menschen, mit denen Sie in einer kleinen Gruppe von Gründern in einem Kurs gesessen haben, bleiben häufig miteinander in Kontakt und unterstützen sich gegenseitig.

Direkten Netzwerkcharakter haben Vereinigungen von Business Angels. Hier erhalten Sie finanzielle Hilfe, aber auch einen Mentor und dessen Kontakte gleich mit, wenn Sie ihn von sich überzeugen können. Auf der Internetseite des *Business Angels Netzwerk Deutschland* (www.business-angels.de) finden Sie weiterführende Informationen.

✔ Zu guter Letzt: Entspannung muss sein.

Das mag jetzt nicht zielorientiert erscheinen, aber Untersuchungen belegen, dass Arbeitslosigkeit aufs Gemüt drückt und die Abwärtsspirale mit schlechterer Laune und mangelndem Selbstwertgefühl gefüttert wird. Gönnen Sie sich eine Auszeit und treffen Sie sich in günstiger Umgebung mit Gleichgesinnten, die eben nicht jammern, sondern in privater Atmosphäre vielleicht noch Tipps auf Lager haben, wer in Ihrer Stadt vielleicht noch Arbeitskräfte sucht. Und vielleicht treffen Sie bei einem Musikvortrag der Arbeiterwohlfahrt auch Ihren zukünftigen Geschäftspartner, mit dem Sie sich selbstständig machen können, weil er Sie geschäftlich wunderbar ergänzt.

Verkaufen Sie sich nicht unter Wert

Der demografische Wandel macht möglich, was vor wenigen Jahren noch niemand zu glauben gewagt hat: Deutschland steht vor einem akuten Fachkräftemangel. War es Anfang der 2000er-Jahre noch bedrohlich, den Job zu verlieren, weil dauerhafte Arbeitslosigkeit drohte, so wird es immer offensichtlicher, dass die kommenden zehn Jahre davon geprägt sein werden, dass Unternehmen händeringend nach gut qualifizierten Mitarbeitern suchen.

Nutzen Sie Ihre Chancen auf Weiterbildung. Netzwerke bieten bezahlbare Kurse; kümmern Sie sich aktiv darum, Ihren Wert zu erhöhen und dabei noch Kontakte zu knüpfen. Wenn Sie ein Angebot erhalten, bei dem Sie sich ausgebeutet fühlen, sagen Sie ab. Die Zeit des ewigen Praktikantendaseins ist vorbei.

Netzwerken für Gleichgesinnte

Netzwerken, das muss nicht immer direkt im beruflichen Zusammenhang geschehen. Ihre aktuelle Lebenssituation kann auch sein, dass Sie politisch aktiv werden möchten oder sich im Sportverein engagieren oder genug Zeit und Geld haben, in großen Gemeinschaften Gutes zu tun.

Soziales Engagement

Service-Clubs, das ist der Oberbegriff für die bekannten Netzwerke *Lions Club*, *Rotary Club*, *Round Table* und *Kiwanis*, aber auch mit reiner Frauenbesetzung die *Soroptimisten* oder *Zonta*. Sie stehen für sozialen Frieden und Menschenrechte und unterstützen Projekte in diesem Zusammenhang. Die Klubs basieren unter anderem auf dem Prinzip, dass Sie eingeladen werden müssen, um ihnen beizutreten. Von Mitgliedern wird neben dem Mitgliedschaftsbeitrag ein jährliches Spendenaufkommen in meist nicht unbeträchtlicher Höhe erwartet.

Service-Clubs bringen in der Regel Angehörige verschiedener Berufsgruppen zusammen und versuchen, über Freundschaften und Empfehlungen deren berufliche Situation zu festigen. Allerdings sind diejenigen, die in den Stammverbünden Mitglied sind, oft bereits recht etabliert. Die Jugendorganisationen, etwa die *Leo Clubs* als junge Löwen, haben ähnliche Zielsetzungen, sind aber noch mehr auf die Förderung und Vernetzung der Mitglieder ausgerichtet. Eine schöne Übersicht über existierende Service-Clubs finden Sie auf www.service-clubs.com.

Freizeit und Karriere

Im Zusammenhang mit Spannung, Spaß, Spiel und Freizeit lässt sich ebenfalls wunderbar netzwerken. Die Tatsache, dass Sie sich mit Menschen treffen, die ähnliche Interessen haben wie Sie, macht Small Talk leichter und ersetzt oft die Fremdel-Phase durch eine Annäherung über das gemeinsame Thema. Ob das nun Hunde oder Drachenfliegen, Schach oder Oldtimer sind, ist egal, Hauptsache Ihre Karriereziele stehen nicht im Vordergrund, sondern fließen beiläufig bei einer passenden Gelegenheit mit ein.

Teil II

Die Psychologie des Netzwerkens

The 5th Wave

By Rich Tennant

Als Markus zu der neuen Gruppe dazustieß, hoffte er,
dass die Batterien im Übersetzungsgerät voll waren.

In diesem Teil ...

In Netzwerken sind Menschen unterwegs, die unterschiedliche Charaktere und Eigenschaften haben und die oft unverständliche Dinge sagen und tun. Der Kern des Netzwerkens liegt darin, Kontakte zu knüpfen und zu pflegen, was es unmittelbar notwendig macht, mit der Spezies Mensch zu kommunizieren.

Teil II soll daher einen Überblick über grundlegende Kommunikationsmechanismen und ihren Zusammenhang mit dem Auftreten in Netzwerken geben.

Reden ist Silber ...

In diesem Kapitel

▷ Was Sie schon immer über die Funktionsweise von Kommunikation wissen wollten

▷ Welche Inhalte in Gesprächen gut ankommen

▷ Small Talk leicht gemacht

▷ Was Sie beim Unterhalten neben dem, was Sie sagen, noch beachten sollten

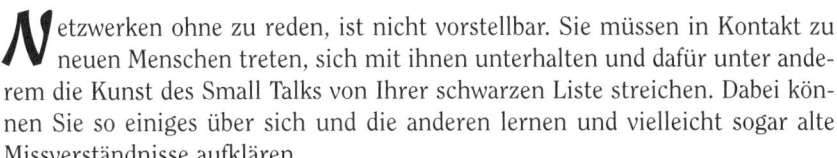

*N*etzwerken ohne zu reden, ist nicht vorstellbar. Sie müssen in Kontakt zu neuen Menschen treten, sich mit ihnen unterhalten und dafür unter anderem die Kunst des Small Talks von Ihrer schwarzen Liste streichen. Dabei können Sie so einiges über sich und die anderen lernen und vielleicht sogar alte Missverständnisse aufklären.

Dieses Kapitel steigt zunächst theoretisch in die Mechanismen der Kommunikation ein, was dann anhand von Beispielen schnell konkret und vor allem hilfreich wird. Im Anschluss daran dreht es sich um das tatsächliche Gespräch, denn was nützt alle Theorie, wenn sie nicht mit Leben gefüllt wird.

 Üben Sie, auf Ihre Gespräche zu achten. Werden Sie sich bewusst, was Sie wie kommunizieren, wie dabei Ihre Haltung und Körpersprache ausfallen und ob Sie Verständnis für Ihr Gegenüber haben. Selbstbewusstsein beinhaltet mehr, als von sich überzeugt aufzutreten.

Was geschieht, wenn wir kommunizieren?

»Man kann nicht nicht kommunizieren«, wusste schon Paul Watzlawick, der sich mit der Interaktion von Menschen befasst hat. Von seinen fünf Annahmen darüber, was Kommunikation und deren Erfolg oder Misserfolg ausmacht, ist dies die erste und bekannteste.

Die weiteren befassen sich damit,

✔ dass Kommunikation einen Inhalts- und einen Beziehungsaspekt hat,

✔ dass Kommunikationsabläufe davon bestimmt sind, wer in seiner subjektiven Wirklichkeit was für die Henne und das Ei hält,

✔ dass Kommunikationsmodalitäten digital oder analog erfolgen können (Annahme, in der mit analogen Modalitäten Körpersprache, Gestik, Mimik etc. gemeint sind und mit digitalen die tatsächlichen Sprachzeichen wie Worte oder Buchstaben) und

✔ dass je nachdem, ob die Kommunikationspartner eher gleich oder unterschiedlich sind, die Kommunikationsabläufe eher gleichwertig oder ergänzend sind.

Was hier recht theoretisch daherkommt, ist eine wesentlich Grundlage, um zu verstehen, was beim Netzwerken zwischen den Beteiligten geschieht.

 Selbst wer sich auf einer Veranstaltung in die Ecke stellt und mit niemandem redet, kommuniziert und bringt über die deutliche Körpersprache eine Haltung zum Ausdruck. Sie könnte sein: »Weil Sie mich nicht zu sich bitten, rede ich nicht mit Ihnen«, wohingegen die Umstehenden vielleicht denken.»Weil Sie sich abseits stellen, bitten wir Sie nicht zu uns.«

Wenn Sie sich also in Gesellschaft befinden, kommunizieren Sie grundsätzlich, indem Sie Signale senden, die von anderen empfangen werden. Leider ist es dabei aber nicht automatisch der Fall, dass die anderen genau das verstehen, was Sie ausdrücken wollten. Schon einfachste Kommunikationsmodelle sind so aufgebaut, dass zwischen Sender und Empfänger Störfaktoren existieren.

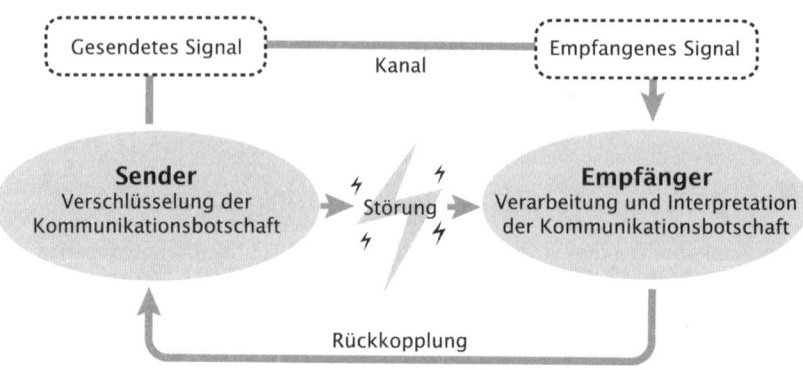

Abbildung 4.1: Einfaches Sender-Empfänger-Modell

Abgesehen von der Störung ist die übermittelte Botschaft auch noch davon abhängig, wie das Signal verschlüsselt wurde und wie es der Empfänger verarbeitet. Denken Sie an einen Chef, der von den Mitarbeitern anderer Abteilungen schwärmt: »Ist das nicht toll, dass die bei der Sachbearbeitung immer noch länger erreichbar sind, als ihre Arbeitszeiten wären?« Die Botschaft soll vielleicht sein: »Nehmen Sie sich ein Beispiel und schauen Sie nicht ständig auf die Uhr!« Sie haben aber möglicherweise verstanden, dass sich Ihr Chef einfach nur über die Leistung der anderen freut. Das, was er eigentlich erreichen wollte, ist eindeutig gestört worden.

 In der direkten Kommunikation zwischen zwei Menschen ist es wichtig, konkret zu sagen, welche Erwartungen und Wünsche bestehen. In Ehen ist vermutlich irgendwann der Punkt erreicht, dass der eine Partner nach vielen enttäuschten Blicken des anderen begreift, was von ihm erwartet wird, aber in Geschäftsbeziehungen sollten Sie auf diesen Lernprozess verzichten und klar äußern können, was Sie eigentlich wollen.

Noch schwerer hat es eine Botschaft, die in einem mehrstufigen Kommunikationssystem, in dem noch eine Instanz zwischen Sender und Empfänger liegt, unbeschadet ihr Ziel erreichen möchte.

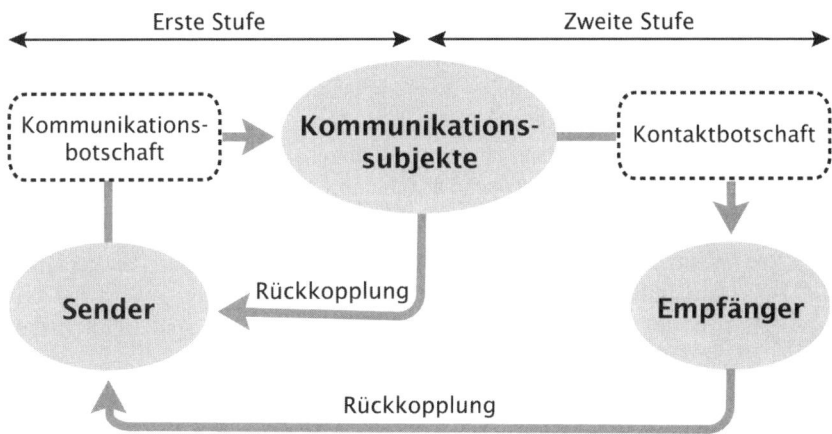

Abbildung 4.2: Mehrstufiges Kommunikationsmodell

Stellen Sie sich eine Konferenz vor, auf der in verschiedenen Sprachen kommuniziert wird. Welche wichtige Rolle fällt dem Übersetzer zu, der nicht nur die richtigen Worte finden muss, sondern auch Intonation und Stil übermitteln soll. Auch in derselben Sprache hat man mitunter das Gefühl »chinesisch« zu reden, was ein Hinweis auf eine Kommunikationsstörung ist.

In Geschäftsbeziehungen, in denen viele Kommunikationskanäle online und dort nicht 1:1 aufgebaut sind, kann auch das zwischengeschaltete Medium die Botschaft verändern. In Chats wird mit bestimmten Zeichen gearbeitet, die ein Empfänger vielleicht nicht deuten kann, in virtuellen Netzwerkgruppen kann ein Moderator ins Spiel kommen, der Botschaften verändert, löscht oder ergänzt.

Sie tun also gut daran, sich als Sender die verschiedenen Interpretationsmöglichkeiten Ihrer Botschaft zu überlegen, wenn die Reaktion nicht Ihren Erwartungen entspricht, und als Empfänger erst einmal zu überlegen, wie das gemeint gewesen sein könnte, worüber Sie sich eventuell gerade fürchterlich aufregen wollen. Kommunikation erfordert Gelassenheit und ein gewisses Maß an Bereitschaft, sich in sein Gegenüber hineinzuversetzen.

Aus der Theorie, dass ein bestimmter Reiz (**S**timulus:»Wie spät ist es?«) zu einer bestimmten Reaktion (**R**esponse:»Fünf nach zwei.«) führt, entwickelte sich das S-O-R-Paradigma: Den Forschern ging dabei auf, dass Vorgänge im Innern der Beteiligten (**O**rganismus) Einfluss auf die Antwort haben könnten (alternative Antwort bei schlechter Laune:»Kaufen Sie sich selbst eine Uhr und lassen Sie mich in Ruhe!«). Bei der Interpretation einer Antwort sollten Sie die Verfassung Ihres Gegenübers also einbeziehen. Wer hat sich noch nie gewundert, dass Spitzensportler wie etwa Schwimmer, direkt aus dem Becken kommend mit einem Mikrofon überfallen, auf »Was ging heute schief, weshalb haben Sie nicht gewonnen?« mit einer halbwegs höflichen Antwort aufwarten können? Die wenigsten Normalsterblichen haben ein entsprechendes Medientraining genossen und die meisten von uns würden abgekämpft und enttäuscht eher etwas wie »Schwimmen Sie doch schneller.« sagen, was der Fragende auch verdient hätte.

 Wenn Sie eine vernünftige Antwort haben wollen, passen Sie geeignete Situationen ab, um angemessene Fragen zu stellen, sofern Sie kein Sportjournalist sind. Und selbst dann könnten Sie sich an die Regeln der Höflichkeit halten.

Mit den Inhalten der Botschaft, die zwischen Sender und Empfänger übermittelt werden soll, hat sich Friedemann Schultz von Thun in »Miteinander reden« ausgelassen. Er beschreibt die vier Seiten einer Nachricht, sein sogenanntes Nachrichtenquadrat, und das korrespondierende Vier-Ohren-Modell mit den Begriffen Sachinhalt, Selbstoffenbarung, Appelaspekt und Beziehungsseite, wie in Abbildung 4.3 zu sehen ist.

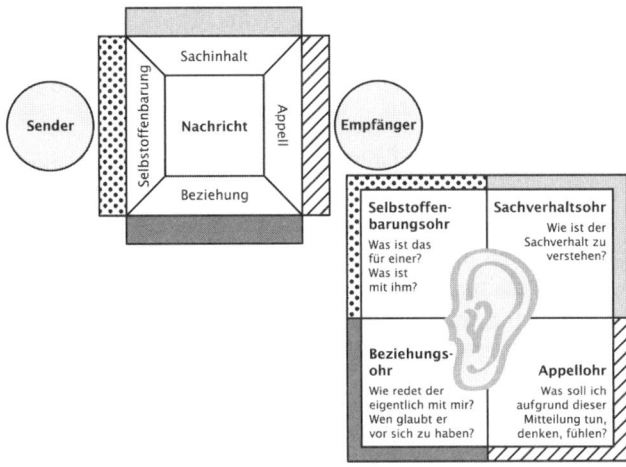

Abbildung 4.3: Die vier Seiten einer Nachricht und ihre korrespondierenden Ohren

Dabei stehen die Inhalte für verschiedene Ebenen, auf denen kommuniziert wird.

✔ Der Sachinhalt bezieht sich auf die Information, die mitgeteilt werden soll.

✔ Die Selbstoffenbarung sorgt dafür, dass der Sender einen Teil von sich und seiner Persönlichkeit preisgibt. Auf dieser Ebene kann Authentizität und Verlässlichkeit ebenso vermittelt werden wie im Negativen Überheblichkeit oder Arroganz.

✔ Der Appellaspekt der Nachricht hat zum Ziel, den Empfänger zu etwas zu bringen, was er ohne die Nachricht nicht getan hätte. Viele Menschen wünschen sich beispielsweise Bewunderung und verfallen dazu (über die Selbstoffenbarung) in Angeberei; nicht unbedingt geeignet für das gewünschte Ziel.

✔ Die Beziehungsseite gibt Aufschluss darüber, wie die Beteiligten zueinander stehen. Konkret vermittelt die Beziehungsseite der Nachricht, was der Sender vom Empfänger hält.

Der Empfänger hat die Wahl, auf welchem Ohr er besonders gut hört.

Bezogen auf das Beispiel mit dem Chef sagt dieser auf der Sachebene, dass er den Einsatz der Nachbarabteilung gut findet, die Selbstoffenbarung macht deutlich, dass er sich ärgert, dass seine Mitarbeiter weniger engagiert sind, der Appell heißt wie beschrieben: »Stellen Sie sich nicht an und arbeiten Sie auch mal länger«, und die Beziehungsseite: »Wenn Sie meine Autorität respektieren würden, hätten Sie den Anstand, nicht vor meiner Nase andauernd auf die Uhr zu sehen.« Sie entscheiden sich in 95 Prozent der Fälle vermutlich für spontane Taubheit auf allen Ohren außer dem für den Sachverhalt.

In Netzwerken sind klassische Fallstrick beim Small Talk (Genaueres zu dieser Kunstform der Kommunikation kommt gleich im nächsten Abschnitt), dass Selbstoffenbarung als »TMI – Too Much Information« wahrgenommen wird, das Appellohr allzu schnell auf »Wozu bitte will denn der mich bringen?« schaltet und die Beziehungsseite hierarchisierend wirkt und im Beziehungsohr abwertend klingt, was dem Empfänger oft ähnlich gut gefällt wie Angeberei.

Worüber man redet

Da Sie in der Regel Fremden bei Treffen begegnen, sollten Sie nicht mit der Tür ins Haus fallen und gleich Ihr ganzes Angebot aufzählen. Das würde wie ein Appell wirken, der Ihr Gegenüber ziemlich überfahren dürfte. Selbst bei freundschaftlichen Kontakten gehört es zum guten Ton, erst einmal mit etwas Belanglosem in ein Gespräch zu starten.

Der Small Talk

Small Talk – das »kleine« Gespräch – ist etwas, das den meisten Menschen unheimlich ist. Small Talk gilt bei Skeptikern als Methode, die Zeit zu vertreiben, dabei hat er eine wichtige Bedeutung bei der Kommunikation: Er ist ein Eisbrecher. Da in Netzwerken Vertrauen und persönliche Bindungen wichtig sind, sollte die emotionale Distanz zwischen Ihnen und Ihrem Mitnetzwerker im Laufe einer ersten Unterhaltung schrumpfen. Der einfachste Weg dorthin ist, sich auf die Suche nach Gemeinsamkeiten zu machen.

 Sie wissen jetzt, weshalb das Wetter das Small-Talk-Thema Nummer eins ist: Wir haben es alle gemeinsam, keiner kann sich entziehen und die Solidarität unter »Ausgelieferten« ist immer enorm. Ebenso gut funktioniert eine Kontaktaufnahme über die Verspätung der Bahn oder einen Stau auf dem Weg zur Veranstaltung.

Gemeinsamkeiten können aber auch unterhaltsamer als das Wetter sein. Haustiere und die kleinen Anekdoten, die jeder Tierhalter zu berichten weiß, kommen häufig gut an, wenn sie lustig sind und keinen der Zuhörer verschrecken können. Berichten Sie aber nicht über Ihre Vogelspinne, solange Sie nicht sicher sind, dass keine Menschen mit Arachnophobie dabei sind.

Grundsätzlich gilt: Seien Sie positiv, wirken Sie positiv, erzählen Sie positive Geschichten. Machen Sie auf der Ebene der Selbstoffenbarung deutlich, dass Sie das Leben mit genügend Humor sehen, um kein Griesgram zu sein. Die Verspätung der Bahn kann Ihnen zum Beispiel die Gelegenheit gegeben haben, noch ein interessantes Buch am Kiosk zu kaufen. Meckern Sie nicht, sondern stellen Sie sich souverän und geduldig dar.

Eine positive Grundeinstellung können Sie auch über Lob und Komplimente vermitteln. Selbstverständlich loben Sie nichts Alltägliches (»Wunderbar, dass Sie Socken tragen!«), sondern heben etwas hervor, das vermutlich dazu gedacht war (»Was für besondere Farben Ihr Krawattenmuster betonen. Das gefällt mir gut.«). Sagen Sie solche Dinge aber nur, wenn Sie sie tatsächlich so meinen. Die Wahrnehmung dessen, was als Sarkasmus oder Ironie unterhaltsam ist und was nervt, geht weit auseinander. Schnell stehen Sie im negativen Licht und das erschwert die emotionale Bindung zu Ihrem Gesprächspartner ungemein.

Gute Gesprächseinstiege können Sie nach der Vorstellung mit Namen mit unverbindlichen Äußerungen und den dazu passenden Fragen schaffen. »Ich habe eben noch meine Kinder ins Bett gebracht und ihnen etwas vorgelesen. Haben Sie Familie?«

Worüber Sie nicht mit Fremden im Small Talk reden sollten sind Themen, die polarisieren und verlangen, dass Sie und Ihr Gegenüber Stellung beziehen. In diese Kategorie fallen religiöse Ansichten, die Politik und manchmal die berufliche Vergangenheit Ihres Gegenübers. Auch Unerfreuliches wie Krankheiten oder unappetitliche Erlebnisse sollten Ihnen nicht als Themen in den Sinn kommen. Manche Menschen haben auch sehr lange dafür gebraucht, ihren lokalen Dialekt abzulegen. Machen Sie einen Schritt über dieses mögliche Fettnäpfchen und sagen Sie nicht: »... und Sie kommen aus Sachsen? Das hört man.«

Ein Small Talk dauert in Deutschland meist zwischen fünf und zwanzig Minuten, in anderen Ländern kann er sich stundenlang hinziehen. Wenn Sie Ihren Gesprächspartner nun besser einschätzen können, sich einen Eindruck davon machen konnten, wie die Chemie zwischen Ihnen ist, und sich auf die Suche nach dem nächsten Gegenüber machen wollen, sollten Sie auf verschiedene Dinge achten:

1. Lassen Sie Ihren letzten Gesprächspartner nicht einfach stehen. Es gibt gute Möglichkeiten, sich aus einem Gespräch zu verabschieden, ohne unhöflich zu sein. So können Sie sich ein wenig abwenden und nach einer inhaltlichen Gesprächslockerung entschuldigen, um einen anderen Teilnehmer zu begrüßen, das Büfett zu plündern oder auch den Ort für die Königstiger zu suchen.

2. Bleiben Sie positiv in Erinnerung. Ein Satz wie »Es hat mich gefreut, mich mit Ihnen zu unterhalten« und ein strahlendes Lächeln wirken da Wunder.

3. Versichern Sie sich, dass ein interessanter Gesprächspartner auf jeden Fall Ihre Visitenkarte hat und sich auch an Ihren Namen erinnern kann. Nennen Sie ihn ruhig am Ende der Unterhaltung noch mal.

Gute und weniger gute Themen beim Small Talk

Noch einmal zusammengefasst, was auf der Liste der gern genommenen Themen steht:

✔ das Wetter, aber nicht meckern

✔ lustige Haustier- oder andere Anekdoten zu Themen, die jeder kennt

✔ unaufdringliche Fragen nach unverfänglichen Themen

Was Sie dagegen unbedingt vermeiden sollten:

✔ zu persönliche, sarkastische oder ironische Bemerkungen

✔ Themen, die unangenehm sind

✔ Gespräche über Politik, Religion und Geld

Vertiefende Gespräche

Wenn Sie einen Gesprächspartner auf einer Veranstaltung zum wiederholten Male treffen oder mit ihm verabredet sind, zahlt es sich aus, wenn Sie gut zugehört haben. Auch wenn ein vertiefendes Gespräch eher geeignet ist, über berufliche Inhalte zu reden, braucht es immer wieder die Auflockerung des eingänglichen kleinen Talks. Sie können sich dabei erkundigen, wie es den Kindern geht, von denen Sie beim letzten Mal erfahren haben, ob ein Geschenk gut angekommen ist oder wie die geplante Reise war. Zuzuhören ist eine gute Art, Respekt zu zeigen, und den bekommt jeder gern vermittelt. Ihr weiterführendes Gespräch fängt damit erfreulich an.

Kommunikationskultur

Neben den Mechanismen und den Inhalten von Kommunikation haben einige weitere Aspekte großen Einfluss darauf, ob Sie beim Small Talk und in weiterführenden Gesprächen eine gute Figur machen oder nicht. Und beim Thema »Figur« wird deutlich, dass der Körper ein wesentliches Kommunikationsmedium ist.

Körpersprache

Untersuchungen belegen, dass der erste Eindruck, den sich Fremde voneinander machen, innerhalb weniger Sekunden entsteht und dabei vor allem auf der Körpersprache beruht. Von all den Signalen, die Sie aussenden und anhand derer Sie eingeschätzt werden, macht die Körpersprache mehr als die Hälfte des Eindrucks aus. Ihr Gang, Ihre Haltung, Ihre Mimik und Gestik, Blicke und Tonfall, all das beeinflusst Ihr Gegenüber weit mehr als überkorrekte Kleidung oder die Inhalte, mit denen Sie das Gespräch bereichern. Die Körpersprache verrät viel über den Typ Mensch, der soeben einen Raum betreten hat, zu einer Gesprächsrunde hinzukommt oder sich in einer Diskussion zu Wort meldet.

Sie können Nähe und Distanz über Ihren Körper beeinflussen. In Deutschland gilt, dass die Entfernung zu einem Gesprächspartner zwischen einem halben und einem ganzen Meter betragen sollte. Rücken Sie niemandem auf die Pelle, aber grenzen Sie sich auch nicht zu stark ab, sodass Sie unnahbar wirken. Quittieren Sie Beiträge Ihrer Gesprächspartner mit der passenden Mimik (etwa fragend hochgezogene Augenbrauen) und Gestik, um auch körperlich zur Unterhaltung beizutragen, dass Sie involviert sind.

Fragen und Antworten

Im Small Talk sind Fragen das geeignete Mittel, um ein Gespräch anzufangen oder fortzusetzen. Dabei sollten Sie beachten, dass Sie nicht zur Inquisition werden. Einmal nachfragen ist gut und zeugt von Interesse, bohren, bis eine detaillierte Antwort kommt, ist einfach unhöflich. Wichtig ist auch, dass Sie den anderen in einem Gespräch ausreden lassen. Wirken Sie nicht gelangweilt und beenden Sie vor allem nicht die Sätze des anderen, wie man es aus langjährigen Ehen kennt. Ein »Aha« von Zeit zu Zeit bestärkt, dass Sie zuhören. Aber ein andauernder Geräuschteppich aus »mhmm«, »soso« und »tatsächlich« wirkt eher kontraproduktiv. Das Mittelmaß zu finden ist Übungssache.

 Bitten Sie Freunde und Bekannte, Sie darauf hinzuweisen, wenn ihnen ein übertriebenes Feedback-Verhalten an Ihnen auffällt. Die meisten Menschen, die sich das angewöhnt haben, merken es selbst nicht mehr.

Wenn Sie eine Antwort formulieren, achten Sie darauf, dass sie nicht zu ausufernd gerät. Gefragt nach Ihrem letzten Urlaub, fällt Ihnen sicher etwas zum Wetter und dem schönen Strand ein, aber der andere wollte vermutlich nicht im Detail wissen, was an jedem Tag der Reise passiert ist.

Gespräch oder Streit

Es gibt einen Unterschied zwischen einer interessanten Auseinandersetzung über ein kontroverses Thema (das Sie im Small Talk allerdings zunächst meiden sollten) und einem Streit, und zwar die Emotionen, mit denen der Wortwechsel behaftet ist. Selbst wenn Sie in einer Podiumsdiskussion dafür einbestellt wurden, etwas Kontroverses zu sagen, und im Nachhinein in der offenen Diskussion auch weiterhin Ihre Meinung vertreten sollen, so lässt sich dies auf unterschiedliche Weise tun. In jeder Talkshow gibt es Teilnehmer, die sachlich eloquent argumentieren, und solche, die nur eingeladen wurden, um das Publikum negativ zu polarisieren, und manchmal, um ein bisschen dumm und hysterisch auszusehen. Zu welcher Gruppe wollen Sie gehören?

Sich abgrenzen

Da nicht jeder dieses Buch gelesen hat, werden Sie unweigerlich auf Veranstaltungen, in virtuellen Unterhaltungen wie Chats oder Blogs oder auch einfach in der Kantine auf Stänkerer treffen. Sie meckern und lästern, echauffieren sich über Frisuren oder das Benehmen anderer und verpesten das Klima mit unqualifizierten Äußerungen. Lassen Sie sich nicht mitreißen. Es gibt mit Sicherheit bei der Veranstaltung noch weitaus interessantere Kontakte. Und wenn Sie etwas sagen wollen, üben Sie zurückhaltende Kritik an der Art des anderen, allerdings ohne allzu zuversichtlich zu sein, damit etwas zu bewirken.

Sollte Ihnen einmal ein Fauxpas passiert sein – Sie haben nach der Ehefrau des Gegenübers gefragt und die Antwort lautet säuerlich, die habe ihn vor zwei Wochen mit seinem besten Freund verlassen –, machen Sie es nicht schlimmer, indem Sie sich tausend Mal entschuldigen, ergreifen Sie auch nicht die Flucht, sondern sagen Sie sachlich: »Oh, das tut mir leid« und leiten zu angenehmeren Themen über. Sie können ja nichts dafür, dass Sie einen wunden Punkt beim anderen getroffen haben, aber Sie können mit einer lustigen Anekdote aus einem ganz anderen Bereich helfen, ihn schnell auf andere Gedanken zu bringen. Lassen Sie sich auch nicht emotional vereinnahmen, sodass Sie am Ende gar ein Gespräch über die Exfrau selbst in Gang kommt. Das ist der sicherste Weg, in einem negativen Zusammenhang in Erinnerung zu bleiben.

Das ist doch was für Extrovertierte

5

In diesem Kapitel

▷ Weshalb verschiedene Menschen ein Netzwerk beleben

▷ Welche Typen von Netzwerkern es gibt

▷ Wie man mit den verschiedenen Persönlichkeiten umgehen kann

▷ Welcher Typ Sie sind

*V*iele Menschen scheuen sich, einem Netzwerk beizutreten (oder sich auch nur zu nähern), weil sie denken, dazu müssen sie unterhaltsamer, wortgewandter, abenteuerlustiger oder sonst irgendwie anders sein als sie sind. Dabei ist genau das eine folgenreiche Fehleinschätzung: Stellen Sie sich vor, an einem Abend in einer Kneipe säßen nur selbstsichere Abenteurer zusammen; keiner würde das Wort des anderen hören, geschweige denn verstehen, weil alle gleichzeitig reden.

Nun ja, dieses Bild ist recht extrem, aber jeder einzelne Charakter mit seinen Eigenheiten ist grundsätzlich eine Bereicherung für ein Netzwerk. Hier wollen sich Menschen zusammentun, die zwar einerseits gleiche Interessen haben, andererseits aber nicht immer nur sich selbst begegnen wollen. Um die verschiedenen Typen unterscheiden zu können und sich selbst ein bisschen besser einsortieren zu lernen, stelle ich Ihnen in diesem Kapitel eine Grundtypologie vor. Wenn Sie wollen, können Sie die natürlich aufgliedern und verfeinern, wie Sie mögen.

Welchen Unterschied macht der Typ?

Trauen Sie sich alles zu, denn es gibt keinen »falschen« Typ fürs Netzwerken. Was es aber gibt, sind mehr oder weniger erfolgreiche Wege, sich zu verkaufen. Darum können Sie vielleicht auch von der Beschreibung der anderen Typen etwas lernen. Sie sind wie Sie sind, und das ist grundsätzlich okay, wie es ist. Gegen Ihren Charakter, Ihre Persönlichkeit und Ihr Temperament kommen Sie auch nicht wirklich mit durchschlagendem Erfolg an, denn die sind zum Teil genetisch angelegt. Sie können aber sich selbst und Ihre Stärken und Schwächen reflektieren und bei Ihrem Auftreten beachten. Und ein paar Verhaltensweisen sind tatsächlich auch erlernbar, etwa als schüchterner Mensch dennoch andere anzusprechen.

Unterschiede in den Typen bestehen einerseits im Selbstverständnis, andererseits in der Art, wie Sie in der Wahrnehmung Ihres Umfeldes auftreten. Stehen Sie nur in der Ecke und wären am liebsten unsichtbar, erscheint es, als trauten Sie sich nicht viel zu. Das ist dann auch der Eindruck, den Sie hinterlassen. Und wenn Sie sich nichts zutrauen, wer denn dann? Im Gegensatz dazu können Sie sich partylöwenhaft in jedes Gespräch mischen und es mit Ihren Anekdoten verunzieren. Auch damit werden Sie keinen positiven Eindruck hinterlassen.

 Selbst- und Fremdwahrnehmung können erheblich voneinander abweichen. Wenn Sie glauben, dass Sie sich selbst gut einschätzen können, dann machen Sie die Probe aufs Exempel. Bitten Sie Menschen Ihres Vertrauens um deren Eindruck und positive Kritik.

Das Selbstbild mag unterhaltsam sein, aber der Eindruck bei den Gesprächspartnern kann leicht ein anderer sein (in Kapitel 4 erfahren Sie mehr dazu, was Sie hinsichtlich der Kommunikationsformen tun oder vielleicht besser lassen sollten). Im Zusammenhang mit Ihrem Typ ist besonders wichtig, dass Sie Ihre Schwächen dahingehend kennen. Wer eher extrovertiert auftritt, hat häufig größere Probleme damit, auch mal den Mund zu halten, sich körperlich und verbal zurückzunehmen und zuzuhören.

Anders geht es Menschen, denen es charakterlich ohnehin eher liegt, anderen den Vortritt zu lassen. Hier haben die Stillen einen Vorteil; sie fallen seltener unangenehm auf. Um aber überhaupt jemandem aufzufallen, können sie von den präsenteren Anwesenden etwas lernen, indem sie darauf achten, auch mal in einem Streitgespräch etwas beizutragen oder eine Meinung zu verteidigen.

 Je nachdem, welcher Typ Sie sind, fallen Ihnen bestimmte Verhaltensweisen in Netzwerken leichter als andere. Achten Sie darauf, was Sie noch nicht so gut können, und üben Sie es bewusst. Spielen Sie außerdem Ihre Stärken aus, denn am besten kommt an, was authentisch ist.

Natürlich wird aus einem Denker, der sich zunächst alle Seiten anhört und sich dann stundenlang innerlich und vergeistigt eine Meinung bildet, an der er sich dann still erfreut, niemals ein Haudrauf, der redet, bevor er denkt. Dennoch können beide voneinander lernen und sich auch mal vornehmen, etwas Untypisches zu tun.

Der Netzwerker als Menschentypus

Haben Sie schon einmal vom Homo oeconomicus gehört? Das ist dieser rationale, egoistische Mensch, der sich nur regt, wenn er sich davon einen Vorteil verspricht und der soll dann noch maximal sein. Er entstammt der neoklassischen Wirtschaftstheorie, die von Individualismus und Utilitarismus geprägt ist, ist vollständig rational und maximiert stets und wunderbar berechenbar seinen Nutzen. Kurz: Wenn Sie und ich in den Spiegel schauen, erkennen wir ihn ein bisschen in uns, aber nicht nur, denn er ist ein Modell, eine Kunstfigur und nicht mehr. Und wer ist schon vollständig rational?

Dennoch wird er oft herangezogen, um den wahren oder auch modernen Menschen von ihm abzugrenzen. Und – voilà – es werde ein Netzwerkmensch, genannt »Homo dictyous«. Homo ist nach wie vor der Mensch, diktyon ist das griechische Wort für Netzwerk. Entwickelt wurde dieser Begriff von Nicholas Christakis und James Fowler, die sich mit der Erforschung von Netzwerkstrukturen und deren Machtzentren beschäftigen.

Anhand von Phänomenen wie der amerikanischen Serie »Survivor«, die dem »Dschungelcamp« im deutschen Fernsehen ähnelt, versuchen die Autoren zu beweisen, dass es gruppengeprägtes, selbstloses Verhalten gibt, das innerhalb des eigenen Netzwerks zu einer Verbesserung führt. Die gute Nachricht für alle ist, dass der Ursprung des sozialen Verhaltens genetisch bedingt ist: Wir alle sind somit im Grunde unseres Herzens Netzwerker. Christakis und Fowler schreiben diese Fähigkeit vor allem dem Ausmaß des menschlichen Gehirns zu, dessen Größe dabei hilft, sich nicht selbst zu zerstören, Mammuts zu jagen oder eben in einer Reality Show im Rennen zu bleiben. Massenhysterie und Krankheiten, Trends und sonderbare Wahlergebnisse werden auf die Vernetzung und kollektiv wirksame Entscheidung zurückgeführt.

Was die Autoren leider versäumen zu differenzieren: Es gibt nicht den Netzwerkertyp, es gibt viele. Nicht jeder schwimmt mit dem Strom, lässt sich zu Massenhysterien hinreißen und findet gut, was dem Chef bei Facebook gefällt. Sich auch in einem Netzwerk abgrenzen zu können und für sich und seine Meinung zu stehen, macht für verantwortungsvolle Aufgaben interessant und geeignet. Dies gilt umso mehr, je mehr Menschen denken, Netzwerken bedeute, man müsse immer gleicher werden.

Eine kleine Typologie der Netzwerker

Schon Aristoteles unterschied die Menschen in Typen mit vier Temperamenten: cholerisch, sanguinisch, phlegmatisch und melancholisch. Zu den Begriffen fallen Ihnen mit Sicherheit spontan Menschen ein, die Sie kennen; ein cholerischer Chef oder ein phlegmatischer Kollege. Das Temperament eines Menschen ist wenig veränderbar, aber es kann hilfreich sein, das eigene und das von Fremden einschätzen zu können. Die Gedanken von Aristoteles greift Carl Huter zu Beginn des 20. Jahrhunderts auf:

✔ Der Choleriker ist der geborene Geschäftsmann, ein impulsiver Macher und sogenannter gespannter Außenmensch mit Tatendrang und starkem Willen. Leider ist er oft rücksichtslos.

✔ Der Sanguiniker ist in positiver, beweglicher, aber auch leichtsinniger und oberflächlicher Optimist, entspannter Innenmensch und Visionär, der sich aber auch gern verliert.

✔ Der Phlegmatiker, ein ruheliebender, entspannter Außenmensch, lebt zwischen Zufriedenheit und Gleichgültigkeit und wägt bedächtig ab, auch wenn er mal zu keinem Entschluss kommt.

✔ Der Melancholiker ist verantwortungsbewusst, aber sorgenvoll und als gespannter Innenmensch fast bewegungslos in seinem Bestreben gründlich, wenn auch langsam seine Pflicht zu erfüllen.

Auf der Grundlage von Tests und Feldforschung hat der Psychologe Hans Jürgen Eyseneck (*Dimensions of Personality*, 1947) ein Modell aufgestellt, in dem sich die Eigenschaften von bestimmten Typen innerhalb von drei Dimensionen bestimmen lassen.

✔ Extraversion ist ein Ausdruck dessen, ob jemand eher nach innen (introvertiert) oder nach außen (extravertiert, was übrigens das Gleiche ist wie extrovertiert) gerichtet lebt.

✔ Neurotizismus bezieht sich auf emotionale Stabilität oder eben auch Instabilität, die im Volksmund auch als »total neurotisch« bezeichnet wird.

✔ Psychotizismus ist (wie der erschreckende Name schon sagt) das Maß, inwieweit jemand psychotisch und damit möglicherweise nicht besonders nett oder aber freundlich und mitfühlend ist.

Die ersten beiden Dimensionen lassen sich über die jeweiligen Extreme grafisch so darstellen, dass sogar die alten Temperamente von Aristoteles dazwischen unterkommen.

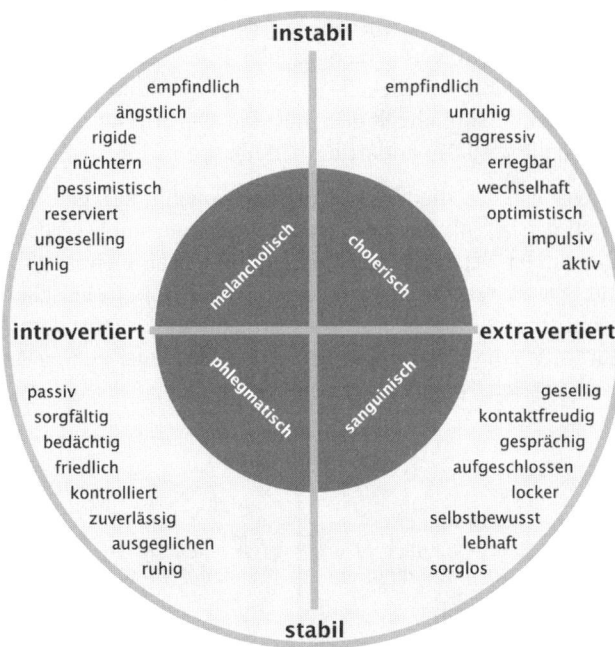

Abbildung 5.1: Die Temperamente zwischen den Polen

Der Melancholiker ist also eher instabil und introvertiert, der Sanguiniker mit extravertiert und stabil das genaue Gegenteil.

Faktor	Beschreibung
Offenheit für Erfahrungen	abenteuerlustig, kreativ, offen für neue Ideen, intellektuelle Neugier
Gewissenhaftigkeit (**C**onscientiousness)	kontrolliert, selbstdiszipliniert, planvoll, zielorientiert
Extraversion	sozial aktiv, energiegeladen, optimistisch, freundlich, positiv
Verträglichkeit (**A**greeableness)	mitfühlend, vertrauensvoll, hilfsbereit, bescheiden
Emotionale Stabilität (**N**eurotizism)	wenig neurotisch: ruhig, zentriert, sachlich

Tabelle 5.1: OCEAN – das Persönlichkeitsmodell der fünf Faktoren

Aus den Dimensionen hat sich das Big-Five-Modell, das Persönlichkeitsmodell der fünf Faktoren (OCEAN, was den englischen Anfangsbuchstaben der Faktoren in Tabelle 5.1 entspricht), entwickelt, das auf fünf Größen aufbaut, die für die Beschreibung einer Persönlichkeit geeignet sind. Der Psychologieprofessor Jerry Burger (»Personality«, 2007) erklärt die Anteile wie in Tabelle 5.1 dargestellt.

Um nun den Weg von den theoretischen Dimensionen und Eigenschaft zu greifbaren Typen zu gehen, soll noch ein letztes Modell genannt werden, das schon deutlich näher an der Netzwerkrealität ist und im Zusammenhang mit Vertrieblern entstand. Die Marketingexpertin Andrea Geile bringt Menschen zwischen den Polen sachlich versus emotional und zurückhaltend versus dominant unter. In den Quadranten sind unterschiedliche Typen zu finden, deren Anwesenheit jedes Netzwerk bereichern kann (siehe Abbildung 5.2).

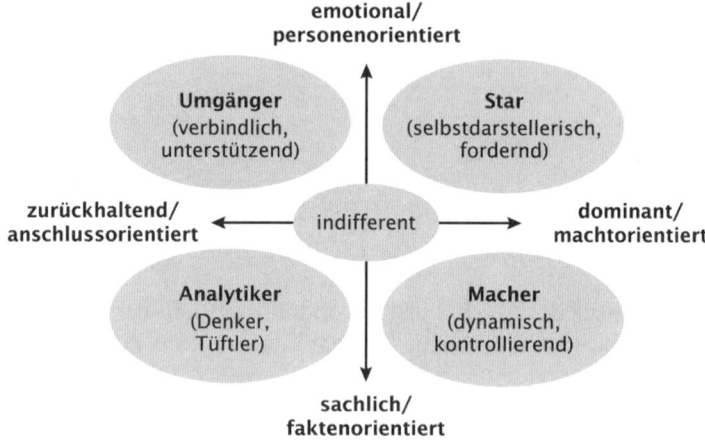

Abbildung 5.2: Verhaltenstypologie im Vertrieb

Die Typen Macher, Star, Umgänger und Analytiker bieten ein Grundgerüst, um die Typologie von Netzwerkern, denen Sie täglich begegnen können, genauer unter die Lupe zu nehmen. Dabei ist klar, dass es die Ausprägungen selten in Reinkultur zu bestaunen gibt, sondern jeder Mensch eher bestimmte Tendenzen aufweist, aber durchaus auch andere Eigenschaften haben kann. Ein Macher muss nicht unemotional sein und nicht jedem Star ist es egal, ob er Anschluss hat oder nicht.

Der Macher

Macher sind aktive und umtriebige Menschen. Sie sind extravertiert, wollen ihre Ziele erreichen und behalten dabei sachlich einen festen Stand. Menschen dieses Typs sind dominant und machtorientiert, daher eignen sie sich gut für Führungspositionen und als Unternehmer. Oft sind Macher kontaktfreudig und gesprächig und deshalb in Netzwerken gut aufgehoben. Sie reden nicht nur, sie tun auch etwas, das dann Hand und Fuß hat und gut ankommt. Klassische Macher verkörpern den Typus des Sanguinikers, sind aber über ihren Sachverstand oft besser geerdet, als sich Aristoteles das vorgestellt hat, und nicht ganz so leichtsinnig.

Worauf Sie als Macher achten sollten

Lockerheit ist eine Tugend, aber auch ein Fluch. Wenn Sie vor neuen Ideen nur so überfließen, sollten Sie nicht vergessen, dass nicht alles davon verwirklicht werden kann. Eine Gefahr für den Macher besteht darin, dass er sich verrennt und verkalkuliert.

 Im Gespräch mit anderen sollten Sie darauf achten, dass Sie in Ihrer Begeisterungsfähigkeit nicht alle überfahren und die anderen auch zu Wort kommen lassen. So mancher ruhige Kommentar eines Analytikers hat dem Macher schon große Verluste erspart.

 Sie sind charmant und machtbewusst, aber behandeln Sie Ihre Gesprächspartner nicht wie Untergebene – auch nicht aus Versehen –, sondern beobachten Sie sich und die Situation, damit Sie nicht zum Despoten werden.

Als Führungskraft ist es für unternehmensinterne Netzwerke wichtig, dass Sie nicht den Kontakt zu Ihrem Team und Kollegen verlieren. Sie sind zwar nicht dafür zuständig, die Gruppe zusammenzuhalten (dafür gibt es ja die Umgänger), aber Sie sollten sich auch nicht durch Unhöflichkeit und Missachtung unbeliebt machen und so von bestimmten Informationen ausgeschlossen werden.

Was Sie für den Umgang mit dem Macher wissen müssen

Der Macher mag in der Regel keine Schleimer, sondern möchte in Augenhöhe angesprochen werden. Auch wenn er oft in seiner Arroganz davon ausgeht, dass es niemanden auf diesem Niveau gibt, lässt er sich durch fundierte Aussagen doch eines Besseren belehren. Sie können ein Gespräch mit einem Macher angenehm halten, indem Sie ihn viel fragen und kompetent zu den Antworten beitragen können. Vermeiden Sie emotionale Diskussionen, denn ein Macher wird nur selten nachgeben können.

Der Star

»Sie hier und nicht in Hollywood?« Diese freundlich, aber nicht selten ironisch gemeinte Begrüßungsformel trifft den Star zutiefst, denn als Selbstdarsteller mit erheblichem schauspielerischen Talent wäre Hollywood doch schön blöd, ihn nicht zu wollen. Stars sind extravertiert und so emotional wie Macher sachlich sind. Das lässt sie mitunter leicht hysterisch erscheinen, aber ihre impulsive und kreative Ausstrahlung zieht viele Menschen dennoch in ihren Bann. Wenn ein Star den Raum betritt, sehen sich alle nach ihm um. Das haben Sie sicherlich in beruflichem oder privatem Zusammenhang schon einmal erlebt.

Worauf Sie als Star achten sollten

Sie haben einen starken Wunsch nach Gefolgschaft und Anerkennung, daran ist auch grundsätzlich nichts falsch. Sie können nicht verstehen, weshalb andere nicht dieselbe Wirkung erzielen (wollen), und hierin liegt eine Falle verborgen: Werden Sie nicht anmaßend gegenüber anderen, die nicht so glamourös auftreten können oder wollen. Schüren Sie nicht den Neid der Schüchternen, indem Sie sie zu Groupies degradieren, sondern versuchen Sie bewusst, auch mit denjenigen ins Gespräch zu kommen, die Ihnen nicht automatisch hinterherlaufen. Stars sollten durch weniger emotionale Typen auf dem Teppich gehalten werden, das Feedback von Analytikern oder Machern ist oft wenig schmeichelhaft, aber dafür bodenständiger als Ihre Träume und Illusionen.

 Besonders als Selbstständiger verschafft Ihnen ein Star-Dasein Zulauf bei Veranstaltungen, der sich aber nur dann auch in neuer Kundschaft niederschlägt, wenn Ihr Konzept so durchdacht ist wie Ihr Auftreten beeindruckend.

Was Sie für den Umgang mit dem Star wissen müssen

Wenn Sie einem Star mit Skepsis begegnen, sinken Ihre Chancen auf eine Vertrauensbasis und den Austausch von Gemeinsamkeiten dramatisch. Beten Sie ihn nicht an (wir sind schließlich nicht in Hollywood), aber erfüllen Sie den Wunsch nach Zuneigung, der hinter den Allüren steckt, mit Freundlichkeit und Verbindlichkeit. Als Umgänger haben Sie gute Chancen, mit einem Star ein interessantes Gespräch zu führen, als Macher oder Analytiker sollten Sie im Hinterkopf behalten, dass der emotionale Anteil eines Menschen auch geschäftlich wichtige Aspekte wie Instinkt und Überzeugungskraft umfasst. Geben Sie dem Star eine Chance, das an den Tag zu bringen.

Der Umgänger

Jede Gesellschaft hat die Rolle des Schlichters zu besetzen, damit Auseinandersetzungen zwischen den anderen Gruppenmitgliedern nicht eskalieren. Um zu vermitteln, ist emotionale Intelligenz ebenso gefordert wie Zurückhaltung und aktives Zuhören. Der Umgänger erfüllt diese Kriterien, indem er versucht, Brücken zu bauen und emotionale Bindungen zu erstellen und aufrechtzuerhalten. Er ist gern gesehen, fällt aber auf Veranstaltungen kaum auf. Nur wenn in einer Gruppe kein Umgänger zugegen ist, wird es kritisch, denn die Stars und Macher können mit- und untereinander in Konflikte geraten, wenn niemand da ist, der sie einfängt.

Worauf Sie als Umgänger achten sollten

Umgänger sind tendenziell altruistisch geprägt, denn sie haben es gern, wenn es kuschlig und stressfrei ist. Allerdings sollten Sie, wenn Sie sich hier angesprochen fühlen, nicht vergessen, dass Sie ein berechtigtes Eigeninteresse haben.

 Netzwerke sollen zu einer Win-win-Situation führen und Ihr Gewinn kann nicht allein sein, dass alles friedlich ist. Manchmal müssen Sie über Ihren Schatten springen und einen Konflikt aushalten, sich abgrenzen oder sogar laut und deutlich Nein sagen. Üben Sie das, sonst werden Sie von Umgänger zum Opfer.

Was Sie für den Umgang mit dem Umgänger wissen müssen

Mit Umgängern umzugehen scheint auf den ersten Blick erstaunlich einfach. Sie folgen jeder Bewegung des Gesprächs, sind unterhaltsam und nett, dabei verbindlich und nicht aufdringlich. Aber was denken und meinen sie wirklich? Um einen Umgänger aus der Reserve zu locken, sollten Sie sich um ein positives Gesprächsklima bemühen. Small Talk nach allen Regeln der Kunst ist angesagt, bis das Vertrauen zwischen Ihnen so weit zu tragen scheint, dass Sie auch ehrliche Reaktionen erwarten können.

In ihrer negativen Ausprägung sind Umgänger Schleimer, die Ihnen nach dem Mund reden und nur nicht anderer Meinung sein wollen. Wenn Sie merken, dass Sie so ein Exemplar vor sich haben, verabschieden Sie sich höflich. Es gibt aber auch solche, bei denen es sich lohnt, das Vorgeplänkel in Kauf zu nehmen. Hinter der zurückhaltenden Art und dem Harmoniebedürfnis können Lösungsvorschläge zu vielen Kommunikationsproblemen versteckt sein, die besonders für Stars und Macher erhellend sein könnten.

Der Analytiker

Zurückhaltend und sachlich, so soll der Analytiker sein. Er ist die Sorte Mensch, die zu einer Veranstaltung kommt, sich erst einmal ein Getränk organisiert (um nicht mit leeren Händen dazustehen) und dann eine ruhige Ecke aufsucht, von der er alles beobachten und einschätzen kann. Analytiker sehen die Zusammenhänge in der Welt und in den Gruppen, gehen strategisch bei der Wahl ihrer Gesprächspartner vor und überlegen sich gut, was sie davon haben, wenn sie sich tatsächlich mit jemandem unterhalten. Sie sind so machtorientiert wie die Macher, nur die Methoden, ans Ziel zu gelangen, sind weniger offensichtlich. Analytiker sind zu perfiden Intrigen in der Lage, als positive Menschen aber auch unglaublich hilfreich dabei, eine Idee auf Herz und Nieren zu überprüfen.

Worauf Sie als Analytiker achten sollten

Vergessen Sie nicht, dass Sie Gefühle haben. Das klingt nun ein wenig pathetisch, aber die meisten Analytiker, denen ich begegnet bin, sind so sachorientiert und häufig im Dienste der Wissenschaft und der höheren Weisheit unterwegs, dass sie kaum noch Spaß im gesellschaftlichen Leben haben. Auf einem Netzwerktreffen geht es aber jenseits der Inhalte auch um das entspannte Miteinander, um Scherze und fröhliche Abende, an die man sich gern erinnert. Nehmen Sie sich nicht die Chance auf Unterhaltung und nette neue Kontakte, indem Sie nur nach analytischer Nutzenmaximierung streben.

Was Sie für den Umgang mit dem Analytiker wissen müssen

Analytiker sind in der Regel ernsthafte Gesellen, die sich selbst und die Themen, über die sie sprechen, auch sehr ernst nehmen. Hören Sie ihnen also genau zu, denn oft verbirgt sich hinter zunächst verschrobenen Ansichten ein neuer Aspekt, an den Sie noch gar nicht gedacht haben. Analytiker haben die Intelligenz, die in Tests abgefragt wird, was sie zu geeigneten Lösern von strategischen Problemen macht. Fragen Sie um Rat, das schmeichelt dem ansonsten unauffälligen Analytiker bestimmt.

Was die emotionale Seite betrifft, sollten Sie einem Analytiker nicht nachtragen, dass er die Dinge eher technisch als gefühlsbetont sieht. Er ist gut geeignet, um ihn nach Mechanismen der Werbewirkung zu befragen, weniger, um ihn zu dem Gefühl zu interviewen, das er hat, wenn er eine bestimmte Farbe sieht.

Typisch!

Oft stehen Menschen in der Öffentlichkeit, die eher extravertiert sind. Zurückhaltende Persönlichkeiten zu finden, die jeder kennt, ist eine Herausforderung. Hier nun vier wahrscheinlich allen Lesern bekannte Persönlichkeiten, die die vier unterschiedlichen Typen verkörpern.

✔ Typisch Macher

Der »European Banker of the Year 2009«, Josef Ackermann, scheint den Macher zu verkörpern. Sein Bild in der Öffentlichkeit ist geprägt von seinem Machtbewusstsein, er ist einer der einflussreichsten Manager der 2000er-Jahre und auf höchster Ebene vernetzt. Ackermann ist ein Macher, der erreicht hat, wovon alle seiner Art träumen: Macht, Einfluss und Reichtum.

✔ Typisch Star

Extrovertiert, mit ihrem eigenen Kopf, immer ihrer Zeit voraus und seit den 80er-Jahren erfolgreich, ist Madonna der Inbegriff eines Stars. Undenkbar, dass sie einen Raum betritt, in dem sich danach nicht alles um sie dreht. Madonna hat durch Filme und Musik, Ehen und Verhältnisse und nicht zuletzt immer durch ihren eigenen Stil bewiesen, dass es auch unangepasst geht. Sollen sich doch die anderen nach den Trends richten, die sie installiert.

✔ Typisch Umgänger

Einen, der es jedem recht machen will, aber dabei nicht schmeichelt, sondern klar und besonnen verhandelt, wünscht sich jede politische Partei. Als Schlichter ist die »alte Garde« nach wie vor im Einsatz, so ist beispielsweise Heiner Geißler immer wieder aktiv, zuletzt beim umstrittenen Stuttgart-21-Projekt, um hitzige Gemüter zu beruhigen.

✔ Typisch Analytiker

In den Naturwissenschaften, genauer der Physik hat Angela Merkel ihre berufliche Karriere noch in der DDR gestartet. Schon der Titel der allerdings quantenchemischen Dissertation »Untersuchung des Mechanismus von Zerfallsreaktionen mit einfachem Bindungsbruch (...)« lässt auf eine gewisse Netzwerkkompetenz hinsichtlich der Bindungen und Neusortierungen von Elementen und Kontakten schließen.

Ohne allzu offensichtliche machtpolitische Muskelspiele hat sie es geschafft, sich ins politisch einflussreichste Amt zu manövrieren, wobei ihr niemand das geschickte Nutzen von Netzwerken und Verbindungen absprechen kann. Auch wenn die Kanzlerin oft stoisch und unemotional wirkt, sind ihre Rechnungen und Analysen bislang doch meist in ihrem Sinne aufgegangen.

Welcher Netzwerkertyp sind Sie?

Bestimmt haben Sie sich in der einen oder anderen Beschreibung wiedererkannt, wahrscheinlich aber sogar in mehr als nur einer. Was sind also Ihre Stärken und Schwächen, wie erfahren Sie, was Sie gut können und um welche Klippen Sie geschickt herumschippern sollten? Dazu gibt es Testmöglichkeiten in Büchern und auch online (zum Beispiel www.bwl.karriere-networking.de/4/ Typ-Check.html), die zu bestimmten Bereichen Fragen stellen.

✔ Kommen Sie leicht mit anderen Menschen in Kontakt oder warten Sie, bis Sie angesprochen werden?

✔ Erzählen Sie gern von sich oder fühlen Sie sich wohler, wenn andere reden?

✔ Haben und bekommen Sie gern Recht oder ist Ihnen vor allem Harmonie wichtig?

✔ Wenn Sie eine Aufgabe erledigen müssen, sind Sie schnell genervt und oberflächlich bei der Lösung oder arbeiten Sie sich akribisch und mitunter perfektionistisch ein?

✔ Haben Sie oft gute Ideen, wie man die Welt verbessern könnte, oder erscheint Ihnen alles gut so wie es ist?

✔ Sind Sie mit Ihrem Leben zufrieden oder träumen Sie von Größerem? Und wenn Sie Ambitionen haben, verfolgen Sie sie zielgerichtet?

✔ Können Sie sich gut in die Probleme anderer einfühlen oder sind Sie schnell genervt, wenn andere rührselig werden?

✔ Würden Sie sich eher als Experten oder als vielseitig interessiert bezeichnen?

✔ Denken Sie oft über den Sinn des Lebens und Ihres Daseins nach oder nehmen Sie die Dinge wie sie sind und leben das, was das Leben Ihnen zuspielt?

Diese grundsätzlichen Fragen helfen Ihnen bei ehrlicher Beantwortung vielleicht ein bisschen dabei, sich selbst zwischen emotional und sachlich, intro- und extrovertiert einzuordnen.

Teil III

Voraussetzungen für erfolgreiches Netzwerken

The 5th Wave   By Rich Tennant

»Was immer er noch dabeihat, mit DEM Hut muss er
einfach Kontakte machen.«

Bisher ging es vor allem um Ihre Einstellung und Ihr positives Denken. In diesem Teil kommen wir der Praxis näher: Was müssen Sie konkret können und haben, ehe Sie sich ins Netzwerken stürzen? Antwort: Nichts als Ihr Lächeln. Denn selbstverständlich können Sie losziehen zu Messen, Treffen und Stammtischen, sich bei Gruppen online anmelden und drauflosposten, und das alles ohne die geringste Vorbereitung.

Ich rate Ihnen allerdings zu einem strategischeren Vorgehen. Je überlegter Sie an das Neuland Netzwerken herangehen und je mehr Gedanken Sie sich machen, was Sie eigentlich mit welchem Mitteln erreichen können und wollen, desto größer die Chance, nicht enttäuscht zu werden. Die Heißsporne unter Ihnen überspringen diesen Teil vorerst und stürzen sich gleich in die virtuelle (Teil IV) oder real existierende Netzwerkwelt (Teil V). Bei Bedarf kommen Sie einfach noch einmal auf den Teil mit den Strategien zurück.

Von Zielen, Strategien und Plänen

In diesem Kapitel

▶ Wohin die Reise gehen soll

▶ Was Strategien sind und wie sie wirken

▶ Welche unterschiedlichen Wege zum Ziel führen können

▶ Die Vorüberlegungen vereinfachen

▶ Der individuelle Plan für Ihre Netzwerkziele

*N*etzwerken bedeutet immer, sich selbst zu vermarkten. Es mag zwar spannend sein, neue Menschen kennenzulernen, aber Sie tun das ja nicht nur zum Selbstzweck, sondern haben bestimmte Ziele, die Sie durch die Kontakte erreichen wollen.

Aus dem Marketing stammt auch der Dreiklang, der aus Instrumenten, Strategien und Zielen ein Grundsystem baut. In diesem Kapitel erfahren Sie, wie Sie Ihre Vorhaben in Form von Plänen organisieren, sodass Sie mithilfe einer ausgewählten Strategie bestimmte Ziele erreichen können.

Wenn Sie gern spazieren gehen, wissen Sie, dass Ihnen in einem fremden Gebiet unvorhersehbare Hindernisse begegnen können. Ebenso wenig wie Sie auf dem Land Ihre Wanderschuhe anziehen würden, um einfach in irgendeine Richtung möglichst schnell loszulaufen, sollten Sie sich ins Netzwerkgelände begeben, ohne die Lage sondiert zu haben. Was wollen Sie erreichen? Welche Ressourcen haben Sie? Welcher Weg liegt Ihnen? Das alles sind Fragen, die Sie davor bewahren, nach einem schnellen Sprint im Netzwerkwald verloren zu gehen.

Schöne Aussichten

Sie lesen dieses ... *für Dummies*-Buch vermutlich nicht, weil Ihnen langweilig ist und Sie sonst keine Lektüre finden konnten. Sie lesen es, weil Sie sich mit Netzwerken beschäftigen wollen, um damit etwas Bestimmtes zu erreichen. Dabei lohnt es sich, genau zu überlegen, welche Ergebnisse oder Ziele, vielleicht sogar mit bestimmten Etappensiegen, Sie erreichen könnten. Nur wenn Sie wissen, wohin Sie wollen, laufen Sie auch in die richtige Richtung.

Mögliche Ziele, die Ihnen vielleicht spontan einfallen, sind:

✔ den Bekanntheitsgrad des eigenen Angebots steigern

✔ neue Geschäfts- und Kooperationspartner finden

✔ neue Märkte erschließen und dadurch Umsätze steigern

✔ Beziehungsnetze erweitern und damit besser informiert sein

✔ am Ende des Tages mehr verdienen und dabei noch Spaß haben

Wäre es nicht schön, wenn das einfach so ginge? Die gute Nachricht ist, dass sich solche schönen Aussichten für jeden ergeben, der sich intensiv mit Netzwerken befasst und sich darin engagiert. Die schlechte Nachricht ist, dass die Punkte in der Liste eher die »Belohnung« für gutes Netzwerken sind, aber als Zielformulierung noch viel zu schwammig sind. Das können Sie besser machen.

Ziele formulieren

Wenn Sie sich heute vornehmen, durch Netzwerken Ihren Umsatz zu steigern, sollten Sie in der Lage sein, eines Tages kontrollieren zu können, ob Sie Ihr Ziel tatsächlich erreicht haben. Dazu muss beispielsweise genau beschrieben werden, um wie viel Sie den Umsatz bis wann steigern möchten. Das Gleiche gilt auch für die anderen Punkte aus der »Schöne-Aussichten-Liste«. Gehen Sie ins zähl- und messbare Detail:

✔ Wie viele neue Kontakte brauchen Sie und was sollen sie haben oder können?

✔ Wann können Sie einen neuen Markt als erschlossen bezeichnen und wie genau soll denn der Markt abgegrenzt sein?

✔ Welche Arten von Informationen benötigen Sie, um besser aufgestellt zu sein, und wer kann sie Ihnen beschaffen?

Dabei gilt, dass Ihre Ziele so präzisiert nur für Sie gelten. Sie können also kaum erfolgreich die Wunschergebnisse von anderen ungeprüft übernehmen. Zudem sollten Sie sich vornehmen, was oder wie Sie zukünftig sein wollen, und nicht, was Sie *nicht* mehr wollen. »Ich will nicht mehr jeden Tag allein essen« ist ein guter Vorsatz, als Ziel taugt aber eher »Ich will bis Ende des Quartals an zwei Tagen in der Woche in der Mittagspause mit Geschäftspartnern essen«. Am Ende der Woche beziehungsweise des Quartals können Sie kontrollieren, ob Sie die zwei Mal geschafft haben, und festlegen, ob Sie Ihre Ziele ausweiten oder reduzieren müssen.

Nehmen Sie sich auch nicht unnötig viel vor. Wenn Sie Ihren Kalender kritisch betrachten und bestenfalls einmal in der Woche Zeit für ein Geschäftsessen haben, dann ist das eben so. Ein anderes Ziel macht Ihnen nur unnötigen Druck.

 Seien Sie SMART. Die Abkürzung *SMART* stammt aus dem Projektmanagement und steht für:

S – *spezifisch*

M – *messbar*

A – *akzeptiert* (oder achievable, also erreichbar oder anspruchsvoll)

R – *realisierbar*

T – *terminierbar*

Ziele sollten außerdem präzise, individuell, nachprüfbar, positiv, aber kritisch formuliert werden. Ihre Erfüllung sollte sich klar bestätigen lassen, am besten in Form von Zahlen (zwei Essen in der Woche, 15 Prozent mehr Umsatz, 100 neue Kontakte, die in der Branche xy zu Hause sind), und innerhalb einer selbst gesetzten Frist erfolgen.

Die eigenen Ziele herausfinden

Nun sitzen Sie vermutlich da und denken:»Prima, das klingt alles gut, aber wie komme ich denn nun zu meinen eigenen Zielen?« Das ist eine wichtige und berechtigte Frage. Es kommen einige Methoden infrage, mit deren Hilfe Sie Ihre Ziele und deren Reihenfolge bestimmen können. Probieren Sie sie aus, meist liegt dem einen das eine und dem nächsten das andere Vorgehen mehr, Sie können aber auch alle miteinander kombinieren.

Aus Ängsten Ziele machen

Oft sehen Menschen genau das als erstrebenswert an, was ihnen ein wenig (oder manchmal auch große) Angst macht und wovor sie sich am liebsten drücken würden. So träumen viele Menschen von etwas, das sie schon immer einmal tun oder schaffen wollten, womit sie sich selbstständig machen würden oder was sie erfinden könnten, aber sie haben häufig Angst davor, was die Welt zu ihren Ideen sagen würde. Deshalb fangen sie erst gar nicht an, obwohl die Vorstellungen durchaus Potenzial hätten.

Auf der Grundlage ihrer Befürchtungen und mithilfe der SMART-Regel ein Ziel zu erstellen, könnte helfen. Stellen Sie sich die folgenden Fragen:

✔ Was für ein Ergebnis *(spezifisch)* soll entstehen?

✔ Welche Schritte sollen bis zu welchem Zeitpunkt *(messbar)* geschafft werden?

✔ Was muss das Produkt für Eigenschaften haben, um am Markt *akzeptiert* zu werden?

✔ Wie viel Zeit steht für die Entwicklung zur Verfügung? Ist es also *realistisch*, das Produkt innerhalb des geplanten Zeitraums zu schreiben?

✔ Welche *Termine* müssen auf dem Weg zur Abgabe eingehalten werden?

Wovor schrecken Sie zurück? Wenn Sie denken, dass Sie schüchtern sind und Ihnen deshalb Small Talk schwerfällt, dann nehmen Sie sich anhand der SMART-Regeln vor, wann und wie oft Sie auf Veranstaltungen neue Menschen zum Üben ansprechen. Das Ziel ist, neue Kontakte zu knüpfen und sich nett zu unterhalten.

Wenn Sie befürchten, die Welt würde Ihre Erfindung ablehnen, und Sie sich deshalb nicht trauen, sie jemandem zu zeigen, nehmen Sie sich genau vor, wen Sie wo und wann treffen möchten, um ihm von Ihrer brillanten Idee zu erzählen. Als Unternehmensberaterin weiß ich, dass viele Menschen wunderbare Ideen für innovative Produkte und Dienstleistungen haben, aber oft nicht erfolgreich damit sind, weil die Meinung der unbestimmbaren Öffentlichkeit sie einschüchtert. Dabei ist die breite Masse oft völlig unbedeutend. Kern des Netzwerkens ist es ja, die richtigen Menschen zu treffen, um die richtigen Informationen auszutauschen. Was die anderen denken, kann Ihnen total egal sein.

Mit Brainstorming zum Ziel

Wenn Sie eher zu den Menschen gehören, die vor gar nichts Angst haben, aber dennoch nicht so recht wissen, wohin Sie wollen, hilft eine einfache Ideenfindungstechnik weiter, die in Gruppen angewendet wird: das Brainstorming. Es ist hilfreich, sich mit Kollegen oder Freunden zusammenzusetzen, um zu bestimmten Fragestellungen zu »brainstormen«. Wichtige Faktoren dabei sind:

✔ Es geht bei der Suche um die Frage- oder Problemstellung, nicht vordergründig um Lösungsansätze. Sie suchen also nicht direkt nach Zielen, sondern erst einmal nach den Bereichen, die verändert werden sollen, etwa wie in der Wunschliste weiter oben im Text.

✔ Bewertungen und Kritik erfolgen nicht während des Brainstormings.

✔ Im Anschluss an das Brainstorming werden die Ergebnisse in ähnlichen Gruppen zusammengefasst. So können Sie ähnliche Ziele erkennen und bei der Analyse zusammenfassen.

Sollten Sie keine Gruppe haben, können Sie allein mit Stift und Zettel einen Zeitraum festlegen, in dem Sie möglichst unvoreingenommen alles aufschreiben, was Ihnen zu Ihren möglichen Zielebereichen einfällt.

 Wer lieber am Rechner arbeitet, der kann auf www.cognitive-tools.de eine einfache Brainstorming-Software kostenlos online nutzen. Ein bisschen ausgefeilter geht es bei der Freeware von Visual Understanding Environment (vue.tufts.edu) zu.

Mindmapping und Zielsysteme

Vielleicht haben Sie auch schon einen Haufen möglicher Ziele im Kopf, die bislang völlig unsortiert sind. Da wuseln lang- und kurzfristige Ziele zwischen Erreichbarem und Träumereien umher und nichts davon lässt sich fassen, um es SMART zu formulieren.

Fangen Sie damit an, wie beim Brainstormen alles aufzuschreiben. Nur dass Sie nun nicht mehr entwickeln und Ideen spinnen, sondern die in Ihrem Kopf herumschwirrenden Ideen zu Papier bringen sollen. Das Ergebnis sieht in beiden Fällen ähnlich aus: ein Haufen Begriffe, wilde Zeichnungen und viele Pfeile. Damit haben Sie aber einen Ausgangspunkt, von dem aus Sie sortieren können.

 Wer gern mit dem Computer arbeitet, kann dafür Mindmapping-Programme nutzen. Sie sind ähnlich aufgebaut wie die Werkzeuge, die unter Brainstorming beschrieben wurden. XMind (www.xmind.net), FreeMind (freemind.softonic.de) oder MindMeister (www.mindmeister.com/de, auch für iPhone und iPad als App) sind kostenlose Softwarelösungen, die im Internet zum Download bereitstehen. Mancher kennt oder besitzt sogar den Marktführer MindManager (www.mindjet.com), der jedoch kostenpflichtig ist. Mehr darüber erfahren Sie in *Mind Mapping für Dummies* von Florian Rustler.

Wenn Sie Ihre Ziele vor Augen haben, können Sie sie wieder nach den SMART-Regeln ordnen, ob sie

✔ *spezifisch* oder unklar sind (unklare können möglicherweise schnell spezifiziert werden);

✔ *messbar* sind oder erst noch mit Kriterien zur Messung versehen werden müssen;

✔ *akzeptiert* werden oder aus diesem Grund verworfen oder angepasst werden müssen;

✔ *realistisch* sind oder eher eine Vision, aus der sich dann aber vielleicht machbare Ziele ableiten lassen;

✔ *terminiert*, also kurz- oder langfristig erreichbar sind.

Daraus ergibt sich ein Zielsystem wie in Abbildung 6.1, in dem Sie die Wichtigkeit der (Etappen-)Ziele in einer bestimmten Reihenfolge festlegen und nur noch solche übrig sind, die Ihnen zur Strategiefindung hilfreich sind.

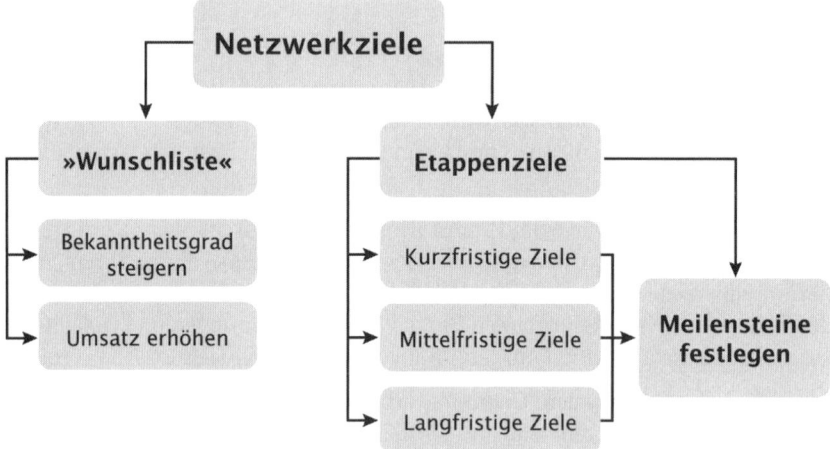

Abbildung 6.1: Zielsystem zur Ideenfindung

Benchmarking oder »Was machen die anderen?«

Wenn Ihnen selbst nichts einfällt, was Sie sich zum Ziel setzen können, liegt es nahe, nach den Zielen der anderen zu schielen.

 Da Ziele immer individuell sind, weil die Erreichbarkeit sich an den jeweiligen Kenntnissen und Fähigkeiten orientiert, ist der Blick in den Nachbarsgarten gefährlich. Machen Sie das wirklich nur, um sich Anregungen zu holen, aber kopieren Sie niemals die Ziele von anderen.

In Unternehmen ist es üblich, sich die Vorgehensweisen der Konkurrenz anzusehen und daraus Ideen zur Verbesserung zu entwickeln, also Daten der anderen zu sammeln und zu *benchmarken*. Wie das aussehen kann, sehen Sie in Abbildung 6.2. Erst hat das Unternehmen eigene Ziele, dann bestimmen sich daraus Strategien und schließlich wird anhand von Vergleichsergebnissen geprüft, ob die anderen ähnliche Ziele effizienter erreichen und ob etwas an der Planung verbessert werden kann. Maßnahmen, die für das Unternehmen passen, werden danach erarbeitet und umgesetzt. Andersherum steckt die Firma ansonsten vielleicht in einem fremden Zielsystem, das sie selbst gar nicht erfüllen kann.

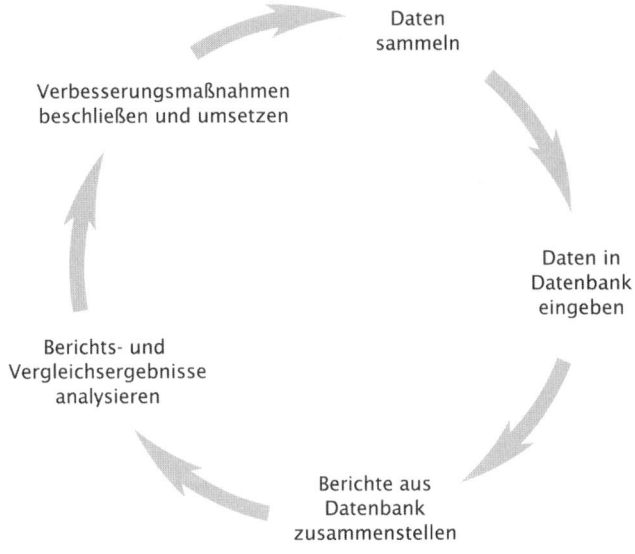

Abbildung 6.2: Vorgehen beim Benchmarking

Auch wenn Ziele individuell von Ihnen gestaltet werden sollen, können Sie sich trotzdem mit anderen darüber austauschen, was sie sich vom Netzwerken versprechen. Beim Netzwerken sind Sie häufig allein im Internet oder bei Treffen unterwegs, was manchmal den Blick verstellt. Da richtet es keinen Schaden an, wenn Sie mit anderen reden und erfahren, was es noch für Ziele geben könnte. Manche Netzwerke oder Events sind gar auf bestimmte Ziele ausgerichtet. Eine Kontaktmesse soll Sie mit möglichst vielen fremden Menschen zusammenbringen, die ein ähnliches Interesse haben, und ein Empfehlungsnetzwerk soll möglichst unterschiedliche Menschen miteinander in Kontakt bringen, um Geschäftsbeziehungen zu erzeugen. So kann man den üblichen Weg, sich die Netzwerke anhand der eigenen Ziele auszusuchen, auch umdrehen und anhand der existierenden Netzwerktypen eigene Zielvorstellungen entwickeln.

Der Weg ist das Ziel

Mit Ihrer Liste von Zielen stehen Sie nun so da wie vor einem Globus, auf dem Sie mit Stecknadeln die Orte markiert haben, an die Sie irgendwann in Ihrem Leben noch reisen wollen. Doch wie kommen Sie da hin, was lässt sich miteinander verbinden, was steht im Widerspruch zu anderen Zielen? Und was kann Ihnen auf der Reise noch begegnen? Strategisch gesehen benötigen Sie nun eine Streckenplanung, die die Wege der kommenden Reisen (nächstes Wochenende, in den nächsten Ferien, die Weltreise in drei Jahren) sinnvoll festlegt und Ihre Zwischenziele als Etappen einbaut.

Was ist eigentlich eine Strategie?

Strategisches Denken wird oft mit Schlachten und Feldherren vergangener Tage verbunden. Die Kämpfe bei Waterloo oder Leningrad führten zu klassischen strategischen Niederlagen. Da hatte sich einer vorgestellt, wie etwas funktionieren könnte und hinterher lief es ganz anders. Vielleicht spielen Sie Karten oder beobachten ab und zu Formel-1-Rennen im Fernsehen. Auch die sind von Strategie und Taktik bestimmt. Dabei ist die Strategie die Art und Weise, wie ein Ziel (der Sieg) erreicht werden soll, und die Taktik ist die Art, wie die dafür nötigen Mittel eingesetzt werden sollen. Oder, wie es Carl von Clausewitz in »Vom Kriege« erklärt: »Die Gefechte in sich anzuordnen und zu führen wird Taktik, die Gefechte unter sich zum Zwecke des Krieges zu verbinden Strategie genannt.«

Weniger kriegerisch und alltagstauglicher ist die Vorstellung, dass ein Marathonläufer auch nicht lossprintet, um so schnell wie möglich sein Ziel zu erreichen, sondern strategisch überlegt, wie er das 42,195 km entfernte Ziel erreicht. Welche Streckenabschnitte gehen bergauf? Wo stehen Getränkestände? Gibt es eine Strecke, die im Schatten verläuft?

 Machen Sie Ihre Ziele und Strategien vor allem an sich selbst fest. Ein Läufer, der unbedingt von Anfang an schneller als ein bestimmter anderer Läufer sein will, berücksichtigt dabei möglicherweise nicht die eigenen Kräfte und verausgabt sich zu schnell. Was Ihre Mitbewerber machen, ist beim Management Ihrer Angebote selbstverständlich wichtig, aber was Ihre eigenen Ziele und Strategien betrifft, sollte es keine Rolle spielen.

Die taktische Ebene

Wenn Ihnen Ihre Strategie klar ist, haben Sie das grundsätzliche Vorgehen geklärt. Sie wissen, um im Bild mit dem stecknadelbesetzten Globus zu bleiben, dass kurzfristig eine Städtereise in Europa vom finanziellen und zeitlichen Budget abgedeckt ist und dass Sie sich im kommenden Jahr die Zeit für einen längeren Skandinavienaufenthalt nehmen. Daher sind die skandinavischen Hauptstädte aus der Städtereise gefallen. Taktisch gilt es nun zu planen, wie Sie dabei vorgehen, was Sie auf der Reise brauchen, ob Sie Bus, Bahn, Flieger oder Auto benutzen wollen und mit welchen Mitteln Sie vor Ort Ihre Wünsche (etwa Kunst und Kultur in Südeuropa kennenlernen) erfüllen können.

Auf das Netzwerken übertragen könnten Ihre kurzfristigen Ziele sein, in Ihrer Stadt und Branche zehn neue Kontakte zu schaffen, um mittelfristig einen Kooperationspartner im Vertrieb mit ins Boot zu holen. Dazu müssen Sie sich über Netzwerke informieren, verschiedene Kennenlerntreffen besuchen, sich im Klaren darüber sein, was Sie vermitteln wollen beziehungsweise welchen Eindruck Sie hinterlassen möchten, und vor Augen haben, nach welchen Kriterien Sie Ihre Gesprächspartner auswählen.

 Denken Sie immer auch an die Kontakte zweiten Grades. »Kennt jemanden, der jemanden kennt« ist immer ein Attribut engagierter Netzwerker und diese kennenzulernen bedeutet, einen Multiplikator zu kennen, der im Zweifel die Wunschkandidaten im Bekanntenkreis hat, an die Sie anders nicht herankommen.

Dass dabei Spaß und Unterhaltung nicht auf der Strecke bleiben sollten, versteht sich von selbst. Sie sollen ja nicht mit einer genauen Vorstellung Ihres Wunschpartners durch die Menge laufen und jeden mit Fragen nach den Wunschkriterien überfallen, sondern aufgeschlossen sein, interessante Informationen austauschen und Ihren Horizont erweitern (mehr dazu erfahren Sie in Kapitel 4). Taktisch an der Sache ist, dass Sie besonders die Kontakte verfolgen, die Ihnen kurz-, mittel- oder langfristig bei Ihren Zielen helfen können.

Ich packe meine Tasche ...

Wenn Sie nach Rom reisen, benötigen Sie anderes Gepäck als für eine Reise zum Himalaja. Für das Vorhaben »Südeuropäische Städtereisen« sind Sie also auf einer Rundreise durch Madrid, Rom, Athen und Bukarest mit ein und demselben Koffer gut gerüstet. Der Inhalt hilft Ihnen aber mit großer Wahrscheinlichkeit beim Bergsteigen nicht weiter.

In Ihrem Netzwerk-Koffer sollten die Instrumente und Fähigkeiten liegen, die Sie auf der nächsten Etappe tatsächlich brauchen (in Kapitel 8 beschreibe ich Netzwerk-Handwerkszeug wie Visitenkarten und Flyer). Je nachdem, was Sie als nächstes Ziel anstreben, müssen Ihre Materialien stimmen. Die Mindestausstattung für jedes Treffen in der wirklichen Welt ist ein Stapel Visitenkarten. Das virtuelle Pendant dazu ist eine Signatur oder vCard (elektronische Visitenkarte) mit Ihren persönlichen Angaben als E-Mail-Anhang.

Ziele und Strategien im Social Media Management

Ein Beispiel für Ziele und Strategien bietet das Marketing in sozialen Online-Netzwerken. Für Unternehmen, aber auch Parteien und Lobbys, wird es immer wichtiger, die Selbstvermarktung innerhalb dieser anonymen Räume zu gestalten.

Dazu werden, wie bei Ihren Netzwerkplanungen auch, zunächst die Ziele auf einer Wunschliste definiert, die beispielsweise Folgendes beinhalten können: mehr Besucher auf einer Webseite, die Bekanntheit der Marke steigern, das Suchmaschinenergebnis verbessern, den Ruf fördern oder die Umsätze der Produkte und Dienstleistungen ankurbeln.

Diese Ziele hängen zusammen und können in ein Zielsystem eingeordnet werden, die jeweiligen Strategien aber unterscheiden sich. Es ist offensichtlich, dass eine Strategie für mehr Besucher nicht notwendigerweise zu einem besseren Ruf führt. Sogar das Gegenteil kann der Fall sein, denn je weniger exklusiv etwas wirkt und je stärker es nach Massenprodukt riecht, desto unbeliebter kann in es in manchen Branchen werden. Daher sollten die Strategien innerhalb des Zielsystems aufeinander abgestimmt werden.

Um es auf Ihre Netzwerkstrategie zu beziehen: Wenn Sie jeden Kontakt annehmen, jedem, der nicht bei drei auf den Bäumen ist, eine Visitenkarte in die Hand drücken und alle irgendwie interessant erscheinenden Menschen ansprechen, dürfen Sie sich nicht wundern, dass Sie nicht mehr als exklusiv oder schwer zu engagieren wahrgenommen werden, was sich möglicherweise auf Ihre Preisgestaltung auswirken wird. Je nach individuellem Ziel (hoher Bekanntheitsgrad oder Exklusivität), ist die Strategie, mit der Sie auf Treffen und im Internet vorgehen, unterschiedlich.

Darüber hinaus sollte in Ihrem Gepäck etwas sein, das Ihr Gegenüber haben möchte: Informationen. Gehen Sie nicht zu Treffen, ohne sich vorher über die Gruppe, die Beteiligten, interessante Themen, Trends und Entwicklungen oder mögliche eigene Beiträge Gedanken gemacht zu haben.

Viele Netzwerkaktivitäten scheitern, weil jemand »mit leeren Taschen« ankommt und sich Vorteile erhofft. Netzwerken aber ist ein Geben und Nehmen, oft erst das Geben, dann das Nehmen. Also stellen Sie sicher, dass Sie etwas einbringen können.

Sie können neben interessanten Beiträgen auch einfach sich und Ihre Fähigkeiten in ein Netzwerk tragen und es damit bereichern. Oft sind engagierte Mitglieder, die sich kümmern, mit organisieren und Zeit aufwenden, bekannt und beliebt. Auch das ist »Geben«, selbst wenn Sie nichts wissen, was für die anderen nützlich sein könnte.

Rasten ohne zu rosten?

Die taktische Planung Ihrer Vorgehensweise können Sie unterschiedlich angehen. Eine Möglichkeit ist es, frei nach dem Motto »Schneller, höher, größer, weiter« wie manch eine Touristengruppe zehn Hauptstädte in zehn Tagen zu besuchen oder eben zehn neuen Gruppen in einem Monat beizutreten. Das ist jedoch ein sehr anstrengender und zeitintensiver Weg, bei dem Sie schnell die Kontrolle über Ihre Aktivitäten verlieren.

Ruhiger und nachhaltiger werden Ihre Bemühungen, wenn Sie sich auch einmal eine Pause gönnen. Prüfen Sie die Ergebnisse, die Sie erreicht haben, und gleichen Sie sie mit Ihren Zielen ab.

Der Faktor Zeit

Eine Grundregel, an der niemand vorbeikommt und die sich durch nichts aufheben lässt, ist: Netzwerken braucht Zeit. Experten beziffern die Jahre (!), die sie für den Aufbau ihres funktionierenden persönlichen Netzwerks gebraucht haben, oft mit drei bis fünf. Es ist ja nicht damit getan, dass Sie sich ein XING- oder Facebook-Profil anlegen und möglichst viele Kontakte knüpfen. Ebenso wenig hilft es Ihnen, wenn Sie möglichst vielen Gruppen in möglichst kurzer Zeit beitreten. Was wirklich Zeit kostet, ist das persönliche Engagement.

Besonders Selbstständige fangen oft erst in Krisensituationen damit an, Netzwerken zu betreiben, um schnell zu neuen Aufträgen zu kommen. Entsprechend wirken sie auf neue Kontakte: verzweifelt und bedürftig. Dass man so nicht vertrauenswürdig und seriös wirkt, muss ich nicht weiter ausführen. Netzwerke sollen vor Krisen bewahren. Und wenn Sie ein funktionierendes Netzwerk haben, wird es Ihnen auch in schlechten Zeiten beistehen.

Wenn Sie in Not sind, sollten Sie sich an jene halten, die Sie bereits kennen und die wissen, dass Sie zuverlässig sind. Jetzt auf die Suche nach neuen Verbündeten zu gehen, ist in aller Regel Zeitverschwendung.

Orientierungszeit

Nachdem Sie beschlossen haben, dass Sie in Zukunft dem Netzwerken Raum und Zeit in Ihrem Leben einräumen, fängt eine Phase an, in der Sie sich orientieren sollten. Ein Aspekt dieser Phase ist die Ziel- und Strategiefindung. Aber auch wenn Sie die vernachlässigen, weil Sie eher zu den Menschen gehören, die etwas aus dem Bauch heraus entscheiden, gibt es Aufgaben, die vor dem tatsächlichen Netzwerken stehen. Dazu gehört:

✔ die eigenen Kontakte erfassen und systematisieren (wie Sie das anstellen, erfahren Sie in Kapitel 8)

✔ mögliche Netzwerke recherchieren

✔ sich bei Online-Netzwerken anmelden und Profile erstellen (Sie erfahren in Kapitel 10, wie das funktioniert)

✔ Treffen von Netzwerken und Gruppen herausfinden und sich darauf vorbereiten

In einem Ratgeber habe ich die Aufforderung gelesen: »Stehen Sie jetzt auf und rufen Sie drei Menschen an, die Sie schon lange einmal wieder kontaktieren wollten.« Selbst deren Nummern herauszufinden, wird Ihre Zeit in Anspruch nehmen. Aber bevor Sie nun aufgeben und denken: »So viel Zeit habe ich gar nicht übrig«, machen Sie sich klar, dass gut funktionierende Netzwerke am Ende immer auch Zeit sparen.

Zeit im Netzwerk

Um sich in Gruppen einen Namen zu machen, sollten sich besonders Neulinge einbringen und engagieren. Das passt gut damit zusammen, dass besonders zu Beginn einer Selbstständigkeit oder Karriere häufig Geld oder Wissen knapp sind, aber dafür mehr Zeit vorhanden ist. Je erfolgreicher Sie werden, umso eher können Sie sich auch zurückziehen, andere fördern und ihnen die Organisation überlassen. Als Neuzugang haben Sie die Chance, zu beweisen, was an Talenten und Verlässlichkeit in Ihnen steckt. Das kann schnell eine Vertrauensbasis schaffen, die Sie nie erreichen, wenn Sie sich nur zu den monatlichen Stammtischen blicken lassen und dann auch nur zuhören und sich nicht einbringen.

Was im Netzwerk Zeit kostet, ist insbesondere:

✔ regelmäßig und vorbereitet zu Veranstaltungen zu gehen

✔ in Gruppen und Foren auf dem aktuellen Stand zu sein, neue Beiträge zu lesen und auch selbst welche zu verfassen

✔ in Organisationsgremien mitzuwirken und in Ausschüssen zusätzlich zur Hauptgruppe Dinge zu bewirken

✔ potenzielle Kontakte ausfindig zu machen und in die eigenen Netzwerke einzuladen

Oft sind Treffen von interessanten Netzwerken nicht am Wohnort, sondern mit einer Reise verbunden. Optimal ist es, wenn Sie gleich mehrere Geschäftstreffen oder -essen in der anderen Stadt vereinbaren können. Vielleicht können Sie eine Kollegin aus Hamburg zu einem Netzwerktreffen, das Sie dort besuchen wollen, mitnehmen, und vielleicht tritt die dann dem Netzwerk bei und Sie haben auf beiden Seiten für Zugewinn gesorgt. Vielleicht wollen andere Mitglieder Ihres Netzwerks in Berlin zur selben Messe wie Sie in Leipzig. Bilden Sie Fahrgemeinschaften und schon haben Sie etwas eingebracht und können die Fahrtzeit nutzen, um sich besser kennenzulernen.

 Verkneifen Sie sich bei solchen Gelegenheiten anzugeben. Quetschen Sie niemanden auf die Rückbank Ihres Porsches, fahren Sie nicht mit 200 Stundenkilometern über die Autobahn und vermeiden Sie alles, was Sie als unzuverlässig oder gefährlich in Erinnerung bleiben lässt.

Zeit zur Nachbereitung

Wenn eine Konferenz, eine Messe oder auch eine virtuelle Zusammenkunft vorbei ist, brauchen Sie außerdem Zeit, um sie nachzubearbeiten. Aus den Notizen, die Sie sich gemacht haben, entstehen Einträge in die Organisationsmedien wie Kalender, Adressverwaltung oder Visitenkartenmappe, die ich in Kapitel 8 genauer vorstelle. Dabei können Sie sich Begegnungen noch einmal vor Augen führen und auf sich wirken lassen. Mit der Zeit wird es Ihnen immer leichter fallen, wichtige Erinnerungen abzurufen und zu notieren. Ein positiver Nebeneffekt: Ihre Aufmerksamkeit und Ihre Wahrnehmung werden geschärft.

 Verlassen Sie sich nicht auf Ihr Gedächtnis. Auch wenn Sie meinen, dass etwas so bemerkenswert war, dass Sie es sicher nicht vergessen, sollten Sie es schriftlich festhalten. Informationen sind die Währung im Netzwerk, daher sollten Sie sorgsam damit umgehen.

Auch potenziell wichtige Menschen allein zu treffen, Vertrauen auszubauen und somit die Kontakte zu vertiefen, benötigt Zeit. Und wenn Sie Ihr Netzwerk doch noch erweitern wollen, benötigen Sie für Recherchen nach neuen Orten wieder Zeit. Selbst wenn Sie nicht auf zu vielen Hochzeiten gleichzeitig tanzen, sollten Sie ab und zu schauen, ob es nicht neue Gruppen gibt, die für Sie interessant sein könnten.

Ihr persönlicher Netzwerk-Grundstock

7

In diesem Kapitel

▶ Irgendwo müssen Sie ja anfangen

▶ Eine Bestandsaufnahme: Wer sind Ihre Kontakte?

▶ Ordnung in die Übersicht bringen

▶ Was einen wichtigen Kontakt ausmacht

▶ Mit Kontakten arbeiten

Auch wenn Sie sich bisher noch nicht als Teil eines Netzwerks gesehen haben, so befinden Sie sich doch in der Mitte Ihrer eigenen Familie, umgeben von Freunden und Bekannten. Sie haben ein soziales Umfeld, das den Ausgangspunkt für die systematische Ordnung von Kontakten bildet. Weder Ihre Pläne noch Ihre Ziele nutzen Ihnen etwas, wenn Sie nicht wissen, wo Sie stehen.

In diesem Kapitel geht es darum herauszufinden, wer aus Ihrem persönlichen Netzwerk eine Rolle beim beruflichen Netzwerken spielen kann und wie Sie mit guten und wichtigen Kontakten umgehen.

Startpunkt: Bestandsaufnahme

Ein altes Sprichwort sagt: »Zeig mir, wer deine Freunde sind, und ich sage, dir wer du bist.« Nun, das ist vielleicht ein bisschen zu anmaßend, wenn Sie es auf alle Lebensbereiche beziehen. Aber aufs Netzwerken gemünzt hilft es, sich einen Überblick zu verschaffen, wen es im ganz persönlichen Netz der Kontakte schon gibt. Um die Sache zu vereinfachen, beginnen Sie mit den beiden einfachen Fragen, wer aktuell in Ihrem Bekanntenkreis ist und wer einmal darin war, denn manchmal kann es sich lohnen, Letztere zu reaktivieren.

Wen kenne ich?

Um herauszufinden, welche Personen zu Ihrem aktuellen Netzwerk gehören, können Sie (wie auch schon zur Zielfindung in Kapitel 6 angeregt) eine Mindmap erstellen. Setzen Sie Ihren Namen in die Mitte und dann gehen Sie systematisch von den engen zu den entfernteren Kontakten durch die einzelnen Kategorien. Diese können etwa durch die folgenden Gruppen gebildet werden. Wenn Sie in einer Partnerschaft leben, können auch die entsprechenden Menschen im Leben Ihrer besseren Hälfte zu Ihren Kontakten zählen.

✔ **Familie:** Vielleicht denken Sie nun:»Was sollen mir meine Eltern beruflich schon bringen?«, aber sammeln Sie zunächst einfach alle, die Sie kennen. Hier geht es gerade nicht darum, schon berufliche Erfolge und neue Kunden zu schaffen, sondern darum, Ihr persönliches Netzwerk sichtbar zu machen. Wichtig werden später ohnehin eher Empfehlungen, Informationen, Ideen und sonstiger Input von Netzwerkpartnern. Sie netzwerken nicht, um Zugang zu neuen Kunden, Arbeitgebern oder Lieferanten zu bekommen, sondern um eingebettet in ein soziales Netz von anderen berücksichtigt zu werden. So kann ein Kollege Ihrer Schwester, mit dem Sie sich bei der letzten Geburtstagsfeier gut unterhalten haben, durchaus seiner Tochter Ihre Dienste als Nachhilfelehrerin angedeihen lassen, wenn er einen guten Eindruck von Ihnen bekommen hat. Kurz und gut: Ihre Familie muss in die Aufstellung. Wenn Sie wollen, kann das wie der Stammbaum in Kapitel 1 aussehen, oder aber Sie ordnen die Menschen je nachdem, wie nah sie Ihnen stehen.

✔ **Freunde:** Direkte Geschäfte innerhalb dieser Gruppen führen schnell zu Schwierigkeiten. Es werden vielleicht voreilig Freundschaftspreise vereinbart, von denen sich am Ende doch beide Seiten übervorteilt fühlen, oder Nachbesserungen kostenlos eingefordert, die Sie für einen»normalen« Kunden ohne Servicegebühr nie durchgeführt hätten. Halten Sie sich von solchen Vereinbarungen fern, es sei denn, Sie haben volles Vertrauen, dass beide Seiten wirklich mit den Bedingungen zufrieden sind. Ihre Freunde gehören selbstverständlich zu Ihrem persönlichen Netzwerk: Sie haben wiederum eigene Kontakte, können Sie empfehlen und für Ideen und Anregungen sorgen.

✔ **Kollegen:** Einerseits sind Kollegen diejenigen, die neben Ihnen im Großraumbüro sitzen, andererseits können es auch andere Selbstständige sein, die auf der gleichen Ebene wie Sie arbeiten: andere Rechtsanwälte, die Sie aus Kooperationskanzleien kennen, andere Mediengestalter, die auch als Freie manchmal für denselben Auftraggeber arbeiten wie Sie. Kollegen sind Menschen, die in der Arbeitswelt eine ähnliche Perspektive einnehmen wie Sie.

✔ **Kunden, Lieferanten und Dienstleister:** Im Gegensatz zu den Kollegen stehen Kunden auf der nach- und Lieferanten auf der vorgelagerten Stufe. Kunden sind all jene, von denen Sie als Selbstständige Ihr Geld erhalten oder für die Sie als Angestellte und somit Vertreterin Ihres Unternehmens arbeiten. Lieferanten dagegen haben das, was Sie für Ihre Arbeit brauchen; das kann Büromaterial sein oder Holz, wenn Sie Tischler sind. Dienstleistungen hingegen können Sie zum Beispiel bei Ihrem Friseur oder Masseur in Anspruch nehmen. Wenn Sie Ihren Friseur aufnehmen, können Sie auch darüber nachdenken, Ihre Ärzte aufzuschreiben, mit denen Sie gern auch mal ein Pläuschchen halten.

✔ **Freizeitkontakte:** Wenn Sie nicht arbeiten, haben Sie Freizeit. Die verbringen Sie einerseits sicherlich mit der Familie oder Freunden, aber es gibt noch eine Gruppe von Menschen, die Sie vielleicht immer mittwochs beim Badminton, einmal im Monat beim Hundezüchterverein oder im Yoga-Kurs treffen.

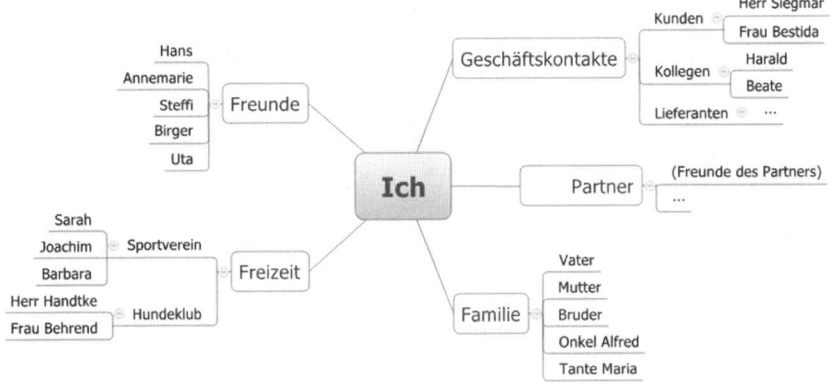

Abbildung 7.1: Überblick über die eigenen Kontakte bekommen

Wenn Sie eine Mindmap wie in Abbildung 7.1 erstellen, können Sie die einzelnen Felder farblich gestalten, aktive Kontakte fett markieren und allerlei Formatierungsfreuden nachkommen, um die Mindmap so aussagekräftig wie möglich zu gestalten.

 Achten Sie bei der Aufstellung darauf, dass Sie nur Kontakte ersten Grades aufnehmen, also solche, die Sie selbst kennen. Daher sind auch nur diejenigen aus dem Netzwerk Ihres Partners oder Ihrer Freunde wichtig, zu denen Sie einen eigenen Draht haben.

Sie werden überrascht sein, wie viele Menschen Sie kennen! Während Sie diese Übersicht erstellen, fallen Ihnen bestimmt auch tausend Beispiele ein, wer Ihnen wann wen empfohlen hat, wer denselben Zahnarzt besucht, seitdem Sie auf dessen Geduld hingewiesen haben, oder wer sich dieselben Sportschuhe auf Ihren Rat hin gekauft hat. Voilà: Sie sind doch schon ganz gut dabei im bunten Netzwerktreiben!

Wen kannte ich einmal?

Manchmal lohnt es sich, einen Blick in die Vergangenheit zu riskieren. Je nach Alter und dazu passender Weisheit und Lebenserfahrung haben Sie vermutlich in Ihrem bisherigen beruflichen und privaten Werdegang schon ein paar Stationen durchwandert. Dabei bleibt es nicht aus, dass Freunde sich aus den Augen verlieren, geschätzte Kollegen das Unternehmen wechseln oder Studienkollegen in andere Städte umziehen. Sie können in alten Adressbüchern suchen oder sich das Internet zunutze machen.

Es so gibt von jeder Universität ein Alumni-Angebot, ein Netzwerk der Ehemaligen. Hier können Sie sich registrieren, unter Umständen sogar eine eigene Alumni-E-Mail-Adresse einrichten lassen und nach ehemaligen Kommilitonen suchen. Auch viele große Unternehmen haben Portale für ehemalige Mitarbeiter eingerichtet, die beispielsweise gemeinsam im Ausland waren oder an bestimmten Fortbildungen teilgenommen haben. Unter `www.alumniportal-deutschland.org/` finden Sie eine Liste solcher Alumni-Netzwerke.

Außerdem gibt es viele Online-Netzwerke, die sich darauf spezialisiert haben, dass ihre Mitglieder in Kontakt bleiben oder alte Kontakte wieder aufleben lassen. Bei *Stay friends* (`www.stayfriends.de`) können Sie nach Klassenkameraden suchen. Auch *Friendscout* (`www.friendscout24.de`) sowie *Wer kennt wen* (`www.wer-kennt-wen.de`) oder *Lokalisten* (`www.lokalisten.de`) können wie die großen sozialen Netzwerke (mehr dazu in Kapitel 10) auf alte Freunde und Bekannte hin durchsucht werden.

Die Guten ins Töpfchen ...

Sie werden im Zuge Ihrer Netzwerkaktivitäten schnell erkennen, wie viel Zeit eine umfassende Kontaktpflege in Anspruch nimmt. Daher liegt es auf der Hand, dass Sie nicht all Ihre Hunderte von Kontakten mit der gleichen Aufmerksamkeit verfolgen können. Eine Kategorisierung muss her, die bestimmt, in welchem Ausmaß Sie sich um den Kontakterhalt bemühen. Dazu gibt es verschiedene Ansätze.

Aktive oder inaktive Kontakte

Die einfachste Art, Kontakte zu unterteilen, ist die Beantwortung der Frage: »Habe ich regelmäßig mit Person XYZ zu tun?« Unter regelmäßig sollten Sie zumindest einmal im Jahr verstehen, wenn nicht öfter.

Den Inhalt Ihrer Mindmap oder sonstigen Liste, der sich aus der Bestandsaufnahme ergeben hat, kann nun der einen oder der anderen Seite zugeordnet werden. Dann prüfen Sie die inaktiven Kontakte daraufhin, ob sie Potenzial für zukünftiges Netzwerken haben. Wenn ja, sollten Sie aus einem inaktiven wieder einen aktiven Kontakt machen.

 Als ich mich an die Planung dieses Buches gemacht habe, habe ich überlegt, wen ich kenne, der mit Netzwerken Erfahrung hat. Ich habe meine aktiven Kontakte durchforstet und einige E-Mails geschrieben und Telefonate geführt. Dann bin ich durch mein Gedächtnis und verschiedene Adressbücher gegangen und habe tatsächlich zwei Personen gefunden, mit denen ich zwar seit Jahren nichts zu tun hatte, zu denen ich aber immer ein sehr nettes Verhältnis hatte. Eine davon war sehr erfreut, als ich mich gemeldet habe, und wir haben lange über die letzten Jahre und über meine Fragen gesprochen. Nun haben wir auch wieder häufiger Kontakt.

VIPs – Very Important Persons

Unter den aktiven Kontakten gibt es solche, die Ihnen durch ihre geistreiche Art, quirliges Engagement oder treffsichere Analysen schon häufig wichtige Informationen oder Ideen beschert haben. Gute Netzwerker wissen zu fast jeder Frage einen geeigneten Ansprechpartner, zu dem sie Kontakt herstellen können, wissen, wer schon mal welche Probleme hatte und gelöst hat, oder können auch Sie an andere Bekannte empfehlen. Solche Kontakte sind die Sahneschnittchen des Netzwerkens, die VIPs, und um die sollten Sie sich ganz besonders bemühen.

Auf der anderen Seite stehen Menschen, die nett und unterhaltsam sein können – und das macht sie zu angenehmen Kontakten –, die aber selten Versprechen halten, unzuverlässig sind und auch gern den Eindruck machen, lieber sich selbst reden zu hören, als tatsächlich etwas zu bewegen. Sie helfen Ihnen, Small Talk (und aktives Zuhören) zu üben, bringen Ihnen aber vermutlich keine Impulse.

Wenn Sie die Welt in VIPs und Nicht-VIPs unterteilen, haben Sie bereits Zeit und ein bisschen Geld gespart, denn nur die VIPs kommen in den Genuss von Geburtstagskarten oder exklusiven Einladungen.

Auch beim Netzwerken gilt das Pareto-Prinzip, nach dem bei Aufgaben 80 Prozent der Lösungen in 20 Prozent der Zeit gefunden werden. Abgewandelt sollten also 80 Prozent Ihrer Netzwerkbemühungen, vor allem der Zeit, die Sie aufwenden, auf die VIPs verwendet werden. Das bedeutet, dass 20 Prozent übrig bleiben, um auch die anderen Kontakte zu pflegen. Nicht-VIPs gehören ebenso in Ihr aktives Netzwerk und sollten nicht den Eindruck bekommen, sie seien Ihnen egal.

Geben Sie den Nicht-VIPs von Zeit zu Zeit die Gelegenheit, in Ihrer Hierarchie aufzusteigen, denn vielleicht haben sie inzwischen einen Netzwerkratgeber gelesen oder haben sich verändert. Ebenso ist einmal VIP nicht immer VIP. Prüfen Sie regelmäßig – vielleicht einmal im Jahr, wenn Sie Weihnachtskarten schreiben –, wer Ihnen tatsächlich noch als ein wichtiger Kontakt erscheint, und schleppen Sie niemanden zu lange in der Spitzenliste mit.

A-, B- und C-Kontakte

Etwas individueller ist eine Einteilung der Kontakte in die Kategorien A, B und C. Dabei entsprechen die A-Kontakte in etwa den VIPs und werden mit 80 Prozent der Aufmerksamkeit bedacht.

Die Unterteilung in die drei Kategorien erfolgt nach Kriterien, die Sie selbst so festlegen, dass sie für Sie selbst Bedeutung haben. Dazu brauchen Sie zuerst wieder ein Ziel und einen Plan. Was wollen Sie mit den Kategorien erreichen? Sie können Gruppen nach der Häufigkeit der Kontakt bilden, aber auch nach deren Nutzen für Ihr Unternehmen oder Reichweite, die sie haben. Sie können aber auch das Pferd von hinten aufzäumen und die Stichworte wie »verschafft mir viele Empfehlungen« oder »erhält Weihnachts- und Geburtstagskarten« zur Gruppenbildung verwenden. Entsprechend können Sie die Betreuungsmaßnahmen der Kontakte planen. Das könnte als System dann so aussehen wie in Tabelle 7.1 aufgestellt.

Ursprünglich kommt die ABC-Klassifizierung aus der Kundenbeurteilung. Da ist natürlich zuerst einmal wichtig, wie oft und in welchem Umfang ein Kunde etwas kauft. Wenn Sie das aufs Netzwerken übertragen, denken Sie daran, dass es nicht nur um den Geldwert des Kontakts geht, wie bei der Einordnung von Kunden, sondern um den Wert im Netzwerk.

Wenn Sie 80 Prozent Ihrer Zeit auf A-Kontakte verwenden, müssen Sie die restlichen 20 Prozent klug aufteilen. Selbst bei den in Kapitel 6 schon angedeuteten circa fünf bis zehn Stunden wöchentlich, die Sie mit Netzwerktreiben verbringen sollten, blieben nur ein bis zwei für B- und C-Kontakte. Deshalb ist es sinnvoll, C-Kontakte nur in die automatisierten »Pflegeinstrumente« wie beispielsweise Newsletter mit einzubeziehen. Dann bleibt Zeit, um sich dem ein oder anderen B-Kontakt mit Potenzial persönlich zu widmen.

	A-Kontakt	B-Kontakt	C-Kontakt
Voraussetzungen			
Kontakthäufigkeit	>2 x im Monat	1-2 x im Monat	1-2 x im Jahr
Empfehlungen und verschaffte Aufträge	>5 x im Jahr	2-5 x im Jahr	≤ 1 x im Jahr
erwarteter Input	hoch	Mittel	gering
antwortet innerhalb von	<48 Stunden	2-7 Tage	>1 Woche
Pflege			
Weihnachtskarte	ja	ja	
Geburtstagskarte	ja		
Antwort auf Anfrage	am selben Tag	Innerhalb einer Woche	Wenn es passt

Tabelle 7.1: Kontaktkategorien und mögliche Kriterien

 Weil ich immer wieder höre, dass Menschen sich aus Netzwerken zurückziehen, die ihnen angeblich »nichts bringen«, noch einmal in aller Deutlichkeit: Gehen Sie nicht zu einer Netzwerkveranstaltung, um etwas zu verkaufen (außer Ihrem Charme und Ihrem Lächeln), sondern nutzen Sie die Gelegenheit, um Menschen kennenzulernen, die Ihnen später dabei behilflich sind, bessere Geschäfte zu machen. Schaffen Sie Vertrauen und handeln Sie mit Informationen, alles Weitere ergibt sich von allein.

Pflege und Wiederbelebung von Kontakten

Wie behandelt man nun Kontakte, die schon lange bestehen oder die sich erst jüngst aus einem Treffen ergeben haben? Ganz einfach: Mit Aufmerksamkeit, Informationen und Respekt. Frei nach dem Motto »Geben ist seliger denn Nehmen« können Sie besonders bei A-Kontakten in Vorleistung gehen. Wenn Ihre

Kontaktverwaltung anzeigt, dass sich Frau Müller in ihrer Freizeit dem Tierschutz widmet, können Sie ihr Informationen über einen Ihrer Kunden zukommen lassen, von dem Sie zufällig wissen, dass er sich gern dahingehend engagieren würde. Oder Sie haben von einer neuen Rosensorte gelesen und schicken den Artikel in Kopie an Herrn Meier, mit dem Sie sich neulich noch über Rosen unterhalten haben.

Grundsätzlich werden A-Kontakte persönlich gepflegt und erhalten allgemeine Mailings und Informationen nur, wenn diese tatsächlich für sie von inhaltlichem Wert sind. Sie können ab und zu auch Ihre B-Kontakte anrufen, anmailen oder per Post oder Fax eine Nachricht senden.

Mit Grußkarten erfreuen

Freuen Sie sich über eine Karte im Briefkasten? Die meisten Menschen tun das, denn in der schnelllebigen Welt des digitalen Informations(über)flusses ist eine nette, handgeschriebene Karte mit einem schönen oder lustigen Motiv etwas sehr Individuelles, das dem Empfänger schmeichelt: Hier hat sich einer Zeit für mich genommen.

Klassische Anlässe für Grußkarten sind Geburtstage, Weihnachten und/oder Neujahr und in manchen Regionen (vor allem in Deutschlands Süden) Namenstage. Aber wenn Ihnen eine andere Gelegenheit einfällt, nutzen Sie sie, denn das erhöht die Wahrscheinlichkeit, dass nur Sie zu diesem Zeitpunkt schreiben.

 Da Sie sich bei der ersten Begegnung mit einem interessanten Kontakt notiert haben, für welchen Fußballverein er sich begeistert, können Sie zum Aufstieg oder zur Meisterschaft gratulieren. In manchen Zeitungen werden die Ergebnisse von Volksläufen veröffentlicht. Wenn Sie jemanden kennen, der den Berlin-Marathon regelmäßig mitläuft, machen Sie sich doch die Mühe, sein Ergebnis herauszufinden und zu gratulieren.

Führen Sie sich bei der Kartenauswahl vor Augen, dass Humor unterschiedliche Ausprägungen haben kann. Vielleicht finden Sie ein bestimmtes Motiv zum Brüllen komisch, der damit Beglückte aber eher befremdlich. Wenn Sie nicht sicher sind, ob Ihre Wahl dem anderen auch gefällt, entscheiden Sie sich für eine Nummer dezenter. Es gibt Schreibwarengeschäfte mit einer reichen Auswahl an Karten, die weder spießig-langweilig noch kalauerhaft sind.

Wenn Sie vor einem Kartenständer mit schöner Auswahl stehen, schaffen Sie sich gleich einen Vorrat an Karten für verschiedene Gelegenheiten an. Das Gleiche gilt für Geschenke: Ein kleiner Vorrat befreit Sie davon, in der Not noch schnell irgendwas kaufen zu müssen. Sollten Sie ein Motiv oder Produkt mehrfach erwerben, ist es ratsam, zu notieren, wem Sie es schon geschickt haben, sonst kann das peinlich werden.

Auf eine Karte passen nur wenige Sätze. Wenn Sie mehr mitteilen möchten, kündigen Sie kurz eine E-Mail an, aber belasten Sie die Augen und Nerven es Empfängers nicht mit mikroskopisch kleiner Schrift. Ebenso ist es unhöflich, nur »es grüßt« und Ihren Namen zu schreiben. Ein bisschen verbindlicher darf es ruhig sein.

Telefonate richtig einsetzen

Wenn Sie schnell und unkompliziert mit jemandem Kontakt aufnehmen wollen, rufen Sie ihn am besten einfach an. Auch wenn Sie eine Kundenanfrage in Ihrem E-Mail-Eingang finden, kann es die Kontaktaufnahme erheblich vereinfachen, wenn Sie zum Telefonhörer greifen, anstatt umständlich mehrmals hin- und herzumailen. Eine Zwischenlösung ist es, per E-Mail einen Telefontermin oder Rückruf anzubieten.

Wenn Sie Kontakt aufnehmen wollen, sind ein paar Gebote der Höflichkeit beim Telefonieren angebracht.

✔ Fragen Sie zu Beginn des Gesprächs, ob Sie stören dürfen. Der andere hat sicher nicht in die Luft gestarrt, bis das Telefon geklingelt hat, also stören Sie in jedem Fall. Es zeugt von Respekt zum Ausdruck zu bringen, dass Ihnen das bewusst ist.

✔ Akzeptieren Sie, wenn es gerade nicht passt. Zu viele Anrufer gehen über ein »Ja, Sie stören« kommentarlos hinweg. Lassen Sie sich einen besseren Zeitpunkt nennen und verabschieden Sie sich.

✔ Versprechen Sie nichts, was Sie nicht halten können. Eine »Don't-call-us-we-call-you-Mentalität« hilft weder Ihnen noch demjenigen, der sich Hoffnungen macht. Wenn Sie kein Interesse haben, drücken Sie sich klar aus.

✔ Notieren Sie sich während des Telefonats oder danach die wichtigen Eckdaten wie Kontaktperson, Unternehmen, Anliegen und Rückrufnummer sowie das Datum und die Zeit.

✔ Halten Sie Kontaktzeiten ein. Wenn Sie auf Ihrer Homepage Sprechzeiten anbieten, sollten Sie dann auch anwesend und erreichbar sein. Die Einrichtung von Sprechzeiten ist empfehlenswert, da nach wie vor nur wenige Interessenten auf Anrufbeantworter sprechen.

Mailings und Newsletter versenden

Um mehr als einen Kontakt zu erreichen, seien es Kunden, Interessenten, Lieferanten oder Mitglieder einer bestimmten Gruppe, bieten sich Mailings per Post oder E-Mail sowie Newsletter an. Die Kehrseite der Effizienz, mit der Sie so Informationen an möglichst viele Adressaten gleichzeitig vergeben können, ist das Wegfallen einer persönlichen Beziehung. Auch wenn Sie die Mailings so personalisieren, dass persönliche Anreden am Anfang stehen, ist doch jedem Empfänger klar, dass er Teil einer größeren Gruppe von Angesprochenen ist.

Anreden und Grußformeln

Unabhängig davon, auf welchem Weg Sie andere ansprechen, ist die Anrede auf gleichem Niveau wichtig. Besonders in Deutschland gibt es Unterschiede zwischen förmlichen und kollegialen oder gar freundschaftlichen Formulierungen.

✔ Sehr geehrte/r Herr/Frau (Dr./Prof.) ...

Das ist die förmlichste Ansprache. Sie ist für Menschen reserviert, die Sie nicht oder kaum kennen. Oft besteht ein hierarchisches Gefälle zwischen den Adressaten und Ihnen.

Wenn Sie Akademiker ansprechen oder -schreiben, die einen Titel haben, vergessen Sie diesen nicht. Die meisten sind stolz, Herr Doktor oder Frau Professorin zu sein.

✔ Liebe/r Herr/Frau ...

Umgänglich, ein wenig vertrauter und weniger distanziert, aber dennoch höflich kommt diese Grußformel daher. Verwenden Sie sie allerdings lieber nur dann, wenn es keinerlei Missstimmung zwischen Ihnen und dem Adressaten gegeben hat, ansonsten wird vielleicht ein überheblicher Ton hineingelesen, den Sie gar nicht anbringen wollten.

✔ Guten Tag Herr/Frau ...

Freundlich und distanziert, aber ebenbürtig und auf Augenhöhe ist eine Ansprache mit Guten Tag oder Morgen oder Abend. Das ist so nichtssagend, dass Sie einerseits nichts falsch machen können, andererseits damit aber auch graumausig erscheinen werden.

✔ Hallo Herr/Frau ...

Ein Hallo ist eine freundschaftliche Ansprache, die im Deutschen eher zum Kontakt mit Menschen geeignet ist, mit denen Sie »per Du« sind. Ausnahmen können freundschaftliche Kundenkontakte sein, die Sie dennoch siezen, von denen Sie aber das ein oder andere private Detail wissen.

Am Ende einer Nachricht verabschieden Sie sich auch von Ihrem Leser. Auch hier gibt es unterschiedliche Formeln, die Verschiedenes aussagen können.

✔ Mit freundlichen Grüßen

Die beste Art, sich aus einem förmlichen Anschreiben zu verabschieden. Die Kurzform »MfG« zeigt weniger Respekt und mehr Distanz an. Ich persönlich verwende MfG nur, wenn ich dem Empfänger meinen Unmut etwa nach einer Beschwerde verdeutlichen will.

✔ Mit den besten Grüßen/Herzliche Grüße

Das ist nett und freundlich, wenn auch noch distanziert. Das bekommen nette Kunden und andere Kontakte, mit denen ich gern kommuniziere.

✔ Es grüßt

Die Passivierung der eigenen Person ist psychologisch sicherlich interessant, aber unter ein Anschreiben an jemanden, von dem Sie irgendetwas wollen, sollten Sie es nicht setzen.

✔ Liebe Grüße

Das ist eine Formel für den privaten Gebrauch, die in Businessnetzwerken nichts suchen hat.

✔ (grußlos)

Sich grußlos zu verabschieden ist extrem unhöflich und sollte Ihnen nur dann passieren, wenn Sie absichtlich verärgert oder abweisend erscheinen wollen.

Ein Mailing eignet sich für die Kontaktpflege eher als Zwischenmedium, etwa um Neues von sich zu berichten und zur individuellen Antwort aufzufordern. Oder um eine Einladung zu versenden, sodass deutlich wird, dass jeder gern gesehener Gast etwa bei der nächsten Vernissage oder bei einem Vortrag ist. Dann können Sie sich zur Kontaktpflege – wenigstens für Ihre A-Kontakte – ein wenig Zeit nehmen.

Unterscheiden Sie je nach Art des Mailings unterschiedliche Adressatengruppen. Produktneuerungen interessieren vermutlich Kunden und potenzielle Kunden, nicht aber Ihre Kollegen oder Lieferanten. Diese sind aber sicherlich dankbar über eine Gruppeninformation, wenn Sie eine neue Adresse oder neue Öffnungszeiten haben.

Long time ago ...

Wenn es schon eine Weile her ist, dass Sie mit einer interessanten Person Kontakt hatten, können verschiedene Vorgehensweise Erfolg versprechend sein, um an alte Zeiten anzuknüpfen.

✔ Suchen Sie aus Ihrem Gedächtnis oder alten Aufzeichnungen etwas heraus, womit Sie der Person eine Freude machen können. Das kann eine Flasche Wein als Erinnerung an einen spanischen Abend sein, oder ein Buch zu einem Ereignis, das Sie verbindet. Auf jeden Fall sollten Sie sich mit einer positiven Überraschung zurückmelden.

✔ Ersparen Sie sich Entschuldigungen und Rechtfertigungen, warum Sie so lange nichts von sich haben hören lassen. Erstens kommt es auf das Hier und Heute an, zweitens hat sich der andere wahrscheinlich auch nicht gemeldet.

✔ Wenn Sie keinen direkten Zugang finden, suchen Sie nach gemeinsamen Bekannten (in Ihrem Netzwerk) und bitten Sie darum, dass der Kontakt erneut von einer dritten Person hergestellt wird.

✔ Ist das erste Wiedersehen gut gelaufen, dann lassen Sie nicht zu viel Zeit verstreichen, ehe Sie sich wieder melden. Behandeln Sie einen wiederbelebten Kontakt immer erst einmal wie einen A-Kontakt, bis sich herausgestellt hat, ob er wirklich eine Bereicherung ist. Oft verklärt die Zeit auch die Erinnerung.

Das notwendige Handwerkszeug

In diesem Kapitel

▶ Was Sie außer einem Lächeln im Gepäck haben sollten

▶ Wie Layout und Wirkung von Repräsentationsmaterialien zusammenhängen

▶ Was Sie unbedingt haben müssen und was schöne Ergänzungen sein können

▶ Wie Sie zur rechten Zeit am rechten Ort sind

▶ Wie Sie den Überblick über Ihre Kontakte nicht verlieren

*T*rotz aller modernen Hilfsmittel und Online-Begegnungsstätten ist und bleibt das nachhaltige Netzwerken meist in der realen Welt verhaftet. Auch wenn Sie Ihre Selbstdarstellung im Internet in Einklang mit Ihrem Auftreten in der wirklichen Welt bringen sollten (mehr darüber erfahren Sie in Teil IV dieses Buches), ist doch ein Treffen die beste Gelegenheit, Vertrauen aufzubauen und Ihren Charme spielen zu lassen.

Dieses Kapitel soll Ihnen helfen, bei solchen Gelegenheiten eine optimale Ausstattung in der Tasche zu haben und angemessen unters Volk zu bringen. In der virtuellen Welt gibt es für viele handfeste Instrumente Entsprechungen; eine vCard statt der Visitenkarte, ein Profil statt einer Selbstbeschreibung. Auch die sollen Sie natürlich kennen und nutzen lernen. Damit Sie auch die richtigen Anlaufstellen erkennen und nach erfolgreichen Treffen Ihre Kontakte nicht aus den Augen verlieren, geht es im zweiten Abschnitt darum, wie eine sinnvolle Organisation von Terminen und Kontakten funktioniert.

Mit Material und Methode

Wenn Sie jemand Neues kennenlernen, möchten Sie einen guten Eindruck hinterlassen. Dabei ist es hilfreich, eine positive Einstellung an den Tag zu legen, aufgeschlossen zu sein, interessiert und nett, aber das ist noch nicht alles. Mit leeren Händen zu kommen bedeutet, nichts zu hinterlassen, womit Sie sich in Erinnerung rufen können. Visitenkarten zum Beispiel sind nicht zur Selbstdarstellung gedacht, sondern als Gedächtnisstütze für den, dem Sie gerne wieder einfallen möchten.

Der Klassiker: Visitenkarten

Ich muss gestehen, dass das ein besonderer Moment in meinem Leben war, auf den ich mich lange gefreut hatte: Die ersten eigenen Visitenkarten, von einer befreundeten Grafikdesignerin entworfen, kamen mit der Post aus der Druckerei und ich war stolz wie Oskar. Visitenkarten stehen stellvertretend für eine Menge Informationen, die der Mensch, der sie überreicht, mitteilen möchte. Die Motive, das Layout, die Farben und Schriftarten und nicht zuletzt die eigentlichen Informationen auf dem Stückchen Papier sagen aus, was Sie von sich vermitteln wollen. So ist es nicht verwunderlich, dass selbst größere Unternehmen ihren Mitarbeitern inzwischen abweichend von den Einheitskarten Möglichkeiten zur Gestaltung der eigenen Karten einräumen.

 Mit der Visitenkarte bringen Sie Ihren Ansatz, Ihre Dynamik, Ihre Professionalität und Seriosität zum Ausdruck. Sie soll kreativ, aber nicht aufdringlich sein, wirkungsvoll und individuell, soll Sie in positiver Erinnerung halten und Ihre guten Seiten betonen.

Dabei gelten wichtige Grundregeln, an die Sie sich bei der Gestaltung halten sollten:

✔ Die Informationen müssen lesbar sein. Es gibt wirklich schöne Schriftarten, aber was nutzt Ihnen eine ästhetisch unschlagbare Karte, die niemand entziffern kann? Am besten zu lesen sind serifenlose Schriften, wie etwa Arial, deren Enden nicht mit kleinen Strichlein (den Serifen, wie beispielsweise bei Times New Roman) versehen sind. Je nachdem, ob Sie sachlich oder verspielt, schlicht oder verschnörkelt erscheinen möchten, sollten Sie eine entsprechende Schriftart wählen. Wie unterschiedlich Schriftarten wirken können, sehen Sie in Abbildung 8.1.

Daniela Weber (Arial)	Daniela Weber (Kristen ITC)
Daniela Weber (Avant Garde)	Daniela Weber (Papyrus)
Daniela Weber (Blackadder)	Daniela Weber (Palace Script)
Daniela Weber (Bookman Old Style)	Daniela Weber (Tahoma)
Daniela Weber (Freestyle Script)	Daniela Weber (Times New Roman)

Abbildung 8.1: Unterschiedliche Schriftarten

✔ Die Größe der Visitenkarten ist aufgrund der Aufbewahrungsmedien von der üblichen Größe einer Scheckkarte abgeleitet, die nach ISO 7810 die Abmessungen 85,6 × 54 mm hat. So passen Visitenkarten in Brieftaschen und Geldbörsen, aber auch in alle handelsüblichen Kartenhalter und Aufbewahrungstaschen. Ob Sie Ihre Karte hochkant oder quer bedrucken, hängt vor allem davon ab, wie präsent und damit groß und zentral Ihr Name auf der Karte erscheinen soll und wie lang er ist.

Wenn Sie sich für ein größeres Format als eine Scheckkarte entscheiden, muss Ihnen klar sein, dass Ihre Visitenkarte nicht so gut archivierbar ist wie die von anderen. Wenn Sie eine klappbare Visitenkarte verwenden, sollte die so gestaltet sein, dass dennoch auf einer Seite (die dann im Aufbewahrungsmedium sichtbar ist) alle wesentlichen Informationen stehen und nichts auf der Rückseite verschwindet.

✔ Die Rückseiten von Visitenkarten eignen sich gut, um entweder das eigene Logo noch einmal deutlich hervorzuheben, einen passenden Spruch unterzubringen oder Raum für Notizen und Termine zu geben.

✔ Mit Grafiken, die über Ihr Logo hinausgehen, sollten Sie sparsam umgehen. Viele bunte Bilder und überladene Visitenkarten lenken vom eigentlichen Inhalt ab, der Information über Ihre Kontaktdaten. Bei einer Klappkarte kann eine Grafik interessant wirken, wenn sie zu Ihrer Branche passt.

✔ Was das Material angeht, so ist vom üblichen Papier mit 150 bis 300g/qm über Folie und Holz bis zum dünnen Aluminium inzwischen alles möglich. Metall und Folie werden durch Fingerabdrücke schnell unansehnlich, Metall birgt darüber hinaus noch eine gewisse Verletzungsgefahr. Holzkarten sind oft zu dick zum Archivieren und alles außer Papier verursacht zudem unangemessen hohe Kosten, wenn Sie nicht unbedingt auf einen Visitenkarten-Hingucker angewiesen sind.

Auch der Inhalt von Visitenkarten sollte einige grundlegende Ansprüche erfüllen:

✔ Ihr Name sollte mit (mindestens einem) Vornamen und dem Nachnamen ausgeschrieben sein. Zweite Vornamen abgekürzt anzuführen ist im englischsprachigen Raum üblich (John F. Kennedy, George W. Bush), im deutschsprachigen eher unüblich und wird oft als wichtigtuerisch wahrgenommen (oder was würden Sie zu einer Visitenkarte mit »Angela D. Merkel« sagen?). Titel sind in Deutschland Teil des Namens und werden mit ihm aufgeführt.

✔ Wenn Sie für eine Firma arbeiten oder selbst eine leiten, ist auch der Firmenname, möglicherweise in Form des Logos des Unternehmens, eine wichtige Information.

✔ Auf den Visitenkarten von (leitenden) Angestellten findet sich häufig auch ein Hinweis auf deren Position oder Abteilung im Unternehmen beziehungsweise die Berufsbezeichnung. Als Selbstständiger trifft auf Sie vermutlich der Begriff Geschäftsführer zu, oder aber Sie vermerken Ihren Abschluss (zum Beispiel Diplom-Kauffrau oder abgekürzt Dipl.-Kffr.) oder Status (Rechtsanwalt und Notar, Mitglied des Bundestags beziehungsweise MdB).

✔ Da Sie mit der Übergabe der Visitenkarte Ihre Erreichbarkeit sicherstellen möchten, sollten Kontaktdaten enthalten sein:

- Ihre E-Mail-Adresse sowie Festnetztelefonnummer sind der Mindeststandard.

- Ihre Adresse und Homepage können Sie hinzufügen.

- Auch im Computerzeitalter werden noch Faxe verschickt, wenn Sie also eine Faxnummer besitzen, können Sie auch die vermerken.

- Eine Mobilfunknummer sollten Sie mitteilen, wenn Sie viel unterwegs und schwer zu erreichen sind.

 Ihre Mobilfunknummer ist ein geeignetes Instrument, um Verbindlichkeit zu signalisieren. Sie kann bei der Übergabe der Visitenkarte handschriftlich mit der Anmerkung »Ich schreib Ihnen gleich meine Mobilnummer mit auf, damit Sie mich jederzeit erreichen können« auf der Karte vermerkt werden. Das zeigt Ihr besonderes Interesse am neuen Kontakt. Außerdem können Sie so sicherstellen, dass Sie für Kontakte, die vermutlich nicht in Ihren VIP-Bereich fallen werden, nicht Tag und Nacht erreichbar sind.

Wenn Sie neue Visitenkarten brauchen, dann schauen Sie sich doch einmal auf den Seiten der Online-Anbieter wie `www.vistaprint.de` um, die viele Layoutvorlagen bereitstellen. Finden Sie heraus, was Sie anspricht und was Sie gut repräsentiert. Dann treffen Sie die Entscheidung, ob Sie einfach im Internet Ihre Daten eingeben und für einen vergleichsweise geringen Preis genormte Karten bestellen, oder ob Sie sich mit einem Designer zusammensetzen, der Ihre Visitenkarte individuell gestaltet. Kostengünstig ist die Lösung im Internet, bei der Sie Visitenkarten und oft noch einen Stempel oder ein Etui dazu bekommen, wenn Sie einen Werbeaufdruck der entsprechenden Druckerei akzeptieren. Bedenken Sie aber auch, welchen Eindruck das bei potenziellen Geschäftspartnern hinterlässt. Als Jungunternehmer und Chef eines kreativen Start-up wird Ihnen das in manchen Branchen vielleicht verziehen, aber seriös wirkt es nicht, an dieser Stelle zu sparen.

Da es unzählige Möglichkeiten für ein individuelles Layout gibt, kann ich Ihnen kaum einen erschöpfenden Überblick geben. Abbildung 8.2 soll lediglich einen Überblick über die Grundformen geben.

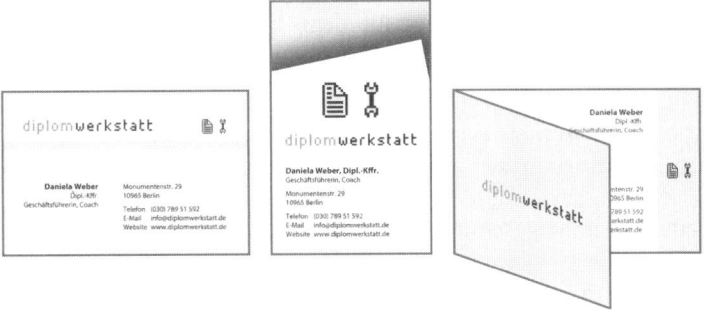

Abbildung 8.2: Unterschiedliche Layouts von Visitenkarten

Mehr aus dem Printbereich

Papier ist geduldig, das ist Ihnen bekannt und Ihren Gegenübern auch. Deshalb muss die Mischung aus persönlichem Auftreten und Informationen, die Sie von sich preisgeben, stimmen.

 Vertrauen hängt eng mit Glaubwürdigkeit zusammen und Brüche beispielsweise zwischen dem Eindruck, den Sie (hoffentlich so beabsichtigt) machen, und dem Layout Ihrer Unterlagen führen zu Zweifeln an Ihrer Authentizität.»Authentisch sein«, also ohne Brüche das vermitteln und für das stehen, was Ihre Kernkompetenz ist, ist oberste Priorität – was Ihre Wirkung auf andere betrifft. Dabei ist es wichtig, dass Sie eben nicht versuchen, authentisch zu wirken, sondern dass Sie authentisch sind. Bilden Sie sich klare Meinungen und stehen Sie dazu, verhalten Sie sich entsprechend Ihrem Charakter, verbiegen Sie sich nicht, denn Menschen merken das schnell. Und passen Sie ihre Präsentationsmaterialien Ihrem Stil an.

Auf Netzwerktreffen gibt es einige Gelegenheiten, noch mehr Papier loszuwerden als nur die Visitenkarten. Dabei steigt der Grad an enthaltenen Informationen natürlich mit der Art und Fläche des Materials.

✔ Inhalte der eigenen Präsentation als Handout

Auf vielen Treffen gibt es entweder eine kurze Vorstellungsrunde oder aber bei jeder Veranstaltung für ein bis drei Gäste die Möglichkeit, sich mit ihren

Tätigkeiten vorstellen zu dürfen. Wenn Sie sich bei einer solchen Gelegenheit vorstellen, können Sie im Vorfeld einen Überblick über die Inhalte ausgeben. Dabei hängt es von der Zahl der Zuhörer ab, ob Sie die Zettel durchs Publikum geben (bei kleineren Veranstaltungen bis etwa 30 Teilnehmern) oder darauf verweisen, dass auf dem Informationstisch entsprechende Kopien ausliegen (bei größeren Veranstaltungen).

Versuchen Sie, sich auf eine DIN-A4-Seite zu beschränken. Die können interessierte Zuhörer leicht verstauen und zu Hause ablegen. Eine freie Rückseite kann für Notizen herhalten, sodass Ihre Inhalte selbst dann Ihren Weg in das Heim der Zuhörer finden, wenn diese sich zu einem ganz anderen Thema etwas aufgeschrieben haben. Die Vorderseite sollte interessanter gestaltet sein als nur mit Text in Stichworten. Bilder, die Sie beispielsweise im Zusammenhang mit Ihrem *Elevator Pitch* (wörtlich übersetzt: Aufzugpräsentation; in Kapitel 16 können Sie mehr darüber erfahren) verwenden, können den Text auflockern und zusätzliche Bezüge schaffen.

✔ Flyer für den Info-Tisch

Auch wenn Sie sich nicht vor den anderen auf einer Bühne präsentieren, sollten Sie neben Ihren Visitenkarten für Veranstaltungen wie Messen oder Netzwerkabende auch Informationsmaterial dabei haben. Dabei reichen die Möglichkeiten vom A6-Flyer mit den Kernpunkten Ihrer Tätigkeit bis hin zur A4-Broschüre.

Wieder ist es das unbestimmbare Konzept der Angemessenheit, das bei der Wahl zum Tragen kommt: Auf einer Fachtagung sind Detailinformationen eher erwünscht und somit umfangreichere Informationen akzeptierter als bei einem Treffen, aus dem jeder Teilnehmer nur mit einer knappen Information über interessante Gesprächspartner gehen möchte. Niemand freut sich über eine zentnerschwere Tasche, wenn er doch nur eine Erinnerungsstütze mitnehmen wollte. Wenn Sie einen Messestand aufbauen, können Sie ein zwei Meter hohes Standsegel im Gepäck haben, das bei einem Vortrag neben Ihrem Rednerpult befremdlich wirken würde.

✔ Bewerbungsmaterial oder Referenzen für den Besuch von Job- oder Fachmessen

Wenn Sie sich zu einer Veranstaltung aufmachen, bei der Sie potenzielle Kunden oder Arbeitgeber beeindrucken wollen, sollten Sie Arbeitsproben und einen Lebenslauf in der Tasche haben. Auch solche Unterlagen lassen sich in Mappen übergeben, die dem Stil der Visitenkarten und restlichen Materialien entspricht.

Abbildung 8.3: Mögliche Formate für Informationsmaterial

 Wenn Sie nicht sicher sind, welche Art von Informationsmaterial (eine Auswahl sehen Sie in Abbildung 8.3) angemessen ist, legen Sie wenige umfangreichere Broschüren und mehr Kurzbeschreibungen aus. Wenn Sie noch kein Material haben, entscheiden Sie sich zunächst für eine leichte und handliche Version mit viel Fläche, wie es ein Leporello, ein mehrfach gefalteter A4-Flyer, bietet.

Elektronische Informationen

Ein erheblicher Teil der Kontaktanbahnung geschieht inzwischen im Internet, in dem Sie neue Kontakte knüpfen können, ohne sie jemals getroffen zu haben. Die Kommunikation im Netz läuft vor allem über E-Mails und deshalb ist es klug und höflich, dem Empfänger die eigenen oder fremde Kontaktdaten bequem zur Verfügung zu stellen. Dazu gibt es das gängige Format der *vCard*. Auch wenn Sie einem Bekannten versprochen haben, einen Kontakt herzustellen, können Sie die betreffenden Informationen als vCard an eine Mail anhängen (siehe Abbildung 8.4).

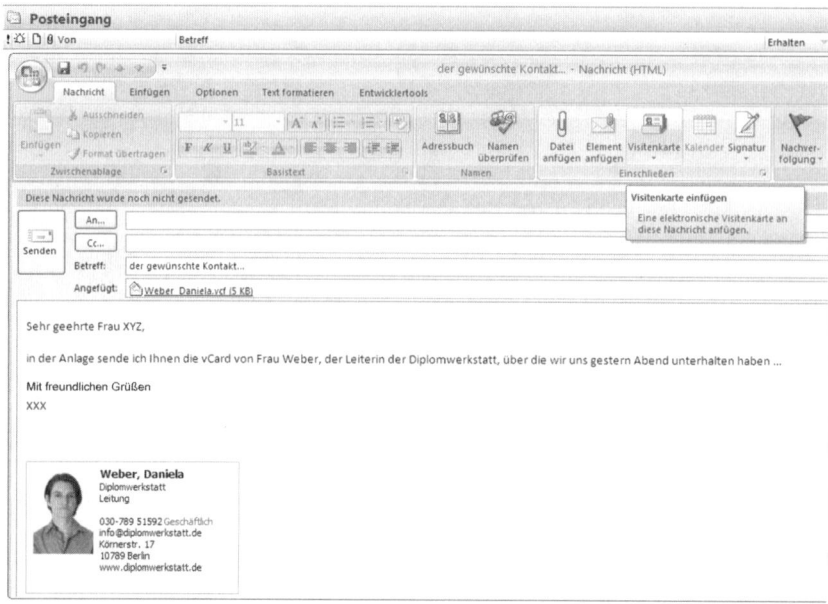

Abbildung 8.4: Eine vCard an eine E-Mail anhängen

Der Empfänger kann die Daten in seine Kontaktverwaltung einbinden und muss nicht jede Zeile abschreiben.

Ihre Kommunikation über E-Mail können Sie vereinfachen, indem Sie E-Mail-Signaturen erstellen, wie in Abbildung 8.5 dargestellt. So können Sie in jedem gängigen E-Mail-Programm einrichten, welche Informationen am Ende einer Mail, die Sie neu erstellen, an den Empfänger gesendet werden. Hierin können Sie individuelle Daten wie Sprech- oder Öffnungszeiten vermerken. Alternativ oder zusätzlich können Sie als Signatur auch Ihre vCard versenden.

 Auch beim guten alten Fax lassen sich in der Regel Absenderinformationen so einstellen, dass der Empfänger nicht nur Ihre Nummern, sondern auch Ihren Firmennamen gleich oben in der Absenderleiste lesen kann.

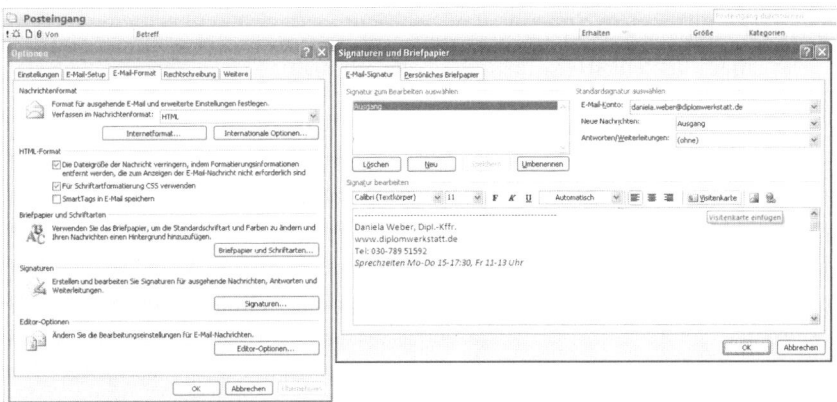

Abbildung 8.5: Eine Beispiel-Signatur für eine E-Mail erstellen

Mit System zum Erfolg

Nachdem Sie alle Medien, die Sie für einen wirksamen Auftritt in der Öffentlichkeit benötigen, geplant haben, dämmert Ihnen sicherlich, dass alle anderen Ihnen ebenfalls Informationen über sich zukommen lassen werden. Und die sollten Sie tunlichst so aufbewahren, dass Sie sie auch wiederfinden können. Einfach nur eine Schublade zu öffnen und die Visitenkarten, Flyer und Infoblätter der Veranstaltung vom Vorabend darin verschwinden zu lassen, wird Ihnen auf dem Weg zum erfolgreichen Netzwerken nicht weiterhelfen.

Zunächst sollten Sie Ihre Kontakte so organisieren, dass sich neue schnell unterbringen lassen. Danach ist auch eine systematische Terminverwaltung empfehlenswert, damit Ihnen weder vereinbarte Termine noch Geburtstage und sonstige Gelegenheiten, um sich als guter Netzwerker zu profilieren, entgehen können.

Kontaktorganisation

Zur Organisation von Kontaktinformationen benötigen Sie einen Ort, an dem Sie gesammelte Visitenkarten, möglicherweise noch mit Notizen, aufbewahren können. In Kapitel 7 haben Sie erfahren, wie Sie Ihre Kontakte beispielsweise in A-, B- und C-Kontakte systematisieren. Diese Ordnung sollte sich in der Organisation der Visitenkarten wiederfinden.

Ich arbeite mit diesem System:

1. In einem Visitenkarten-Ringbuch habe ich meine A-Kontakte abgelegt. Ich ziehe das Ringbuch der Mappe vor, weil ich die Dicke des Buches selbst beeinflussen kann und weder seitenweise ungenutzte Etuis noch begrenzten Raum in Kauf nehmen muss. Das Ringbuch liegt auf meinen Schreibtisch und alle Kontakte sind ebenfalls in der digitalen Adressverwaltung zu finden. Geordnet ist das Ringbuch nach Kategorien, wie Kunden, Mitarbeiter, Dienstleister und Privatkontakte.

2. Die B-Kontakte sortiere ich aus Nostalgie in einem Rolodex, der guten alten Rollkartei, ein. Ein Karteikasten täte es aber auch. Wichtig ist, dass ich sie wiederfinde, auch wenn ich sie nicht ständig zur Hand haben muss. Das Rondell ist schlicht alphabetisch sortiert. Da die Adressen ebenfalls digital erfasst sind (allerdings ohne zusätzliche Notizen), kann ich nach Berufsgruppe im Computeradressbuch suchen und mir dann die Visitenkarte raussuchen, um eventuelle Notizen nachzulesen.

3. An den C-Kontakten scheiden sich die Geister. In manchen Ratgebern werden Sie lesen: »Schmeißen Sie gleich weg, was Sie nur aus Höflichkeit genommen haben!«, in anderen steht: »Bloß nichts wegwerfen. Wer weiß, wann es nützlich wird.« Beides kann sinnvoll sein, daher rate ich dazu, abzuwägen. Wenn Ihre beste Freundin Versicherungen verkauft und Sie noch zwei andere Makler oder Vertreter kennen, denen Sie vertrauen, müssen Sie die x-te Karte aus der Branche nicht aufheben. Wenn Sie einen sehr skurrilen Fang gemacht haben, kann es sich schon lohnen, ein Kästchen zu eröffnen, in das alle Karten kommen, von denen Sie nicht wissen, ob Sie sie eventuell doch einmal brauchen könnten. Hierfür habe ich eine Schachtel, in der alle Karten landen, von denen ich mich nicht sofort trennen mag, die ich aber auch nicht demnächst brauchen werde.

Wie auch schon bei der Ordnung Ihrer vorhandenen Kontakte sollten Sie neu ergatterte Karten sofort einsortieren. Wie viele Karten fliegen irgendwo auf dem Schreibtisch herum und wie oft suchen Sie genau die eine, die im schwarzen Loch des Büros verschwunden scheint? Eben.

 Die meisten von uns schaffen es nicht, am Tag nach einem Treffen die jeweiligen Karten und Kontakte in das digitale und physische System einzupflegen. Setzen Sie sich deshalb einen Termin, an dem Sie das erledigen. Ich beschließe freitags meine Woche damit, dass ich mir alle neu gewonnenen Kontakte und die zugehörigen Begegnungen noch einmal durch den Kopf gehen lasse und einsortiere.

Für andere, physisch vorhandene Materialien wie Flyer und Prospekte empfiehlt sich eine Ordner- oder Stehsammlerstruktur oder – noch viel effizienter – ein Hängeregister. Da das nicht jedermanns Sache und zudem eine Platzfrage ist, sind Ordner, die in Regalen verstaut werden können, eine gute Alternative. Das Schöne am Hängeregister ist, dass Sie weder etwas lochen müssen noch mit lästigem Auf- und Zuklappen und Aus-dem-Regal-Holen (und Wiederwegstellen) Zeit verschwenden oder Volumen beachten müssen. Wenn das Hängeregister aus den Nähten platzt (oder besser schon kurz vorher), sollten Sie aussortieren: Dinge, die Sie tatsächlich aufheben wollen, können nun immer noch in einen Ordner, alles andere kann in den Papiermüll. Wenn Sie den Eindruck haben, Ihre Organisationsstrukturen sollten einmal unter die Lupe, möchte ich Ihnen das Buch *Ordnung halten für Dummies* von Eileen Roth ans Herz legen.

Nachdem Sie nun für alle Papiere einen Ort gefunden haben, sollten Sie digitale Strukturen einrichten, um auch etwas mit Ihren gesammelten Informationen anfangen zu können. Dazu eignen sich die Adressbücher der gängigen E-Mail- und Office-Programme, wie etwa in Microsoft Outlook (siehe Abbildung 8.6), Lotus Notes, dem kostenlosen Mozilla E-Mail-Client Thunderbird oder als schlichtes Adressbuch auf dem Mac enthalten.

 Das vCard-Format lässt sich in viele Adressbücher mit einem einfachen Anklicken integrieren. Sowohl Outlook als auch das Mac-Adressbuch ziehen alle Informationen in eine neue Karteikarte beziehungsweise fragen, ob sie eine bestehende entsprechend ergänzen sollen. Thunderbird und andere Programme können nur solche vCards verarbeiten, die als E-Mail-Anhang gesendet wurden, wobei häufig leider auch Informationen verloren gehen.

Die gesammelte Visitenkartenausbeute aus der Zeit nach dem letzten Sortieren müssen Sie manuell in das Adressbuch übertragen. Zwar gibt es Texterkennungssoftware, die entweder mit einem besonderen Scanner oder mit der Kamera von Smartphones funktioniert und verspricht, das Abtippen überflüssig zu machen. Aber bislang existiert kein Programm, das dies fehlerfrei tut und nicht kontrolliert werden muss. Wer es dennoch versuchen will, findet im App Store beispielsweise den Cardreader oder für Mac und PC Visitenkartenscanner zum Beispiel von Dymo, Plustek oder Sigel. Selbst erstellte Notizen können solche Programme nicht entziffern, insofern nehmen Sie sich die Zeit, alles zu übertragen, eventuell ein Foto mit zu speichern, Ihre Notizen noch einmal zu überdenken und wichtige Termine wie den Geburtstag oder Verabredungen im Kalender zu vermerken.

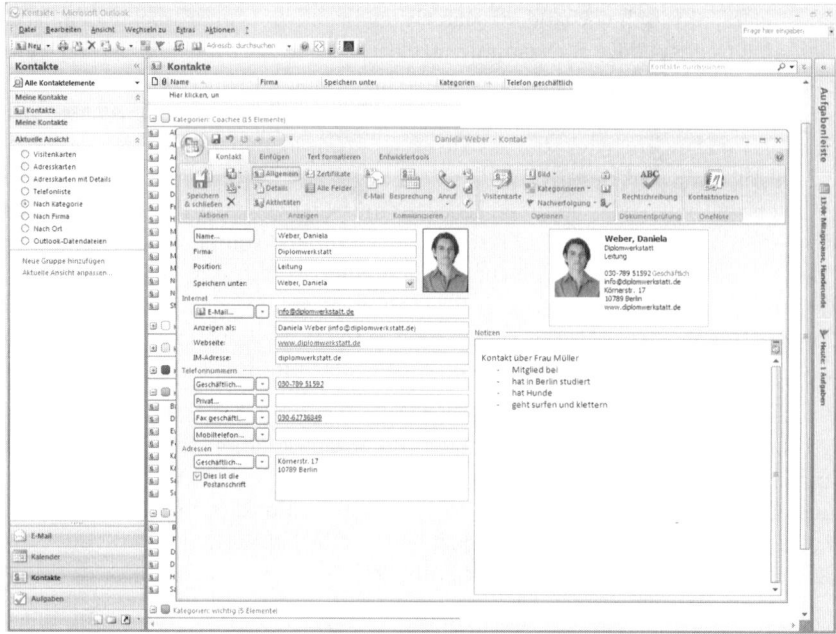

Abbildung 8.6: Kontakt in Microsoft Outlook anlegen

Wenn der Kontakt wie in Abbildung 8.6 zu sehen, angelegt ist, können Sie ihn in den gängigen Programmen auch gleich kategorisieren. Das Adressbuch lässt sich dann später nach Kategorien anzeigen. Wenn Sie den Kontakt angeklickt haben, können Sie eine Nachricht erstellen, zusätzliche Notizen hinterlegen, ihn übers Internet anrufen (etwa über Skype), sofern Sie dies eingerichtet haben, oder eine Termineinladung versenden.

Terminorganisation

Früher gab es den Taschenkalender. Heute grenzt er an Nostalgie, denn im Zeitalter von Smartphones mit kompletter Büroorganisation, Netbooks, die in fast jede Handtasche passen, und Online-Speicherplatz und -Synchronisierungen kommen Sie an elektronischen Medien zur Terminverwaltung nicht mehr vorbei. Dabei sollten Sie allerdings ein paar Fallstricke beachten und wissen, welche Möglichkeiten und Verbindungen es gibt und welche Sie nutzen wollen.

Das obere Ende der Möglichkeiten: CRM-Systeme zur Kontakt-organisation und -bearbeitung nutzen

Outlook und ähnliche Programme bieten viele Features, die zu einer ordentlichen Kontaktverwaltung nötig und ausreichend sind. Darüber hinaus hat uns die elektronische Datenverwaltung das CRM – Customer Relationship Management, auf Deutsch Kundenbindungsmanagement – geschenkt. In der hierfür entwickelten Software können Sie auf der Grundlage von Datenbankeinträgen Gemeinsamkeiten (alle Kunden, die einen Pudel haben), Querverweise (alle Kunden, die bereits mit der Agentur XYZ gearbeitet haben) oder sonstige Informationen herausfiltern und die entsprechenden Kontakte noch passgenauer ansprechen.

Im Grunde sind diese Systeme in Hinblick auf Datensicherheit und den gläsernen Internet-User (mehr zu diesem finden Sie in Kapitel 9) bedenklich, da sie leicht von außen eingesehen werden können, wenn sie online angebunden sind und Sie kein Vermögen für die Absicherung ausgeben wollen. Fakt bleibt: Je mehr Sie über Ihre Kontakte wissen, desto besser können Sie sich auf ihre Wünsche einstellen.

Wenn Sie über Newsletter mit Ihren Kunden oder Interessenten in Verbindung bleiben wollen, gibt es mehrere Anbieter, die sowohl aus Ihrem Online-Kontaktformular die Daten ziehen und verwalten als Ihnen auch Auswertungen und mögliche Aktionen anbieten, mit denen Sie auf die gesammelten Daten zugreifen können. Dabei müssen Sie den rechtlichen Rahmen beachten (mehr dazu erfahren Sie in Kapitel 12). Welches CRM-System Sie verwenden, hängt davon ab, welche Ziele Sie für Ihre Kontaktbearbeitung definieren und welches Budget Sie zur Verfügung haben. Auf www.heise.de/software finden sich unter der Rubrik »Office – Kaufmännisches« CRM-Systeme und unter »Internet – E-Mail – E-Mail-Marketing« verschiedene Helferlein für Ihre Newsletter.

Im einfachsten Fall haben Sie auf Ihrem Computer ein Office-Paket mit einem Kalender, beispielsweise Outlook von Microsoft. OpenOffice hat kein Kalenderprogramm, empfiehlt jedoch die Freeware-Lösungen von Mozilla. Zusätzlich zur Microsoft Internet Explorer-Alternative Firefox vertreibt Mozilla das E-Mail-Programm Thunderbird sowie den Kalender Sunbird. Seit es Lightning gibt, eine Anbindung von Sunbird an Thunderbird, ist das Mozilla-System zu einem ernst zu nehmenden Konkurrenten für Outlook geworden. Mac-Benutzer haben die Wahl, das Mac-eigene Programm *iCal* zu nutzen. iCal kann so wunderbare Dinge wie Geburtstage aus in das Adressbuch importierten vCards gleich mit anzuzeigen.

 Da Sie aller Wahrscheinlichkeit nach die Dateien, die dieser Kalender produziert, auch auf anderen Geräten aufrufen beziehungsweise mit ihnen synchronisieren möchten, sollten Sie auf die unterstützten Dateiformate achten. Üblich sind die Endungen .csv von Outlook und .ics als iCal-Format. Diese lassen sich leicht und von allen gängigen Programmen im- und exportieren.

Es gibt viele Online-Anbieter, die Ihnen einen zentralen Kalender, der von überall zugreifbar ist, zur Verfügung stellen. Wenn Sie ein Konto bei AOL, Google, Yahoo, Strato, GMX oder einem anderen E-Mail- oder Webspace-Anbieter besitzen, können Sie sich dort einen Online-Kalender einrichten, den Sie mit dem auf Ihrem Rechner verbinden können.

Einige Anbieter haben entsprechende Synchronisations-Apps für das iPhone, BlackBerry oder Android im Angebot, sodass Ihr Smartphone-Kalender, Ihr Arbeitscomputer und der Online-Kalender immer auf dem gleichen Stand sein können. Empfehlungen für Android-Kalender-Apps finden Sie zum Beispiel auf www.24android.com, das derzeit unter anderem *Jorte* empfiehlt. Für das iPhone hat die App *miCal* Auszeichnungen erhalten; es ist gut zu bedienen und zu synchronisieren. Weitere Empfehlungen für das iPhone können Sie auf www.appsnews.de nachlesen.

 Wenn Sie Ihre Termine hauptsächlich an einem zentralen Ort verwalten, sollten Sie darauf achten, regelmäßig alle anderen verbundenen Geräte zu synchronisieren. Dabei sind die Einstellungen oft so, dass die neuesten Daten übernommen werden. Achten Sie beim Synchronisieren genau auf die Richtung, in der das eine mit dem anderen überschrieben wird, sonst löschen Sie unter Umständen Ihre Basis, ohne es zu wollen.

Den Kalender sollten Sie möglichst vollständig und zeitnah führen. Doppelt vergebene Termine machen einen unseriösen Eindruck und wenn Sie abgehetzt zu einem Termin erscheinen, weil Sie weder Anreise noch Vorbereitung geplant hatten, spricht das nicht unbedingt für Sie.

In den meisten Programmen (in Abbildung 8.7 in Outlook 2007) können Sie Terminserien anlegen, sodass bestimmte Zeiträume sichtbar geblockt sind. Außerdem lassen sich den Terminen Kategorien zuordnen. Mit einem Doppelklick auf den Termin können Sie den Ort und die Zeit bearbeiten sowie Notizen einfügen.

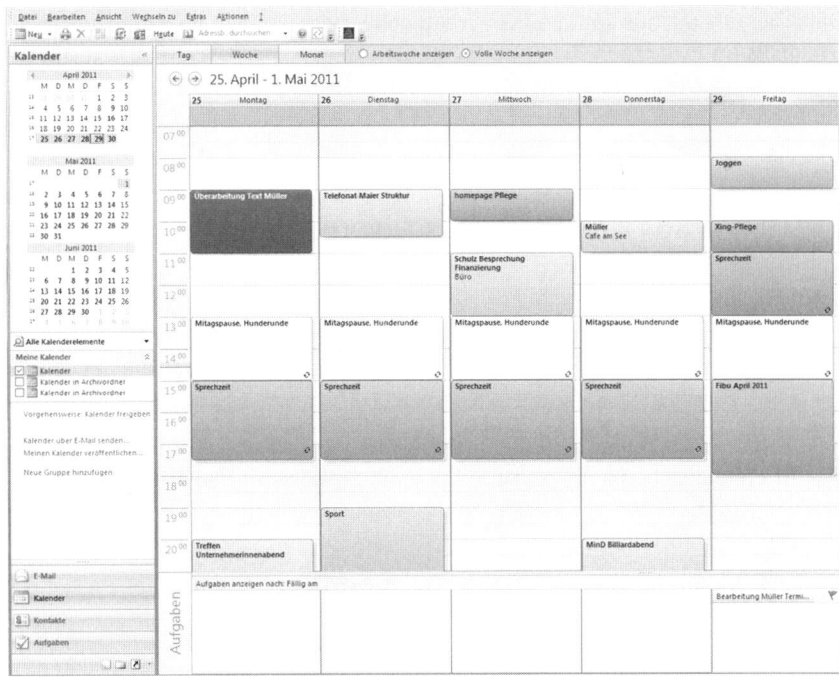

Abbildung 8.7: Terminübersicht in Microsoft Outlook

Besonders wenn es um Netzwerkverbindungen geht, sollten Sie nach der Terminverabredung gleich eintragen, woher Sie die Person kennen, was Ihnen zu ihr und möglichen Gesprächsthemen einfällt, wer den Kontakt hergestellt hat und was sonst noch wichtig ist, was Sie bestimmt vergessen würden, wenn Sie es nicht notieren würden. Vielleicht haben Sie auch während einer Begegnung bereits handschriftliche Notizen gemacht, die Sie nun in das entsprechende Verwaltungsprogramm übertragen.

 Ein wunderbares Helferlein, das es sowohl für PC und Mac als auch für Smartphones wie das iPhone und BlackBerry aber auch Android- und Windows mobile-basierte Handys und Palms gibt, ist die App *Evernote*. Dieses Programm kann so installiert werden, dass es sich bei WLAN-Verbindung automatisch synchronisiert und Sie so auf all Ihren Geräten dieselben Notizen, Schnappschüsse, URLs oder Sprachmemos haben. Was Sie auf einem Gerät löschen, wird allerdings dann auch zentral gelöscht.

Nach einem Termin können Sie die Aufgaben, die sich daraus ergeben haben, ebenfalls im Programm notieren. Wenn Sie versprochen haben, einen bestimmten Kontakt herzustellen, eine Information zu senden oder etwas in Erfahrung zu bringen, notieren Sie es hier, damit es nicht verloren geht. Mit jedem kleinen Gefallen dieser Art stärken Sie Ihre Position im Netzwerk, nutzen Sie also solche Chancen und seien Sie zuverlässig und nützlich.

Elektronische Terminverwaltung hat noch andere Vorteile, mit denen Sie Ihren Alltag erleichtern können:

✔ Über eine kombinierte Termin- und Kontaktverwaltung können Sie beliebig viele Teilnehmer zu Ereignissen einladen. In Outlook geht das sowohl bei der Anlage eines neuen Termins (des Ereignisses) als auch aus dem geöffneten Kontakt heraus.

✔ Außerdem können Sie Kalender freigeben, sodass andere ihre Termine mit Ihren abgleichen können. Oder Sie können Kalender von anderen abonnieren, um über deren neue Termine, beispielsweise innerhalb einer Projektgruppe, informiert zu werden.

✔ Manche Programme sind so verknüpft, dass Geburtstage, die Sie etwa aus einer vCard in einen neuen Kontakt einfügen, automatisch mit dem Kalender synchronisiert werden. Wenn Ihr Programm das nicht tut, tragen Sie wichtige Daten bei der Neuanlage von Kontakten gleich mit in Ihren Kalender ein.

✔ Lassen Sie sich im Kalender die Ferienzeiten einblenden und berücksichtigen Sie diese und eventuelle Feiertage bei Ihren Planungen für Treffen oder Reisen.

Wenn Sie Ihren Kalender einmal professionell eingerichtet haben, wird es in Zukunft immer einfacher werden, feste Netzwerkzeiten zu planen, bei Treffen mit Pünktlichkeit zu glänzen und Kontakte durch Glückwünsche zu beeindrucken.

Teil IV

Willkommen in der virtuellen Netzwerkwelt

The 5th Wave

By Rich Tennant

… als er sich umsah, beschloss er, im Internetprofil seines Aufräumdienstes doch kein Foto seiner Arbeitsumgebung zu zeigen.

In diesem Teil ...

Jetzt geht's lo-hos! Auf ins Netzwerkgeschehen, und damit es nicht gleich der Sprung ins kalte Wasser wird, gehen wir aus der Distanz und mithilfe eines Computers über das Internet an die Sache heran. Da jeder Besucher und Nutzer des weltweiten Netzes aber ein paar Kleinigkeiten zum Thema Datensicherheit wissen sollte, um sich später nicht in Netzwerken zu blamieren, erfahren Sie in Kapitel 9 erst einmal etwas über die Tauschware in Netzwerken: Informationen. Wo und wie Sie sich dann in virtuellen Netzwerken informieren oder einbringen können, ist Inhalt der Kapitel 10 bis 12.

Die Wa (h)re Information

In diesem Kapitel

▶ Wie wertvoll Informationen sind

▶ Wer sich für wessen Daten interessiert

▶ Wie die Privatsphäre schützen?

▶ Was ist angemessen?

▶ Was über andere zu lesen ist

*H*aben Sie »1984« von George Orwell gelesen? Nein? Aber Sie kennen sicherlich den berühmten Ausdruck »Big Brother is watching you«. Was im Jahr 1949 als Science-Fiction erschien und erhebliches Aufsehen erregte, ist heute technisch wie moralisch in vieler Hinsicht überholt. Inzwischen sind die Menschen so an ständige Überwachung gewöhnt, dass es ihnen kaum noch auffällt. Der Unterschied zum Roman ist, dass es heute versteckter zugeht: Nicht ein Staat überwacht seine Bürger, sondern die Wirtschaft ihre Kunden.

Sobald Sie im Internet unterwegs sind, greifen unzählige Instrumente und Programme zu und zählen und protokollieren, was Sie da so treiben. Sie wollen das nicht? Dann bewegen Sie sich in einen schwierigen Spagat, denn einerseits ist es nötig, beim Netzwerken online Informationen über sich bereitzustellen, andererseits sollten Sie aber immer noch kontrollieren können, wer was über Sie erfährt. Nach diesem Kapitel mag Ihnen ein wenig mulmig sein, aber Sie können mit Risiken eben nur dann bewusst umgehen, wenn Sie sie auch kennen.

Wer sind Sie im WWW?

Es gibt Menschen, die tauchen nicht auf, wenn man sie »googelt«. Nicht ein einziges Mal. Mein Vater ist so ein Mensch, der in seinem Leben noch keinen Kommentar gepostet hat, seine E-Mail-Adresse in keiner Online-Registrierung angeben würde und von einer eigenen Homepage oder einem Netzwerkprofil ebenfalls Lichtjahre entfernt ist. In den Folgegenerationen wird das Exemplar »Internetmuffel« immer seltener, aber es ist noch nicht ausgestorben.

Suchen Sie mal

Menschen, die regelmäßig aktiv im Netz unterwegs sind, können gefunden werden. Ein guter Anfang, um sich ein Bild von den Informationen zu machen, die von Ihnen im Umlauf sind, ist eine Suche über die beiden größten Personen-Suchportale Yasni und 123people. Aber auch andere Portale und sogar Software helfen den Guten wie den Bösen, Daten ausfindig zu machen und zu verknüpfen.

✔ **Yasni** (www.yasni.de) wirbt unter anderem mit den Slogans »Ihr bester Ruf im Internet!« und »Das Netz vergisst nichts!«. Über diese Seite können Sie nach Namen, Orten und Stichwörtern in beliebiger Kombination suchen und Yasni gibt Ihnen einen Überblick über die Ergebnisse nach Kategorien wie Business-Profile (etwa in XING oder bei LinkedIn), Netzwerkprofile (wie MySpace oder Facebook), Management & Beteiligungen (hier erscheinen Yellow1 oder Genios-Profile) und Firmenmitarbeiter bis hin zu privaten Homepages, Büchern (über Amazon) und Veröffentlichungen. Um zu beeinflussen, welchen Eindruck der Suchende von Ihnen erhält, gibt es die Möglichkeit, kostenpflichtig ein Exposé bei Yasni einzustellen. Wenn Sie nicht gerade einen außergewöhnlichen Namen haben, wird vermutlich nur ein Bruchteil dessen, was angezeigt wird, auch tatsächlich Sie betreffen.

✔ Bei **123people** (www.123people.com) startet die Ergebnisseite mit den gefundenen Fotos im Netz und geht über Brancheneinträge und Produkte zu Lebensläufen und Nachrichten. Die Präsenz in Online-Netzwerken wird erst am Ende aufgezählt. Bei 123people können Sie sich registrieren, um Newsletter zu erhalten und noch mehr über sich zu veröffentlichen.

✔ **Google** ist sicher allen Lesern ein Begriff, aber wussten Sie, dass Sie über groups.google.com bei der erweiterten Suche in allen Gruppen (nicht nur Google Groups!) nach Autor oder auch im ersten Feld nach Webseiten suchen können, auf denen Sie etwas gepostet haben? Beiträge in offenen Gruppen von XING tauchen ebenso auf wie alte Beiträge für Studentenpartys.

✔ Der Gipfel des Ausspionierens findet sich auf www.paterva.com in Form des Programms **Maltego**. Im Grunde funktioniert es wie ein Mindmapping-Programm, nur dass die Ergebnisse im ganzen Netz automatisch zusammengesucht und geordnet präsentiert werden. Und das stoppt nicht beim bloßen Namen, sollten Sie gerade »Ich gebe doch nie meinen echten Namen an!« gedacht haben, sondern wertet Daten und Informationen aus Ihren Netzwerken, miteinander verbundene IP-Adressen, Beiträge in Blogs und Serverinformationen aus.

Nur wenn Sie Informationen von sich im Internet präsentieren, können Sie in den Online-Netzwerken mitspielen. Aber wenn Sie Informationen bereitstellen, entgleitet Ihnen der Zugriff darauf, wer etwas über Sie erfahren kann. Da das Internet tatsächlich nichts vergisst, sollten Sie Ihre Profile und Datenfreigaben von Anfang an sehr bewusst verwalten.

Woher wissen die das?

Es gibt Instrumente, die vordergründig dazu dienen, das Surfen im Internet bequemer zu machen. Ist es nicht wunderbar, dass Amazon Ihnen zu Ihren Interessen passende Bücher vorschlagen kann, sogar wenn Sie noch gar nicht eingeloggt sind? Nein? Gruselig? Das finde ich auch. Und vor allem ist es für die meisten Nutzer ein Buch mit sieben Siegeln, wie das technisch funktioniert. Dabei gibt es nur eine Handvoll Begriffe, die Sie kennen sollten, um Gegenmaßnahmen ergreifen zu können und sich zu schützen, sofern Sie das wollen.

Stellen Sie sich vor, Sie sind zu Gast in einem Hotel. Ihre Zimmernummer, mit der man Sie eindeutig in Zusammenhang bringen kann, entspricht in der virtuellen Welt Ihrer IP-Adresse. Wann immer Sie zum Telefon greifen (also mit einem Browser wie dem Internet Explorer ins Internet gehen), um mit der Welt zu kommunizieren, wird Ihre IP-Adresse wie eine Rufnummernkennung mit versendet. Der Hotelbetreiber ist Ihr Provider, etwa t-online. Die Telefonanlage des Hotels (der Server) wird über die Rezeption kontrolliert. Gegenüber von Ihrem Hotel ist ein Einkaufszentrum (geführt von einem Host), in dem sich Geschäfte (Internetseiten) befinden. Was passiert, wenn Sie surfen? Welche Spuren hinterlassen Sie?

✔ Logfiles

In der Rezeption Ihres Hotels läuft eine automatische Überwachung, die jeden Ihrer Anrufe protokolliert. Da steht dann in einem sogenannten Logfile das Datum, die Uhrzeit, Ihre IP-Adresse, welchen Browser Sie verwendet haben und selbstverständlich, welche Seiten Sie in welcher Reihenfolge und über welche Verlinkungen aufgerufen haben. Aber nicht nur die Rezeption schreibt eifrig mit. Wenn Sie im Einkaufszentrum gegenüber ein bestimmtes Geschäft erreichen wollen, führt auch der zugehörige Host ein Protokoll, in dem steht, woher Sie in sein Zentrum kamen und welche Geschäfte Sie noch so besucht haben, bis hin zu Ihrer Einkaufsliste. So kann er den Ladenbesitzern oder Verkaufsnetzwerken wertvolle Statistiken präsentieren.

✔ **Cookies**

IP-Adressen werden häufig für jeden Internetbesuch neu vergeben. Daher ist es sinnvoller (aus Sicht der Verkäufer jedenfalls), Sie dadurch wiedererkennbar zu machen, dass kleine Dateien auf Ihrem Rechner gespeichert werden, die sogenannten Cookies. Diese Kekse sind wie ein Stempel, den Sie bekommen, wenn Sie ein Geschäft betreten. Cookies können, wie ein Logfile, genau sagen, wann und wie oft Sie auf einer Website waren, was Sie dort in welcher Reihenfolge angesehen oder gekauft haben und wohin Sie entschwunden sind. Petzt Ihr Amazon-Cookie also, dass Sie gern Schuhe anschauen, dann bekommen Sie mit großer Wahrscheinlichkeit häufiger Schuhwerbung eingeblendet als andere.

In jedem Browser können Sie in den Sicherheitseinstellungen die Cookies ganz unterbinden. Das Problem ist, dass Sie dann fast keine Seite mehr öffnen können. Doch surfen geht nur flüssig, wenn Sie Cookies zumindest eingeschränkt zulassen, sodass der Browser fragt, bevor er eines zulässt. Dann nehmen Sie in Kauf, dass Sie permanent in aufpoppenden Fenstern auf OK – oder eben nicht – klicken müssen, und bei »Nein« doch nur die Hälfte der Funktionen nutzen können. Oder Sie beißen in den sauren Apfel und erlauben Cookies. Umso wichtiger ist es dann, diese regelmäßig von Ihrem Rechner zu entfernen.

Abbildung 9.1 zeigt, welche Möglichkeiten Ihnen der Internet Explorer 8 unter Extras|Internetoptionen bietet. Andere Browser haben ähnliche Menüs.

Leider gibt es inzwischen immer mehr sogenannte Flash-Cookies, die von den Browsern nicht als Cookies erkannt werden, weil sie in einer anderen Sprache (eben Flash statt HTML) geschrieben sind. Zu allem Überfluss sind diese Dateien weder mit einem Ablaufdatum versehen noch in ihrer Größe begrenzt und können somit mehr über Sie berichten als die frühere Generation. Um sie loszuwerden, benötigen Sie Software, wie etwa den *Flash-Cookie-Killer* oder den *CCleaner*. Beide kann man kostenlos im Internet herunterladen. Wer sich lange nicht seiner Cookies entledigt hat, gibt unter Umständen jedem seine gesamte Surfvergangenheit preis, denn theoretisch kann jeder, den es interessiert, jedes Cookie auslesen. Kommen Sie zum ersten Mal in einen Online-Schuhshop, kann der prüfen, welche Schuhe Sie sich bei der Konkurrenz angesehen haben, und Ihnen etwas Entsprechendes auf der Startseite anzeigen.

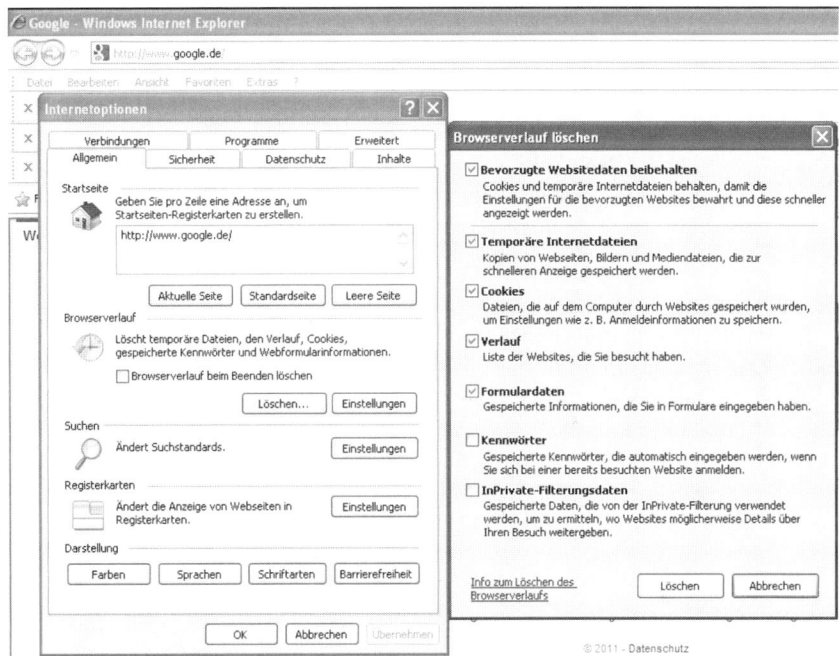

Abbildung 9.1: Cookies im Internet Explorer 8 löschen

✔ **Proxy-Server**

Ein Proxy ist ein Stellvertreter, der wie eine Tarnung einerseits gut ist, wenn Sie in Internetwelten unterwegs sein wollen, ohne dass das zurückverfolgt werden kann. Andererseits halten Anbieter auf Proxys Informationen bereit, nach denen Sie bereits gesucht haben (damit es schneller geht). Auch Informationen, die Sie senden, werden dort gespeichert. Wenn Sie ein Foto von sich ins Internet stellen, das Sie irgendwann dort nicht mehr haben wollen, können Sie sicher sein, dass es auf irgendeinem Proxy noch lange Zeit überdauern wird.

✔ **Spyware**

Während Cookies »nur« von Fremden auf Ihrer Festplatte untergebrachte Dateien sind, gibt es Programme, die Ihr komplettes Surfverhalten festhalten und aktiv an Menschen mit hoher krimineller Energie versenden. Seien es Passwörter, Bankdaten oder Versicherungsnummern, alles, was sich zu Geld machen lässt, wird von Ihrem Computer abgelesen. Verwenden Sie daher grundsätzlich neben dem Anti-Viren-Programm auch ein Anti-Spyware-Programm in der aktuellen Version, um Ihre Daten zu schützen. Spyware läuft übrigens oft im Hintergrund von angeblich nützlichen, kostenlosen Hilfsinstrumenten. Sie sollten daher immer skeptisch sein, wenn Ihnen ein blinkendes Pop-Up-Fenster etwas Tolles zum Download anbietet.

Abgesehen von den Protokollen und Dateien, die über all Ihre Wege im Netz wachen, können Sie sich auch aktiv einbringen und freiwillig Ihre Daten preisgeben. In Chats, Foren und Blogs, bei Gewinnspielen und natürlich sozialen (und auch beruflichen) Netzwerken legen Sie sich ein Profil an, um mitspielen zu dürfen.

 Wichtig ist das Kleingedruckte. Lesen Sie die Datenschutzbestimmungen, auch wenn das lästig ist. Hier steht, wie der Anbieter es mit der »Weitergabe von Daten an Dritte« hält. Dort lockt eine finanzkräftige Branche, die Nutzerdaten aufkauft, auswertet und verkauft. Sie sollten sich nur dort mit Ihren echten Daten zu erkennen geben, wo eine Weitergabe nicht erfolgt. Einen Hinweis auf die Qualität der Seite kann das Datenschutzgütesiegel geben.

Was gehört in Ihr Profil?

Wenn Sie wissen, wer Sie wie ausspionieren kann, möchten Sie vielleicht rufen: »Gar nichts!«, aber dann verpassen Sie wunderbare Kontaktmöglichkeiten. Die Weitergabe Ihrer Daten können Sie zwar nicht kontrollieren, aber welche Daten Sie in Ihr Profil einstellen, wohl. Oft funktionieren Profile wie Lebensläufe, die aber jeder – zumindest innerhalb einer bestimmten Gruppe – ansehen kann. Die Bestandteile sind daher ähnlich, aber je nach Portal, in dem Sie sie veröffentlichen wollen, gelten unterschiedliche Stufen der Vertraulichkeit.

✔ **Namen**

Auf Ihrer Homepage geben Sie ebenso wie in geschäftsrelevanten Netzwerken (XING, LinkedIn) Ihren vollständigen und echten Namen an. Wenn Sie sich in allgemeinen Foren mit Beiträgen beteiligen, die jedem zugänglich sind, sollten Sie sich ein Pseudonym ausdenken, das auch für private Netzwerkaktivitäten (Facebook, MySpace) herhalten sollte. Denken Sie daran, dass Sie am leichtesten anhand Ihres Namens gefunden werden können.

✔ **Kontaktdaten**

Mit Angaben zu Telefonnummern oder Ihrer E-Mail-Adresse sollten Sie zurückhaltend sein. Wo zukünftige Geschäftskontakte winken, müssen die Sie natürlich auch erreichen können, aber die Spam-Gefahr ist groß. Ein

Gegenmittel ist, auf der eigenen Homepage das @-Zeichen durch [at] zu ersetzen, sodass sogenannte Crawler (Computerprogramm, das das www durchforstet und zum Beispiel für Suchmaschinen Webseiten analysiert) auf der Suche nach E-Mail-Adressen Ihre nicht als solche identifizieren können. Sinnvoll ist auch, eine Adresse zum Beispiel bei GMX, Yahoo oder Google Mail extra für Spam-gefährdete Aktivitäten anzulegen, damit später nicht das geschäftliche Postfach zugemüllt wird.

✔ **Beruflicher Hintergrund**

Das geht wirklich nur all jene etwas an, mit denen Sie geschäftlich zu tun haben wollen. Setzen Sie Ihre Profile in Online-Netzwerken so, dass auch nur Ihre Kontakte Details hierzu sehen können.

✔ **Eigene Gruppen und Kontakte**

Auch die Mitgliedschaften in anderen Gruppen und Ihre eigenen Kontakte sollten nicht für jeden einsehbar sein. Wenn Sie sich in Listen zu bestimmten Themen aufnehmen lassen, verwenden Sie wiederum die etwas anonymere Spam-Mailadresse.

✔ **Interessen**

Erstaunlich, wie viel man auch in Geschäftsnetzwerken über die Hobbys der Mitglieder in ihren Profilen sehen kann. Überlegen Sie gut, ob Sie wirklich wollen, dass Sie jeder auf Ihre 23.487 Tiere umfassende Stoffelefantensammlung ansprechen kann, bevor Sie hier etwas eintragen.

Schlecht sind immer nur die anderen

Okay, okay, das war dramatisiert. Aber so mancher möchte nicht, dass über ihn im Netz etwas zu finden ist, begibt sich dann aber doch auf die Suche nach Informationen über andere. Gründe dafür gibt es auch im Netzwerkzusammenhang:

✔ Ein potenzieller Arbeitgeber möchte etwas über seine Bewerber erfahren.

✔ Kooperationspartner suchen nach Informationen über die Partner.

✔ Ein Unternehmen prüft, ob die Angestellten sich im Internet kritisch äußern.

✔ Kunden prüfen die Referenzen von Firmen oder informieren sich über Erfahrungen, die andere gemacht haben.

✔ Ein Service-Club überprüft Mitglieder, die noch in der Probephase sind.

Auf jeden Fall gibt es für jede noch so kleine Information, die Sie von sich preisgeben, eines Tages vielleicht einen, der danach sucht. Vielleicht ist an der Idee, nichts zu tun, was man nicht in der Zeitung lesen will, insofern auch heute noch etwas dran, als Sie nichts im Internet veröffentlichen sollten, das nicht jeder wissen sollte.

Wenn Sie etwas über andere erfahren wollen, stehen Ihnen dieselben Wege offen. Eine schlichte Suche bei Google (oder bei anderen Suchmaschinen wie Altavista, Yahoo, Bing oder Lycos) kann so einiges an Informationen und Bildern liefern.

Auf diesem Weg werden Sie allerdings unter Umständen Bilder und Einträge sehen, von denen Sie lieber nichts gewusst hätten. Jedes Mal, wenn Sie peinlich berührt die Seite schließen, sollten Sie sich eine mentale Notiz machen, welche Fehler Sie selbst niemals begehen wollen.

Wenn es dafür schon zu spät ist, ist jetzt der richtige Zeitpunkt, um eine Agentur zu engagieren, die nichts anderes macht, als hinter allzu Extrovertierten oder Unvorsichtigen herzuräumen und den Schaden zu begrenzen. Ein Basis-Löschauftrag bei *Web-Killer* ist beispielsweise ab 39,90 Euro pro URL zu haben. *Ruflotse* bietet einen Service gegen monatliche Gebühr. Vergleichen Sie die Anbieter hinsichtlich des Umfangs und der Preise, denn je nachdem, was Sie wollen, kommen ganz unterschiedliche Angebote infrage.

 Im Internet können Sie sich mit vielen Informationen versorgen, doch ob sie alle der Wahrheit entsprechen, ist eine ganz andere Sache. Eine der größten Errungenschaften des Web 2.0 ist die Interaktivität, doch die Kehrseite davon ist, dass jeder sich zu allem äußern kann, wahr oder eben auch nicht. Genießen Sie alles, was Sie im Web über andere finden, mit Vorsicht, es sei denn, Sie können sicher sein, dass die gesuchte Person selbst es veröffentlicht hat.

Eine weitere Möglichkeit, an Informationen zu kommen, ist die Abfrage von Verbindungen etwa in XING. Dort können Sie sich anzeigen lassen, über welche Ecken Sie mit einer gesuchten Person in Verbindung stehen. Im Zweifel können Sie den Menschen dazwischen nach Informationen oder einer Einschätzung fragen, wenn Sie ihm vertrauen. (Wie genau das mit Internetportalen und -netzwerken läuft, erfahren Sie in Kapitel 10.)

Der (virtuelle) Ort des Geschehens

10

In diesem Kapitel

▶ Business-Netzwerke im Internet: von XING, LinkedIn und Co

▶ Wie Sie ein Profil anlegen

▶ Welche Möglichkeiten Ihnen Online-Netzwerke bieten

▶ Private Netzwerke beruflich nutzen

▶ Werbung mit Verbündeten im Netz

*V*ielleicht können Sie sich an die Zeit erinnern, als das Internet noch nicht allgegenwärtig war. Als Geschäftspartner einander auf Empfängen vorgestellt wurden, Telefonate und Faxe die Menschen verbanden und es schon einer Vereinsstruktur bedurfte, um Gleichgesinnte kennenzulernen.

Heute gibt es mehr Möglichkeiten. Rund drei Viertel aller deutschen Haushalte hatten im Jahr 2010 einen Internetzugang und wiederum etwa drei Viertel davon waren in sozialen Netzwerken aktiv. In Anbetracht der Tatsache, dass Netzwerke im Internet erst ab dem Jahr 2003 aufkamen, sind das erstaunlich hohe Werte, die nahelegen, dass viele Vorteile damit verbunden sind, sich virtuell zu vernetzen.

In diesem Kapitel möchte ich Ihnen nach den vielen Warnungen im letzten Kapitel nahelegen, sich für Geschäftszwecke mindestens ein Netzwerkprofil zuzulegen. Für einen modernen Menschen, der für sich wirbt und für Kontakte attraktiv sein möchte, führt nahezu kein Weg am Internet vorbei.

Business-Netzwerke – Kontakte auf Knopfdruck

In Deutschland ist *XING* am geeignetsten für die geschäftliche Selbstpräsentation, weil es das bekannteste Business-Netzwerk ist und von den Geschäftsportalen die meisten Mitglieder hat. Aber es gibt auch Alternativen: Das in englischsprachigen Ländern viel weiter verbreitete *LinkedIn* holt hierzulande kräftig auf. Außerdem können Sie auch in privaten sozialen Netzwerken für Ihr Unternehmen werben.

In geschäftlich orientierten Netzwerken liegt der Schwerpunkt darauf, bestehende Kontakte zu ordnen und neue zu knüpfen. Dafür stellen die Hauptanbieter XING und LinkedIn ein ganz ähnliches Repertoire an nützlichen Anwendungen zur Verfügung. Sie können sich ein Profil anlegen, Ihre Kontakte verwalten und nach neuen suchen, sich in Gruppen engagieren und Events veranstalten.

XING

Im Jahr 2003 als openBC gegründet und 2006 in XING umbenannt, ist es das in Deutschland meistgenutzte virtuelle Netzwerk für Geschäftskontakte. Über die Bedeutung des Namens gibt es verschiedene Geschichten, so bedeutet XING auf Chinesisch in etwa »es funktioniert«, es ist aber auch auf jeder amerikanischen Straße als Zeichen einer Kreuzung (Crossing) zu lesen. Ausgesprochen wird es in Deutschland aber wie ein chinesisches Wort, auch wenn die Amerikaner uns deswegen belächeln.

 Auf sogenannten Themenseiten können Sie sich einen Überblick über die Vorzüge von XING verschaffen, ohne sich ein Profil anzulegen. Auf www.xing.com ganz unten versteckt gibt es die Rubriken ÜBER XING, HAUPTBEREICHE (hier sind die Themenseiten zu finden), NÜTZLICHES und PRODUKTE & ANGEBOTE.

Mitgliedschaftsarten

XING bietet Netzwerkern eine kostenlose *Basis-Mitgliedschaft* an. Mit dieser können Sie viele Optionen nutzen, wie zum Beispiel ein Profil anlegen, eine einfache Suche nach Personen oder Gruppen durchführen und Beiträge posten oder Events besuchen. Seit Ende 2010 können Sie auch Nachrichten versenden, allerdings nur innerhalb Ihres bestehenden Netzwerks.

Erst ab der *Premium-Mitgliedschaft*, die für zwei Jahre abgeschlossen wird und monatlich 4,95 Euro inklusive Umsatzsteuer kostet (der komplette Betrag wird bei Abschluss fällig!), können Sie auf erweiterte Suchfunktionen zugreifen und Nachrichten an unbekannte Personen versenden. Die sogenannte Powersuche, die unter anderem anzeigt, welche Besucher Ihr Profil besucht haben, ist auch erst in der Premium-Mitgliedschaft möglich. Die Premium-Mitgliedschaft ist werbefrei und eröffnet Ihnen den Zugang zu Partnerangeboten, wie etwa Ermäßigungen von Reisebüros oder beim Laptopkauf. Es gibt die Möglichkeit, sie drei Monate zu testen.

Wenn Ihnen das noch nicht reicht, etwa weil Sie professionell netzwerken möchten, steht Ihnen noch die *Recruiter-Mitgliedschaft* offen, deren Monatsbeitrag von der Dauer der Mitgliedschaft abhängt; wenn Sie für zwölf Monate Recruiter werden wollen, zahlen Sie derzeit 35,64 Euro im Monat (XING gibt mit 29,95 Euro hier den Nettopreis an), bei sechs Monaten sind es 47,54 (39,95) Euro im Monat und bei drei Monaten 59,44 (49,95) Euro im Monat. Die zusätzlichen Funktionen wiegen den Preis nur dann auf, wenn Sie sich beruflich mit der Personalakquise beschäftigen.

Profil

Sobald Sie sich bei XING registriert und den Bestätigungslink in der an Sie gesendeten E-Mail angeklickt haben, werden Sie durch die Einrichtung Ihres Profils geführt. Je mehr Sie von sich angeben, desto besser sind die Chancen, gefunden zu werden.

✔ Laden Sie ein Foto von sich in Ihr Profil. Es mag oberflächlich erscheinen, aber das ist das Erste, was ein anderes XING-Mitglied sieht. Vermeiden Sie Urlaubsschnappschüsse, das wirkt unprofessionell, und Passbilder, auf denen Sie ernst oder gar gequält dreinschauen. Ein Lächeln darf es ruhig sein, wenn man Sie kennenlernen wollen soll.

✔ Die ÜBER MICH-Seite bietet Ihnen Raum, einen Text über sich und Ihre Ambitionen oder auch Angebote zu schreiben und ihn mit Grafiken zu verschönern. Da er in der Suche von Premium-Mitgliedern auch durchforstet wird, ist es sinnvoll, hierauf ein wenig Zeit zu verwenden; schließlich ist das der erste inhaltliche Eindruck, den Besucher von Ihnen erhalten, wenn Sie sich in Ihre Seite einarbeiten.

✔ Unter PERSÖNLICHES können Sie die Felder ICH SUCHE, ICH BIETE, INTERESSEN und ORGANISATIONEN ausfüllen. Sie können die ersten beiden Felder stichwortartig ausfüllen, aber da sie unter Ihrer Visitenkarte sichtbar werden, wenn andere auf Ihr Profil klicken, ist es ein Vorteil, hier in ganzen Sätzen und ansprechend zu formulieren. Die Interessen, die Sie angeben, bieten Anknüpfungspunkte für Mitglieder, die zu Ihnen Kontakt aufnehmen wollen. Ebenso können Mitglieder Ihrer oder ähnlicher Organisationen Sie ausfindig machen.

✔ Das Feld BERUFSERFAHRUNG stellt Ihre Karriere dar. Wie in einem Lebenslauf geben Sie die wichtigen Etappen Ihrer Laufbahn an, lassen aber wenig aussagekräftige besser weg. Wenn Sie Premium-Mitglied sind, können Sie Ihr Profil dann noch um Referenzen erweitern.

✔ Angaben zu Ausbildung, Web und Kontaktdaten schließen die Einrichtung Ihres Profils ab. Wenn Sie einen neuen Kontakt hinzufügen, können Sie jedes Mal neu entscheiden, welche Kontaktdaten für diesen Kontakt freigegeben werden. Also wird nicht automatisch alles, was Sie hier eingeben, für jeden auch sichtbar. Daten, die niemand erhalten sollen, wie etwa die private Handynummer, können Sie natürlich gleich weglassen.

Auf der Profilseite informiert XING Sie, zu wie viel Prozent Ihr Profil vervollständigt ist.

Navigation

Die typische XING-Startseite hat zwei Navigationsbereiche (links und oben) und zentral Ihre Visitenkarten und alle Angaben, die Sie in Ihrem Profil über sich gemacht haben. Die »XING-Leiste« links gibt einen Überblick über das aktuelle Geschehen wie Nachrichten oder Events.

Abbildung 10.1: Navigationsleiste links in XING

Bei einem Klick auf Ihr Foto oder den Platzhalter, falls Sie noch kein Bild hochgeladen haben, gelangen Sie zu Ihrem Profil. Hier können Sie alle Angaben bearbeiten und aktualisieren.

Die weiteren Symbole der linken Navigationsleiste öffnen Unterfenster, in denen sich Informationen zu den eigenen Interessen in den jeweiligen Bereichen auftun. Unter NACHRICHTEN verbirgt sich ein extra Fenster mit Ihren eingegangenen Nachrichten. Über den Link NACHRICHT SCHREIBEN gelangen Sie zum XING Messenger, dem XING-eigenen E-Mail-Programm.

Kontaktanfragen gehen ein, wenn ein anderer Sie als Kontakt hinzufügen möchte. Verbunden sind Sie erst, wenn Sie diese Anfrage auch bestätigt haben.

Im Kontaktanfragen-Fenster befinden sich Verlinkungen zu Ihren Kontakten sowie zur Suche.

Das Fenster JOBS & KARRIERE bietet einen Überblick über Jobs, die Sie sich »gemerkt« haben, und gespeicherte Suchaufträge. Wenn Sie einer Gruppe beigetreten sind, erhalten Sie regelmäßige Gruppen-Newsletter. Sie werden auch benachrichtigt, wenn es Neuigkeiten zu geplanten Events gibt, für die Sie angemeldet sind, oder aus interessanten Unternehmen Neues vermeldet wird.

Unter EINSTELLUNGEN finden Sie wichtige Auswahlmöglichkeiten zum Beispiel zu Ihrer Privatsphäre und zu den Fällen, in denen Sie per E-Mail benachrichtigt werden möchten. Je mehr Optionen Sie hier mit einem Häkchen versehen, desto häufiger werden Sie Meldungen von XING in Ihrem externen E-Mail-Eingang finden; das mag nicht jeder.

Unter RECHNUNGEN & KONTEN schließlich können Sie die Rechnungen für Jobanzeigen oder Ihre Mitgliedschaft einsehen.

In der horizontalen Hauptnavigationsleiste finden Sie neben allen Informationen rund um das eigene oder fremde Unternehmensprofile noch die Rubriken MEIN NETZWERK, JOBS & KARRIERE, GRUPPEN und EVENTS.

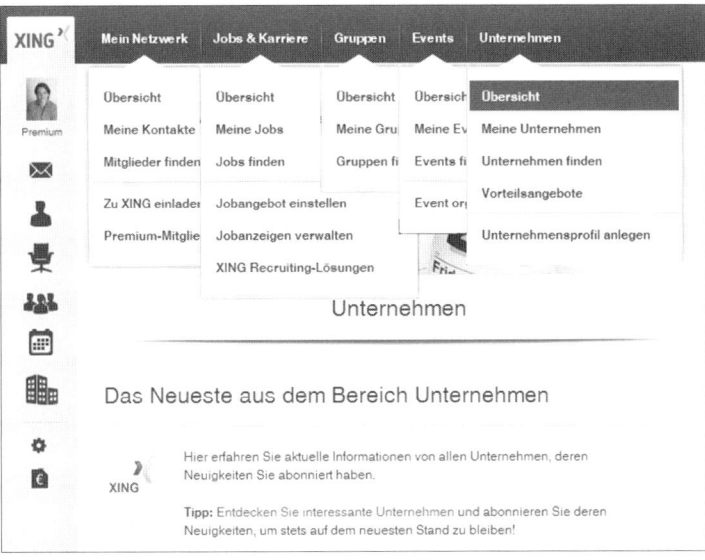

Abbildung 10.2: Navigationsleiste oben in XING

Viele XING-Nutzer haben schon vor dem Relaunch im Juni 2011 die Vorzüge der Premium-Mitgliedschaft genutzt. Die wohl größte Änderung – abgesehen vom Layout – war die Tatsache, dass die Powersuche (ehemals ein Instrument) nun auf die verschiedenen Bereiche verteilt wurde. So existieren in jedem Menüpunkt eigene »xyz finden«-Bereiche (Mitglieder, Jobs, Gruppen, Events, Unternehmen), die Sie auf ehemalige Powersuche-Bereiche wie »Besucher Ihres Profils« oder »Interessante Mitglieder…« weiterleiten.

Mein Netzwerk

Die Rubrik MEIN NETZWERK ist die wichtigste Funktion von XING (und jedem anderen Netzwerk), denn hier finden Sie Ihre aktuellen Kontakte und können neue suchen. Dabei bietet der Unterpunkt ÜBERSICHT eine Liste von Aktivitäten, die Ihre Kontakte als Statusmeldungen gepostet haben, sowie Änderungen an deren Profileinträgen. MEINE KONTAKTE bietet auf dem ersten Reiter KONTAKTE eine Listenübersicht über alle verknüpften Personen; auf dem zweiten Reiter KONTAKTANFRAGEN sehen Sie je nach Ansicht Ihre empfangenen oder gesendeten Anfragen, zu denen die Antworten noch ausstehen. Interessante Personen, zu denen Sie nicht gleich Kontakt aufnehmen wollen, können Sie sich merken, sodass sie unter GEMERKTE PERSONEN erscheinen.

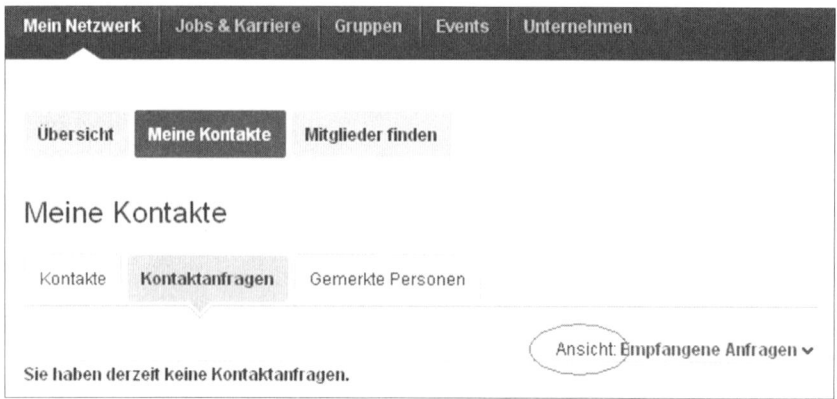

Abbildung 10.3: Empfangene Kontaktanfragen in XING

Die dritte Option, MITGLIEDER FINDEN, dient der Suche nach interessanten XING-Mitgliedern, mit denen Sie noch nicht verbunden sind. Sie wird ausführlich in Kapitel 11 beschrieben. Außerdem bietet MEIN NETZWERK die Möglichkeit, externe Kontakte zu XING einzuladen.

Jobs & Karriere

Als XING-Nutzer können Sie sowohl als Arbeitnehmer auf der Suche nach einer neuen Stelle als auch als Freiberufler oder Unternehmer auf der Suche nach Aufträgen von der Stellenbörse bei XING profitieren. Das Prinzip: Der Anbieter zahlt, der Suchende kann sich uneingeschränkt bewegen.

Jobanzeigen als Arbeitgeber aufgeben

XING bietet unter dem Titel »Recruiting 2.0« die Möglichkeit, Jobanzeigen zu schalten. Dabei gibt es drei Grundformen:

- ✔ Die *Jobanzeige Text* ist die schlichteste. Für sie werden weder Grundgebühr noch Mindestumsatz fällig, allerdings ist die Bezahlung per Klick (derzeit 69 Cent/Klick) eingerichtet. Sie stellen dabei eine Anzeige bei XING ein und jedes Mal, wenn ein Besucher diese anklickt, um sich über den Inhalt zu informieren und Kontaktdaten abzurufen, kostet Sie das Geld.

- ✔ Die *Jobanzeige Logo* hat einen Festpreis von 395 Euro ohne Klicklimit, also mit unbeschränkter Anzahl von möglichen Klicks durch Interessierte, bei einer Laufzeit von 30 Tagen. Dafür schlägt XING Ihnen passende Kandidaten vor, Sie können die Anzeige optisch durch ein Logo aufwerten und sogar PDF-Anhänge mit veröffentlichen. Von Zeit zu Zeit bietet XING spezielle Angebote, so etwa die Jobanzeige Logo für 295 statt 395 Euro. Wenn viele XING-Mitglieder potenzielle Bewerber sind, ist dies der deutlich effizientere Weg zum neuen Mitarbeiter, als die Klicks zu bezahlen.

- ✔ Für 595 Euro können Sie eine *Jobanzeige Design* als Layout bei XING abgeben. Um die Schaltung kümmern sich dann die XING-Mitarbeiter.

Darüber hinaus bietet XING individuelle Lösungen zu Design, Laufzeit und Betreuungsmodalitäten an.

Alle Preise sind übrigens, wie so oft bei XING, Nettopreise. Das ist für Kleinunternehmen und umsatzsteuerbefreite Freiberufler ärgerlich und kann teuer werden, wenn Sie es übersehen haben.

XING stellt Ihnen Jobs vor, die zu Ihrem Profil passen. Diese Liste finden Sie auf der ÜBERSICHT-Seite unter JOBS & KARRIERE. Neben den Job-Empfehlungen von XING bietet die Seite einen Reiter AUS IHREM NETZWERK, auf dem Sie sehen können, welche Ihrer Kontakte Jobanzeigen eingestellt haben. MEINE JOBS gibt einen

Überblick über die Rubriken MEINE SUCHAUFTRÄGE und MEINE GEMERKTEN JOBS. Wie Sie Jobs finden, erfahren Sie detailliert in Kapitel 12.

 Da XING Ihre Anzeige den Suchenden vorschlägt und die nichts dafür zahlen müssen, haben natürlich eins, zwei, fix sehr viele Menschen auf die Anzeige geklickt, die Sie gar nicht ansprechen wollten. Ich selbst habe auf diese Art einmal fast 100 Euro in einem halben Tag verbrannt, da ich eine recht spezifisch formulierte Anzeige eingestellt habe, in die Schlagwörter aber nur »Coach, Berater, Wissenschaftsberater« eingetragen hatte. Jedem bei XING gelisteten, freiberuflichen Berater wurde das vorgeschlagen, viele davon haben auf die Anzeige geklickt, aber niemand hat auf mein Suchprofil gepasst. Halten Sie bei der Jobanzeige Text die Gruppe derjenigen, denen Ihre Anzeige gezeigt wird, so klein wie möglich.

Gruppen

Gruppen bilden die Untereinheiten von XING. Je nach Interessen, Branchen, Hobbys, Berufen oder sonstigen Einfällen können Gruppen gegründet und kann ihnen beigetreten werden. Auf der Seite ÜBERSICHT werden Ihnen die neuesten Beiträge aus Ihren Gruppen angezeigt. MEINE GRUPPEN listet die Gruppen, denen Sie beigetreten sind, und GRUPPE FINDEN unterstützt Sie bei der Suche nach neuen interessanten Beiträgen und Beitragenden. Wie Sie über Gruppen zunächst passiv und dann auch aktiv am Netzwerkgeschehen teilhaben können, führen die Kapitel 11 und 12 aus.

Events

So wie Gruppen es als Online-Bereich schaffen, unterschiedliche Menschen zu einem Thema zusammenzuführen, so können mit Events tatsächliche Treffen zu bestimmten Anlässen organisiert und dann natürlich auch besucht werden. Events sind die Schnittstelle von XING zur wirklichen Welt. Wie Sie am besten in XING Events suchen und welche Veranstaltungen zu welchen Zwecken nützlich sind, erfahren Sie in Kapitel 16.

Der Eventbereich der XING-Seite ist aufgebaut wie die anderen auch, nämlich nach ÜBERSICHT mit den Events aus Ihrem Netzwerk, MEINE EVENTS und EVENTS FINDEN unterteilt.

Unternehmen

Der Unternehmensbereich dient zur Information über gelistete Unternehmen und bietet Ihnen die Chance, Ihre Firma zu präsentieren. Die Seite ÜBERSICHT stellt das Neueste aus den Unternehmen vor, deren Neuigkeiten Sie verfolgen. Unter MEINE UNTERNEHMEN können Sie zusätzlich zum eigenen Personenprofil für Ihr Unternehmen ein Unternehmensprofil anlegen. Hier werden auch Ihre Abonnements angezeigt. Bei den Unternehmensprofilen gibt es drei verschiedene Optionen:

✔ Das Unternehmensprofil **Basis**

Das kostenlose Basisprofil reicht, um Ihr Unternehmen zu beschreiben, ein Logo hochzuladen, die Mitarbeiter, die bei XING sind, zu listen, und alle Jobanzeigen zu verknüpfen, die für Ihr Unternehmen laufen.

✔ Das Unternehmensprofil **Standard**

Im Standardprofil können Sie zusätzlich Ansprechpartner und Suchbegriffe definieren sowie eine Verbindung mit kununu (`www.kununu.com`), einem Portal für Arbeitgeberbewertungen, erstellen. Das Profil kostet 24,90 Euro netto im Monat bei einer Laufzeit von einem Jahr.

✔ Das Unternehmensprofil **Plus**

Als Verantwortlicher eines großen Unternehmens können Sie für 129 Euro netto im Monat Neuigkeiten Ihres Unternehmens veröffentlichen sowie mit einem Blog in Kontakt mit Ihren Abonnenten bleiben. Schauen Sie sich einmal das Plus-Profil der Deutschen Lufthansa AG in Abbildung 10.4 an, dann können Sie entscheiden, ob so etwas auch für Sie sinnvoll ist.

Die Option UNTERNEHMEN FINDEN bietet Jobsuchenden wie Brancheninteressierten die Möglichkeit, sich mit interessanten Informationen zu versorgen. Zusätzlich zu der üblichen Struktur der Navigationspunkte bietet der Unternehmensbereich noch Vorteilsangebote, früher als eigene Rubrik BEST OFFERS bekannt. Das ist für Ihre Netzwerkpraxis nicht nur eine nette Belohnung, sondern auch unter Umständen sehr hilfreich. Bei jedem Angebot haben Sie die Möglichkeit, es anderen zu empfehlen. Wenn Sie also wissen, dass einer Ihrer Kontakte im Umgang mit XING unsicher ist, dann empfehlen Sie ihm einfach das 10%-Rabatt-Angebot von XING-Seminare (`www.xing-seminare.de`). Sie rufen sich so in Erinnerung, beweisen, dass Sie den anderen unterstützen, und der kann auch noch Geld sparen.

Sonstige Features

XING kann noch ein paar Dinge mehr als nur das Verwalten des Profils und der Kontakte. Mit diesen nützlichen Instrumenten können Sie sich besser mit anderen vernetzen.

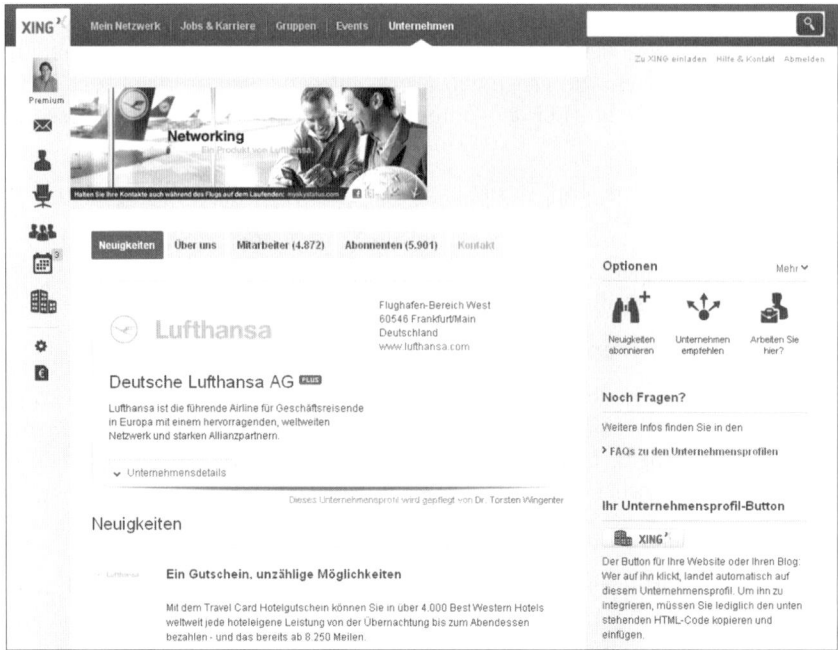

Abbildung 10.4: Unternehmensprofil Plus der Deutschen Lufthansa AG

Anwenderfreundlichkeit

XING hat ein eigenes Symbol für Feedback und legt großen Wert darauf, dass die Nutzer ihre Meinung zu diesem oder jenem äußern. Das geschieht einerseits über Kommentare zu Beiträgen oder Vorschlägen, andererseits über die Möglichkeit, Beiträge mit einem Stern als interessant auszuzeichnen.

Was den mobilen Bereich angeht, so bietet XING zwei Zugangsmöglichkeiten an. Einmal existieren Apps für iPhone, Android und BlackBerry, die auf dem Smartphone direkt genutzt werden können. Zum anderen hat XING unter touch.xing.com eine für Mobilgeräte optimierte Seite geschaffen, die von der Oberfläche her den Apps sehr ähnlich ist.

Applikationen

Von den einst Hunderten von Applikationen, mit denen XING seinen Mitgliedern das Leben vereinfacht hat, ist leider kaum eine Handvoll übrig geblieben. Unnötig, jetzt noch zu erwähnen, wie praktisch die Einbindung von Doodle (ein Terminfindungsprogramm), Mindmeister oder Pendla (eine Mitfahrzentrale) waren. Vielleicht besinnt sich XING ja eines Besseren und macht die seit dem Relaunch abgeschafften Zusatzprogramme wieder zugänglich. Einige existieren noch, wenn auch in versteckter Form:

✔ Spreed Web-Meeting

Unter www.spreed.com finden Sie Angebote zu Web-Meetings und Online-Telefonie (übrigens zum Teil deutlich günstiger als vom Marktführer Skype). Das kostenlose Spreed Free bietet die Möglichkeit, bis zu drei Teilnehmer online in einer Konferenz zusammenzubringen. Eben auf diese Funktion, ein *Web-Meeting* anzusetzen und zu starten, können Sie auch über XING zugreifen. Dazu müssen Sie zur Fußzeile auf der XING-Seite scrollen und unter NÜTZLICHES auf SPREED MEETINGS klicken.

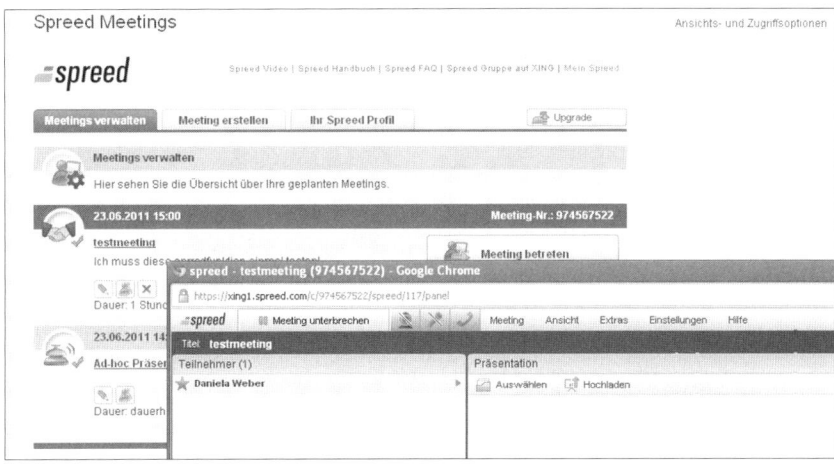

Abbildung 10.5: Integration von spreed in XING

✔ Twitter

Sofern Sie aktiv zwitschernder Nutzer von Twitter sind (wenn Sie gar nicht wissen, was das ist, blättern Sie rasch zu den privaten Netzwerken in diesem Kapitel vor), können Sie Ihre XING-Statusmeldungen gleich über diesen Kanal mit verbreiten. Dazu müssen Sie nur ein Häkchen vor das Twitter-Logo setzen und Ihren Account mit XING verbinden.

✔ Goldmind – das XING-Expertenpanel

Um sich aktiv als Experte auszuweisen, brauchen Sie üblicherweise Referenzen. XING bietet Ihnen die Möglichkeit, zu Fachfragen anderer Mitglieder

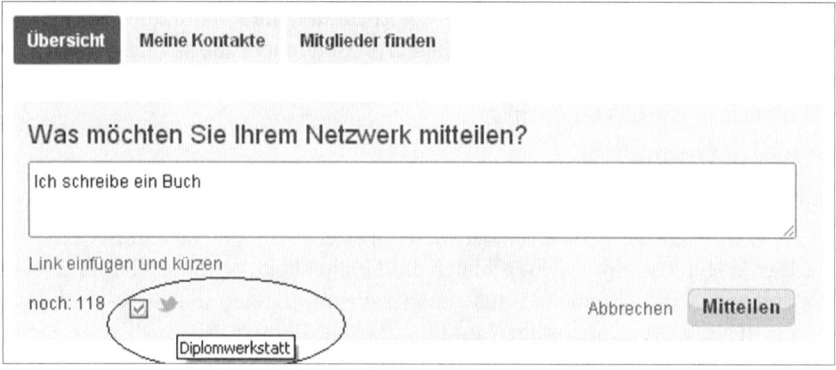

Abbildung 10.6: Twitter-Verbindung in XING

Abbildung 10.7: Goldmind Expertenkarte in XING

Stellung zu nehmen und so von Ihrer Kompetenz zu überzeugen. Dazu müssen Sie die Applikation »Goldmind Expertenpanel« in Ihrem Profil aktivieren, das Sie ebenso wie Spreed in der Fußzeile unter NÜTZLICHES finden.

Unter FRAGEN BEANTWORTEN können Sie an Umfragen teilnehmen oder Fachfragen beantworten. Solche können Sie unter FRAGEN SELBER STELLEN natürlich auch einstellen, allerdings kostet das Gebühren, wenn Sie mehr als nur Ihre eigenen Kontakte befragen wollen. Aktuell fallen bei einer Forschungsfrage ab 25 Cent pro Antwort und bei einer Fachfrage ab 5 Euro pro Posting an. MEINE ERGEBNISSE stellt die Auswertungen Ihrer Fragen dar; unter MEINE EXPERTENKARTE können Sie Ihr Profil um Ihre Kompetenzen ergänzen. MEIN KONTO dient der Übersicht über Verdienste, Ausgaben und Einnahmen sowie Spenden. Wem Sie spenden können, wird unter SPENDENZÄHLER deutlich.

LinkedIn

Was in Deutschland XING anbietet, wird in vielen anderen Teilen der Welt von LinkedIn (www.linkedin.com) übernommen. Seit 2003 online, hat es inzwischen über 100 Millionen Mitglieder, wovon die Hälfte in den USA beheimatet ist. In Europa wird LinkedIn besonders in Großbritannien, Frankreich, Spanien, Italien und den Niederlanden genutzt, aber die Entwicklung auf dem deutschen Markt mit zeitweise mehreren Tausend neuen Mitgliedern am Tag lässt LinkedIn zu einer echten Alternative, mindestens aber zu einer Ergänzung zu XING werden.

Profil

Ebenso wie in XING geht die Anmeldung schnell und ist zunächst kostenlos. Sie werden durch die Erstellung Ihres Profils geführt und erhalten Gelegenheit, Ihre Adressbücher mit LinkedIn-Mitgliedern abzugleichen, um Kontakte hinzufügen zu können. Ihr fertiges Profil sieht dann ähnlich aus wie das in Abbildung 10.8 gezeigte.

 LinkedIn bietet ebenfalls verschiedene Mitgliedschaftsformen an. Das Standard-Konto ist kostenlos, darüber hinaus gibt es noch die Typen *Business*, *Business Plus* und *Executive*, die bei Kosten von rund 20 Dollar im Monat starten. Für Jobsuchende ist allerdings die ähnlich teure Option, sich als »Job Seeker« in den Fokus suchender Unternehmen zu stellen, sinnvoller. In diesem Fall zahlen Sie einen Aufschlag (ab 15,95 Dollar monatlich) dafür, dass Ihr Profil so gekennzeichnet wird, dass suchende Unternehmen sehen, dass Sie einen Job suchen.

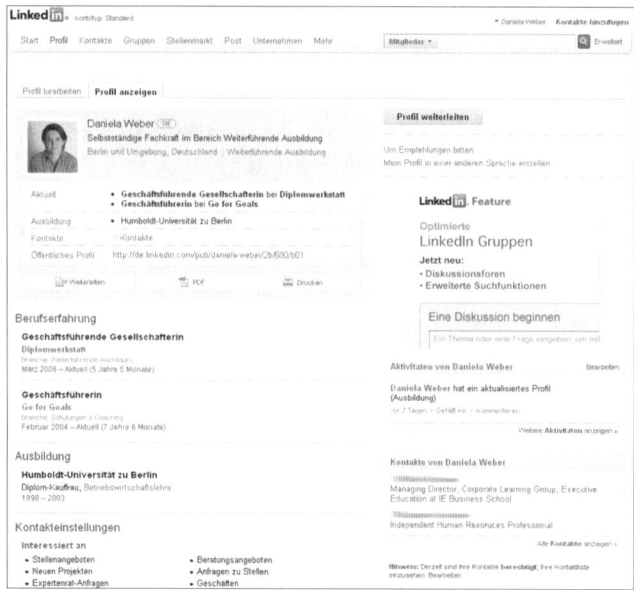

Abbildung 10.8: Profil auf LinkedIn

Navigation

Aus der Abbildung 10.8 wird auch die Navigationsstruktur deutlich, die wesentlich einfacher gestaltet ist als bei XING. Es gibt:

✔ Start

Unter dem Punkt START finden Sie als Anwender Ihre Startseite, auf der Sie Updates lesen und mitteilen können, sowie einen Link zur Option WERBEN AUF LINKEDIN. Mit dem Tool »LinkedIn Ads« lassen sich Werbeanzeigen, die ebenfalls per Klick bezahlt werden, generieren.

✔ Profil

Neben den Optionen, Ihr Profil anzuzeigen und zu bearbeiten, sind hier auch die Empfehlungen zu verwalten. LinkedIn bietet Ihnen die Möglichkeit, Geschäftspartner um Empfehlungen zu bitten und solche auch zu vergeben.

✔ Kontakte

Unter dem Punkt KONTAKTE finden Sie Ihre bestehenden Kontakte und die Möglichkeit, neue Kontakte zu knüpfen. Außerdem bietet LinkedIn mit

NETZWERKSTATISTIK eine hübsche Funktion für langweilige Tage, an denen Sie sonst nichts zu tun haben, als sich mit den Statistiken von Regionen und Branchen zu befassen.

✔ Gruppen und Unternehmen

Die Gruppen stehen bei LinkedIn weniger im Fokus als bei XING, sind aber weitgehend genauso organisiert. Unter GRUPPENVERZEICHNIS sind alle gelistet und Sie können sich frei nach Interessen die heraussuchen, denen Sie beitreten wollen.

Auch können Unternehmen eine eigene Seite einrichten und dann News veröffentlichen, denen andere Mitglieder »folgen« können. Dieser Service ist kostenlos und recht umfangreich. Sie können Ihr Unternehmen in der Übersicht vorstellen, Stellenanzeigen aufgeben, etwas Spezielles zu Ihren Produkten und Dienstleistungen veröffentlichen und haben somit also eine tolle Möglichkeit, das eigene Unternehmen zu präsentieren.

✔ Stellenmarkt

Besonders in der internationalen Geschäftswelt ist LinkedIn der virtuelle Ort, an dem Stellen ausgeschrieben und vergeben werden. Das ist und bleibt die Kernkompetenz des Netzwerks, an die auch XING durch verschiedene Umstellungen versucht heranzukommen. Damit lassen sich Begehrlichkeiten wecken und gleichzeitig Geld verdienen. LinkedIn gibt auf der Stellenmarkt-Startseite Empfehlungen, wie Sie Ihr Profil verbessern können, um attraktiver für potenzielle Arbeitgeber zu werden. Die ERWEITERTE SUCHE, in der Sie detailliert nach bestimmten Namen, Branchen oder Unternehmen schauen können, steht übrigens auch schon im Standard-Konto zur Verfügung.

✔ Post

Das LinkedIn-interne E-Mail-Programm ist unter POST zu finden. Hier können Sie auch Einladungen akzeptieren und Ihre Nachrichten ordnen.

Nach wie vor kann in LinkedIn (anders als im neuen XING) nur dem eine Nachricht geschickt werden, der sich auch im eigenen Netzwerk befindet. Wenn Sie interessante Menschen finden, müssen die sich erst mit Ihnen verbinden, bevor Sie erreichbar werden. Oder Sie müssen Ihr Konto auf *Business* upgraden.

✔ Mehr

Das wichtigste Feature unter MEHR ist die FRAGEN-Funktion. Hier können Sie allen oder ausgewählten Mitgliedern allgemeine oder auch Fachfragen stellen. Ebenso können Sie sich als Experte profilieren, indem Sie offene Fragen von anderen beantworten. Außerdem sind die Anwendungen hier verlinkt.

Anwendungen

LinkedIn bietet die Einbindung einer Reihe von Anwendungen anderer Unternehmen an, die den Geschäftsalltag erleichtern und das Profil effektiver machen. Das reicht von _Box.net Files_, einem Online-Speicher für Dateien, über _Events_ bis hin zu einem _E-Bookshelf_, in dem Sie sich unter anderem informieren können, was die Manager so lesen. Auch Google ist über _Presentation_ mit im Boot und über eine interne _Wordpress_-Anbindung können Sie Ihren Blog über LinkedIn verwalten. Ein Blick in die angebotenen Anwendungen lohnt sich allemal.

Andere Geschäftsnetzwerke

Man soll es kaum meinen, aber es gibt intelligentes Leben im Internet jenseits von XING und LinkedIn. Da kleinere Anbieter aber immer wieder an ihrem Profil und ihren Angeboten feilen müssen, um nicht neben den Riesen unterzugehen, sind diese nicht sehr beständig und damit wenig geeignet, im Detail hier vorgestellt zu werden. Dennoch sollen einige genannt werden.

✔ _WEPS_

Auf www.theweps.com lassen sich nicht nur Kontakte verwalten und Termine organisieren, sondern auch Live Meetings und virtuelle Messen abhalten. Die Basis-Mitgliedschaft ist kostenlos, wer Premium-Mitglied werden möchte, zahlt im Sechs-Monats-Paket 5 Euro pro Monat.

✔ _Successity_

Ein Gesamtpaket mit Informationsdiensten, Magazin, E-Mail- und Chat-Programm und den üblichen Netzwerkdiensten bietet www.successity.biz. Die kostenlose _Basisplattform_ kann um das kostenpflichtige _Success-Center_ oder das _Virtuelle Klassenzimmer_ erweitert werden.

✔ _CAPup!_

Als Fach- oder Führungskraft können Sie im Executive Club auf www.cap-up.com um Einlass bitten. Hier kommt nur rein, wer von einem bestehenden Mitglied empfohlen wird. Wer drin ist, kann sich und seine Stellen, Termine und Events anderen Mitgliedern zugänglich machen.

✔ *Viadeo*

Der kleine Bruder von XING und LinkedIn funktioniert genauso und bietet auf www.viadeo.com ähnliche Grundfeatures wie die Großen. So können Sie zum Beispiel nachvollziehen wer Ihre Seite besucht hat, Nachrichten schreiben und auf Veranstaltungskalender, und Stellenanzeigen zugreifen.

Private soziale Netzwerke geschäftlich nutzen

Im Rahmen Ihrer Netzwerkaktivitäten suchen Sie nach anderen Menschen – nach wertvollen Kontakten, hilfreichen Experten, beliebten Multiplikatoren, Kunden, Angestellten, Firmen oder Partnern. Fast alle diese Kontakte sind online nicht nur in Geschäftsnetzwerken zu finden, sondern tummeln sich wahrscheinlich auch in den privaten Netzwerken. Die scheinen zwar erst einmal nicht für den Ausbau von geschäftsfördernden Kontakten geeignet zu sein, doch haben inzwischen viele Unternehmen und Dienstleister Profile bei Twitter und Seiten bei Facebook und manche werben auch auf den VZ-Portalen. Alles dreht sich darum, den (jungen) Kunden auf deren Terrain zu begegnen und sich als modern und flexibel darzustellen. Da es mittlerweile sogar Verknüpfungen von den Business- zu den privaten Netzwerken gibt, möchte ich Ihnen die Verbindungen und Möglichkeiten kurz vorstellen.

Twitter

Der Grundgedanke von *Twitter* (ins Deutsche übersetzt »Gezwitscher«) ist, dass sich überall auf der Welt andauernd Menschen zu bestimmten Themen Gedanken machen, die sie hier mit maximal 140 Zeichen mitteilen können. So können Sie als stolzer Besitzer eines Profils auf www.twitter.com alle Beiträge zu einem bestimmten Stichwort in Echtzeit verfolgen, wenn Sie sonst nichts zu tun haben. Sie können auch bestimmten Nutzern als »Follower« die Ehre erweisen, dass Sie alle Tweeds lesen, die sie von sich geben.

 Wieder einmal ist auf Island ein Vulkan ausgebrochen. Die Suche auf Twitter nach dem Stichwort »Vulkanausbruch« führt zu verschiedenen Nachrichtenbeiträgen dazu. Dabei stellt der Tweed oft nur die ersten Wörter eines Artikels dar, der dann verlinkt ist und aufgerufen werden kann. Ist ein Bericht besonders gut, lohnt es sich vielleicht, dem Verfasser zukünftig zu »folgen«. Allerdings sollten Sie im Überschwang nicht zu vielen folgen, sonst erwarten Sie seitenlang neue Meldungen, wenn Sie Twitter nicht mehrmals täglich öffnen wollen.

Viel interessanter für Unternehmer ist jedoch zu erfahren, wer sich über sie geäußert hat. Dazu dient die Darstellung »@Erwähnung«. Wenn sich da jemand besonders erfreulich über Sie geäußert hat, könnten Sie dies mittels der »Retweet«-Funktion an alle Ihre Follower weiterleiten.

Wollen Sie mit bestimmten Kunden – und nur mit denen – kommunizieren, können Sie über Twitter auch Direktnachrichten verschicken, die mit den Buchstaben dm für direct message und dem @-Zeichen vor dem Nutzernamen, also etwa mit »DM @diplomwerkstatt …« beginnen. Das »Hashtag« wird in Form des Zeichens # vor bestimmte Wörter gesetzt, sodass der Beitrag bei einer Suche nach diesen Wörtern gefunden werden kann. Bloggen Sie also, wie zufrieden Sie mit den #Dummies Büchern sind, erscheint Ihr Beitrag, wenn jemand nach »Dummies« sucht.

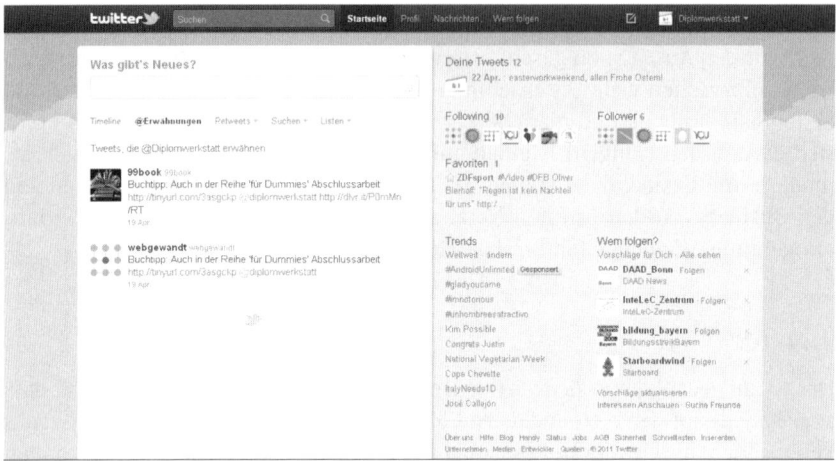

Abbildung 10.9: Startseite Twitter

Als Unternehmen können Sie Twitter nutzen, um

✔ Informationen über sich sowie zu Neuerungen und Angeboten an Ihre Follower weiterzuleiten,

✔ zu beobachten, welches Bild von Ihnen in der Twitter-Community entsteht und durch Beiträge möglicherweise zu verändern,

✔ Ihre Kunden zu geplanten Veränderungen zu befragen und Feedback zu Neuerungen einzusehen oder abzufragen,

✔ Ihre Follower durch besondere Rabatte oder Aktionen, die nur auf Twitter vermittelt werden, zu belohnen.

Um Ihren Kunden mitzuteilen, dass Sie auf Twitter aktiv sind, können verschiedene Methoden wie *Buttons*, auf die der Nutzer klickt, um Ihnen zu folgen, oder *Widgets*, die Twitter-Updates auf Ihrer Website anzeigen, genutzt werden. Twitter stellt Ihnen diese »Goodies« unter `business.twitter.com/optimize/resources` zur Verfügung

Auf Twitter kann auch Werbung in Form von *Promoted Tweets* geschaltet werden, die Preise hierfür sind aber so astronomisch hoch (derzeitiges Minimum sind 15.000 Dollar auf drei Monate verteilt), dass Sie sicherlich die Größe eines Unternehmens haben müssen, das sich eine Werbeagentur leisten kann, um dort aktiv zu werden.

Facebook

Facebook hat in Deutschland den Platz Nummer eins der sozialen Netzwerke von MySpace übernommen. Zu jeder passenden und unpassenden Gelegenheit tauschen sich auf `www.facebook.de` miteinander bekannte Personen oder Freunde über ihre neuesten Errungenschaften, Ideen, Tätigkeiten oder Meinungen aus. Ein Facebook-Profil bietet Gelegenheit, Bilder hochzuladen, zu (eigenen wie fremden) Events einzuladen, den Status anderer zu kommentieren und die Welt darüber zu informieren, was man mag und was man nicht mag. So ist es eine Art virtueller Poesiealbum-Tagebuch-Mix, der den ursprünglichen Charakter des Privaten zum Teil längst verloren hat.

 Facebook lebt davon, Informationen von Nutzern an Werbekunden zu vermitteln. Daher haben die Betreiber großes Interesse daran, dass Sie nicht auf Ihre Datensicherheit achten. Wenn Sie ein Facebook-Profil haben oder anlegen, dann beachten Sie unbedingt die Möglichkeiten, die sich Ihnen unter Konto|Privatsphäreneinstellungen bieten, um nicht gläsern zu sein. Hacken kann ein böser Mensch fast alles, aber Sie müssen Ihre freizügigen Urlaubsbilder ja nicht jedem potenziellen Chef auf dem Silbertablett servieren.

Im Geschäftsbereich bietet Facebook die Möglichkeit, Seiten (statt eines Profils oder als Ergänzung dazu) zu gestalten. Je nachdem, für welche Seitenart Sie sich entscheiden, können Sie unterschiedlich viele Angaben über sich auf der Seite unterbringen. Außerdem ist es möglich, sich als diese Seite im Internet zu bewegen (Konto|Facebook als Seite verwenden) und andere Seiten zu kommentieren.

Sie können Ihre Seite einrichten, wenn Sie Folgendes sind oder anbieten:

✔ ein lokales Unternehmen oder einen Ort

✔ ein Unternehmen, eine Organisation oder Institution

✔ eine Marke oder ein Produkt

✔ ein Künstler, eine Band oder öffentliche Person

✔ eine Gemeinschaft

✔ Unterhaltung

✔ ein Anliegen

Wenn Sie Ihre Seite eingerichtet haben, können Sie diese Kategorie nicht mehr ändern. Abbildung 10.10 gibt einen Überblick über die Facebook-Anwendungen, mit deren Hilfe Sie Ihre Seite nutzen und optimieren können.

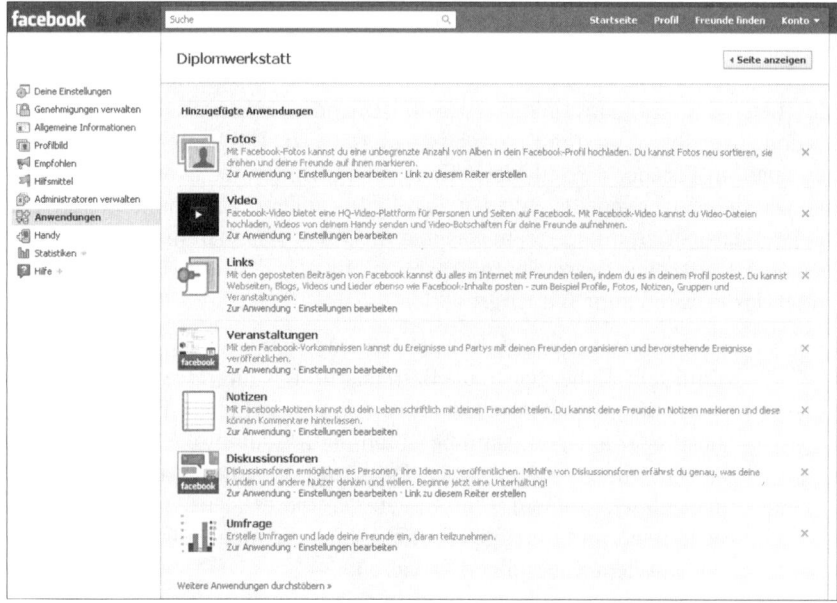

Abbildung 10.10: Anwendungen für Seiten auf Facebook

Die anderen

Soziale Netzwerke gibt es wie Sand am Meer, viele davon sind nur für den Privat-gebrauch geeignet, einige bieten aber wie Facebook oder Twitter die Möglich-keit, auf eigene Dienstleistungen oder Produkte aufmerksam zu machen. Je nach Art des Unternehmens können Sie in etwas spezielleren Netzwerken durch Aktivitäten auf sich aufmerksam machen.

MySpace

MySpace war das Forum der Wahl für alle Künstler, besonders Musiker, die ihre Karriere ohne Plattenvertrag oder große Auftritte starten wollten. So mancher Geheimtipp hat sich hier zum Star gemausert und MySpace stieg auf zum größ-ten Portal mit kreativen, aber auch privaten, konsumierenden Nutzern. Es hatte 2005 für 580 Millionen Dollar den Besitzer gewechselt, als Medienmogul Rupert Murdoch ein Geschäft witterte, wurde umstrukturiert und schließlich nach Ein-brüchen für weit weniger Geld an Specific Media in Kooperation mit Justin Tim-berlake verkauft. Nun gilt es als Start-up neben dem datenschutztechnisch immer fragwürdigeren Facebook und hat hoffentlich wieder eine Chance. Nach wie vor ist es für Musiker ein Muss, die eigenen Songs auf MySpace zu promoten.

StudiVZ und MeinVZ

Was haben 17 Millionen private Nutzer mit Ihnen als Netzwerktreibendem zu tun? Erst einmal gar nichts. Sofern Sie sich nicht für Trends interessieren, in Studenten weder Kunden noch zukünftige Arbeitnehmer sehen und auch Ihre Dienstleistungen nichts mit ihnen zu tun haben. Also doch …?

Unabhängig davon, dass Sie in den VZ-Netzwerken und MySpace Werbung schal-ten können, haben Diskussionen viel größeres Potenzial, um mit bestimmten Gruppen in Kontakt zu treten. Auch Informationen zu verschiedenen Themen lassen sich über Netzwerke verbreiten. Wenn Sie zufriedene Kunden haben, kön-nen Sie sie auch bitten, in den jeweiligen Netzwerken etwas über Sie zu posten.

Lokalisten

Die Mitglieder des Netzwerks *Lokalisten* (www.lokalisten.de) sind Privatleute, die etwas erleben wollen. Daher bietet sich dieses Netzwerk an, um den eigenen Club, die Disco oder einzelne Events zu vermarkten. Um ein Konzert oder andere kulturelle oder sportliche Ereignisse einstellen zu können, brauchen Sie auch bei Lokalisten erst einmal ein Profil. Der Veranstaltungskalender ist aber später auch öffentlich einsehbar und insofern eine ordentliche Werbeplattform.

Viele Freunde bei Lokalisten deutet auch auf einen gut besuchten Club hin, was ein Anreiz sein kann, hier möglichst viele Kontakte zu sammeln.

Google+

Wenn etwas so erfolgreich ist wie Facebook, dann dauert es nicht lange, bis sich Google auch daran versucht. So startete im Juli 2011 die Beta-Version von _Google+_, das sich anschickt, der Marktführer der sozialen Netzwerke zu werden. Man kann getrost davon ausgehen, dass die »Krake« Google unter anderem deshalb auf die Angabe von tatsächlichen Namen und anderen Daten besteht, weil ein umfassendes Werbekonzept in Planung ist, das alle Google-Dienste miteinander vernetzen soll. Wer hätte wohl eine bessere Ausgangslage, um Informationen zu vermarkten, als ein so allgegenwärtiger Anbieter?

Affiliate-Marketing

Im weitesten Sinne Vernetzung können Sie auch über Affiliate-Marketing erreichen. Im Kern geht es dabei darum, Ihre Homepage als Werbeträger zu nutzen; Sie bieten Raum für Anzeigen und wenn einer Ihrer Besucher oder Kunden auf eine solche Anzeige klickt, erhalten Sie eine Provision. Große Anbieter wie Affilinet oder Zanox machen es möglich, dass Anbieter von Kampagnen und Anbieter mit Platz auf der Homepage zusammenfinden – gegen Gebühr versteht sich.

Mit Netzwerken hat das Ganze insofern zu tun, als Sie für Ihre Seite stehen und sich das Affiliate-Marketing zunutze macht, dass a) auf Ihrer Seite eine bestimmte Klientel sozusagen vorsortiert die Anzeigen sieht und b) Ihr Ruf als solider Unternehmer auf das beworbene Produkt abfärben soll. Im Umkehrschluss sollten Sie bedenken, dass auch Unmut über solche Anzeigen auf Sie zurückfällt. Also stellen Sie nur solche Anzeigen auf Ihre Website, deren Produkte Sie auch für vertretbar, wenn nicht sogar empfehlenswert halten. Wie immer beim Netzwerken sollten Sie nur empfehlen, was Sie kennen und tatsächlich für gut befunden haben.

Netzwerken in Jobportalen

Im World Wide Web gibt es noch eine Klasse von Portalen, die beim Netzwerken hilfreich sein kann: die Jobsuchmaschinen. Auf den ersten Blick erscheint das nur für Arbeitslose interessant, allerdings ist es auch für Unternehmen und deren Personalverantwortliche sinnvoll, sich einen Überblick über mögliche Bewerber zu verschaffen. Außerdem ist die Grundfunktion von XING, das eigene Profil, auch immer Element von Jobportalen. Im Lebenslauf werden Erfahrungen und bisherige berufliche Etappen eingetragen, was auch für andere sichtbar ist. Viele Portale bieten auch Foren und Ratgeber an, um die angebotenen Funktionen möglichst gut zu nutzen. Monster, Stepstone und JobScout24 bieten eigene Apps für Mobiltelefone an.

✔ *Monster* (`www.monster.de`) bietet neben den Standardfunktionen zum Lebenslauf und der Jobsuche noch eine Reihe von Karriere-Tools, unter anderem ein Bewerbungsforum und die Monster Community, in dem Sie sich mit anderen Jobsuchenden austauschen können. Außerdem kann über *BeKnown* eine Verbindung zu Facebook hergestellt werden (wie das geht, wird in Kapitel 12 erklärt).

✔ *Stepstone* (`www.stepstone.de`) hat eine umfangreiche Suche gleich auf der Startseite. In deren unterem Bereich finden sich sogenannte *Channels* zu Bereichen wie »Führungskräfte« oder »IT und Telekommunikation«, die jeweils eigene Informationsseiten mit speziellen Newslettern bieten.

✔ *JobScout24* (`www.jobscout24.de`) bietet neben den üblichen Funktionen einen *Blog*, in dem Sie posten und dessen Beiträge Sie als RSS-Feed (mehr dazu in Kapitel 11) abonnieren können.

✔ Auch der *Jobpilot* (`www.jobpilot.de`), der mit Monster zusammenhängt, hat *Foren* unter der Rubrik KARRIERE-JOURNAL im Angebot und *Channels* zu verschiedenen Themenbereichen online.

✔ *Experteer* (`www.experteer.de`) versteht sich als Jobportal für die Gehaltsklasse über 60.000 Euro jährlich und wirbt entsprechend damit, den »diskreten« Zugang zu einem Headhunter-Netzwerk zu gewähren. Das heißt nichts weiter, als dass Anbieter von Jobs und Personalvermittler auf den Seiten (wie in den anderen Portalen auch) nach Ihnen suchen können.

Für Arbeitssuchende ist das Anlegen mindestens eines Profils in Internet-Jobportalen unumgänglich. Wenn Sie spezialisiert sind, sollten Sie neben den genannten Netzwerken noch nach einem Fach-Portal Ausschau halten. So gibt es *Academics* (`www.academics.de`) für Stellen in Wissenschaft und Forschung, `www.ingenieurweb.de` für Ingenieure oder `www.karriere-jura.de` für Anwälte. Auf den meisten dieser Seiten sind zusätzliche Informationen, Newsletter und Foren integriert.

Dabei sein ist alles: Passiv im Netz

In diesem Kapitel

▶ Wie Sie sich an Online-Netzwerke gewöhnen können

▶ Welche Informationen Sie aus dem Verborgenen sammeln können

▶ Wie Sie interessante Menschen aufstöbern

S ie wissen es ja selbst: Es gibt so viele Möglichkeiten, im Internet Zeit und Energie zu lassen, ohne wirklich etwas davon zu haben. Damit Ihnen das nicht passiert, möchte ich Ihnen ein paar Hinweise geben, wie Sie sich mit dem Netzwerken anfreunden und sogar noch ein paar Vorteile daraus ziehen können. Und bei all dem müssen Sie an keiner Stelle in Erscheinung treten oder aktives Netzwerken betreiben.

Betrachten Sie dieses Kapitel als Einstieg in die virtuellen Möglichkeiten. Wenn Sie sich danach entscheiden, dass Ihnen diese Art von Kontaktbörse liegt, dann werden Sie aktiv. Andernfalls springen Sie direkt zu Teil VI dieses Buches.

Ganz für sich: Nur mal gucken

Ich gehe nun einfach einmal davon aus, dass Sie sich anhand der Anleitung in Kapitel 10 ein XING-Profil eingerichtet haben. Daher beschreibe ich am Beispiel dieses Portals die ersten Schritte hin zu Verbindungen mit anderen.

Loggen Sie sich ein und schauen Sie sich um. Vielleicht sind Sie ja neugierig, wer sich noch alles bei XING – oder dem Portal, das Sie stattdessen gewählt haben – herumtreibt. Nutzen Sie die Mitglieder-Suche und probieren Sie sie aus. Dabei gilt:

✔ Verwenden Sie **Anführungszeichen**, wenn Sie nach ganz bestimmten Stichwörtern suchen. Das hilft auch dabei, gewünschte Wortgruppen zu kennzeichnen. Beispielsweise führt die Suche nach den Begriffen Golf Trainer zu knapp 4.000 Suchergebnissen innerhalb der Mitglieder, aber bei "Golf Trainer" kommen nur 25.

✔ Sie können aber auch durch die Eingabe des **Operators OR** verschiedene Synonyme suchen (OR steht für oder). So führt die Eingabe der drei Wörter `Golf Trainer Coach` zu etwa 1.000 Mitgliedern, aber `"Golf Trainer"` OR `"Golf Coach"` bringt Ihnen die 46 Mitglieder, die das eine oder das andere in ihrem Profil ausweisen.

✔ Manchmal ist es hilfreich, bestimmte Begriffe oder Namen von den Ergebnissen auszuschließen. Das funktioniert über die Eingabe eines **Minuszeichens** und des entsprechenden Begriffs. Suchen Sie einen Golf Coach oder Trainer, der aber nichts mit NLP zu tun hat, geben Sie `"Golf Trainer"` OR `"Golf Coach"` `-NLP` ein und erhalten nur noch 41 Ergebnisse.

✔ Um in einem bestimmten Postleitzahlenbereich zu suchen, können Sie den oder die ersten Ziffern der **Postleitzahl** mit einem Sternchen dahinter in die Suche einfügen. So finden Sie mit »`Golf Trainer`« OR »`Golf Coach`« `-NLP 1*` noch 13 Mitglieder, die in Postleitzahlenbereichen mit 1 am Anfang arbeiten.

 Verfeinern Sie Ihre Suche zunehmend, wenn das erste Ergebnis zu umfangreich zum Durchstöbern ist. Wie in dem Beispiel mit dem Golf-Trainer grenzen Sie Ihre Suche am besten immer mehr ein. Wenn Sie bereits mit der detaillierten Suche starten, entgehen Ihnen vielleicht wichtige Ergebnisse oder Sie erhalten zu wenig Auswahl.

Abbildung 11.1: Erweiterte Suche in XING

Die Ergebnisse innerhalb der Mitglieder-Suche können sich auf die Namen, Berufe, Positionen oder Suche- und Biete-Felder der anderen beziehen. Wenn Sie ein wenig stöbern, bekommen Sie bestimmt noch Anregungen, wie Sie Ihr eigenes Profil verbessern können.

Genauso können Sie innerhalb von Gruppen, Events, Jobs oder Unternehmen nach Ergebnissen suchen, um sich ein wenig heimischer in XING zu fühlen. Suchen Sie in Gruppen nach Ihren Haustieren oder Hobbys und schnell werden Sie feststellen, dass Sie auch geschäftlich mit anderen Hundebesitzern oder alpinen Bergsteigern netzwerken können.

In bester Gesellschaft: Gruppen und Foren

In XING wie auch in LinkedIn oder in anderen Online-Netzwerken finden sich Gleichgesinnte zu Gruppen oder Foren zusammen. Häufig ist eine Anmeldung per Klick mit Angabe einer E-Mail-Adresse und eines Passworts möglich. Manchmal wird eine kurze Begründung für Ihr Interesse an dieser speziellen Gruppe gewünscht, bevor Sie aufgenommen werden.

Nachdem Sie beispielsweise bei der Suche nach passenden XING-Gruppen auf die Gruppe »Hundeleben – mit Hunden leben« gestoßen sind und sich mit ein paar netten Worten um Zugang beworben haben, können Sie im Forenbereich mitlesen. Auch wenn Sie sich (noch) nicht beteiligen, finden Sie eine Menge Informationen, einerseits zum Thema und andererseits zu möglichen Kontakten.

Vielleicht haben Sie auf der Profilseite einer Person eine Gruppe gefunden, für die Sie sich auch interessieren, vielleicht sticht Ihnen auch innerhalb einer Gruppe eine Person durch besondere Beiträge ins Auge, die Sie dann später gern kennenlernen möchten. Ihr Rechercheeifer bekommt mit den Gruppen eine ganz neue Spielwiese. Sie können auch innerhalb der Gruppen gezielt suchen, etwa nach Ort und der Eigenschaft »Kontakte von Kontakten«, was Ihnen eine spätere Ansprache erleichtern könnte.

Über den Tellerrand von XING hinweg können Sie sich auch im Internet über allerlei Nützliches informieren. Die Webseiten von anderen Netzwerken und Vereinen, Beratern und Organisationen sind voll von Texten über die jeweils zentralen Themen. Oft sind diese kombiniert mit Blogs oder Foren, in denen Sie nach Herzenslust stöbern können. Wenn Ihnen dort ein Experte auffällt, der kann, was Sie gerade brauchen, können Sie ihn wiederum bei XING orten und mehr über ihn erfahren.

Fach- und Hilfsforen gibt es im Internet in unüberschaubarer Zahl. Egal ob Sie mit Excel nicht zurechtkommen, einen Geschenktipp für den Geburtstag des Chefs suchen oder eine Rechtsauskunft brauchen; Sie können finden, was das Herz begehrt. Dabei müssen Sie nicht immer angemeldetes Mitglied sein, denn in den meisten Foren sind die Beiträge auch über Suchmaschinen wie Google zu finden.

Solche Foren bieten Ihnen auch Raum, sich selbst einzubringen und andere von Ihrer Kompetenz zu überzeugen. Mehr steht in Kapitel 12.

Im Abo: Newsletter und andere Nachrichten

Am Anfang war das Mailing. Da konnte sich der gemeine Internetnutzer in eine Liste eintragen und via E-Mail, einzeln oder als Zusammenfassung, mitlesen, was die anderen zu sagen hatten. Ohne einen Listeneintrag wurde die massenhafte Verteilung von Informationen schnell das Direktmarketinginstrument Nummer eins, weil es billig ist und nahezu unendlich viele Empfänger erreichen kann.

Newsletter

Ähnlich wie im Printbereich sind elektronische Mailings aber in Verruf gekommen, weil sie oft zur Kaltakquise genutzt worden sind: Mehr oder weniger gut zum Unternehmen passende Adressen wurden eingekauft und dann wurde ein Werbeschreiben an den Adressaten geschickt, der nichts davon wusste und folglich auch nicht darum gebeten hat. Viele solcher Nachrichten werden als Spam wahrgenommen und schaden dem Image des Verteilers mehr als ihm zu nutzen. Aus diesem Grund sind viele Organisationen und Netzwerke dazu übergegangen, Newsletter anzubieten, für die man sich ein- und auch wieder austragen kann oder die auf der Website zum Download bereitstehen. Andere Netzwerke bieten Mailinglisten oder Mitteilungen für ihre Mitglieder an.

 Der *Rotary Club* betreibt die Kampagne »End-Polio-Now«, deren Newsletter monatlich unter `www.polioplus.de/endpolionow/ Newsletter/Newsletterarchiv.php` erscheint. Die *Initiative für Beschäftigung* stellt ebenfalls online unter `www.initiative-fuer- beschaeftigung.de` einen Newsletter zur Verfügung. Und sogar die *Feuerwehrfrauen* sind vernetzt und bieten einen Newsletter: `www.netzwerk-feuerwehrfrauen.com`.

Auch bei XING hat es sich eingebürgert, dass große und gut geleitete Gruppen regelmäßig Gruppen-Newsletter veröffentlichen, die an die Mitglieder versendet werden. In denen werden aktuelle Themen angesprochen, auf Veranstaltungen hingewiesen und über sonstige Aktivitäten informiert. Sie werden dann bequem auf der XING-Seite unter NACHRICHTEN angezeigt.

All das können Sie lesen, ohne sich auch nur einmal selbst zu Wort gemeldet zu haben, abgesehen von der Anmeldung für die Gruppe.

RSS-Feed

Haben Sie dieses orange Viereck schon einmal bemerkt, das in den merkwürdigsten Zusammenhängen im Internet zu sehen ist? Das lauert Ihnen geradezu auf, im Browser, in Outlook, bei Google und in fast jedem Blog und auf den meisten Nachrichtenseiten. Was hat es damit auf sich?

RSS steht für *Really Simple Syndication*, was sich mit *wirklich einfache Verbreitung* übersetzen lässt. Der Name ist Programm und so stellen Anbieter Texte über RSS-Kanäle zur Verfügung, die recht ungebremst in der Welt verbreitet werden können. Anders als bei einer E-Mail oder einem Newsletter existiert beim Ersteller keine Liste von Empfängern, sondern der Text wird an einem Ende in einen Kanal hineingestellt und jeder, der mag, kann ihn am anderen Ende anzapfen.

Abbildung 11.2: Beispiel einer RSS-Einbindung in Firefox

Fast jeder Internetbrowser unterstützt inzwischen das Abonnieren von RSS-Channels, indem auf eine Schaltfläche wie in Abbildung 11.2 eingekreist geklickt wird, die sich meistens rechts oder links neben der Adressleiste befindet. Die Beiträge werden dann in den Lesezeichen abgelegt.

Neben den Browsern bietet Google in Form des Google Readers eine Oberfläche für RSS-Abos. Die meisten E-Mail-Programme wie Outlook oder Thunderbird halten eigene Bereiche für RSS-Texte bereit. Wer es ganz getrennt vom restlichen Nachrichtenverkehr haben möchte, installiert einen RSS-Reader, wie beispielsweise Bloglines (`www.bloglines.com`), der im Browser integriert ist, oder ein eigenes Programm wie den FeedReader (`www.netzwelt.de/download/4279-feedreader.html`).

Übersichtseiten, wie beispielsweise RSS-Nachrichten.de, bieten Listen von Blogs und Feeds, aus denen Sie sich Ihre persönlichen Favoriten zusammenstellen können (`www.rss-nachrichten.de/rss-verzeichnis/rss-verzeichnis`). Ebenfalls informativ und umfangreich ist das RSS-Verzeichnis (`www.rss-verzeichnis.de`).

 Viele aktiv netzwerkende Menschen mit Eigeninitiative und vielen Bekannten betreiben neben ihrer Haupttätigkeit einen Blog mit Informationen zum eigenen Thema. Wenn Sie interessante Blogs auftun und abonnieren, haben Sie auch gleich potenzielle Kontakte, über die es sich zu recherchieren lohnen könnte.

Sobald Sie Ihre eigene Liste eingerichtet haben, müssen Sie nicht mehr jeden Blog einzeln anschauen, um sich über Neuigkeiten zu informieren, sondern können die Beiträge zusammengefasst in Ihrem persönlichen Ticker lesen.

 RSS-Reader gibt es auch für Smartphones. Reeder ist eine niedrigpreisige iPhone-App mit besten Kritiken; gratis gibt es die RSS Newswall App mit interessantem Layout auch fürs iPad. Android-Nutzer können sich über FeedR oder den gReader freuen.

Aus dem Vollen schöpfen: Online-Netzwerke aktiv nutzen

12

In diesem Kapitel

▶ Kontakt im Internet anbahnen

▶ Empfehlen und vermitteln

▶ In Gruppen aktiv sein

▶ Den anderen etwas bieten

▶ Der Nutzen eines Intranets

*W*as nützt das schönste Netzwerk, wenn Sie dadurch keine neuen Kontakte bekommen? Nichts! Jedenfalls nichts, was Sie sich vom Netzwerken erhoffen. Sie können Informationen ohne Ende sammeln, wenn Sie sich passiv treiben lassen und überall ein wenig hineinschauen. Das ist ein guter Schritt, aber noch lange nicht die hohe Schule, die Ihnen auch Erfolge bringt.

Besser ist es, aktiv zu werden und sich um andere zu bemühen. Kontaktieren Sie interessante Mitglieder bei XING, suchen Sie aktive Schreiber in Gruppen, teilen Sie anderen Ihre Meinung und Erfahrungen mit und bahnen Sie das an, was Sie sich vom Netzwerken versprechen: gute Beziehungen.

Ich habe den Einstieg wiederum über XING gewählt, weil man hier das umfassendste Angebot an Möglichkeiten findet, um sich im Internet als Bereicherung für andere darzustellen. Vieles von dem, was nun kommt, funktioniert ebenso bei LinkedIn. Was das zweite große Netz über XING hinaus kann und welche Internetregister Sie noch ziehen können, wird gesondert vorgestellt.

Aller Anfang ist XING

Spätestens nachdem Sie Kapitel 10 gelesen haben, verfügen Sie vermutlich über ein XING-Profil. Falls nicht, können Sie nun eines anlegen und danach hier weiterlesen, oder gleich weiterlesen und danach überlegen, ob Sie eins brauchen. Spannend ist es allemal, sich auf XING zu bewegen und zu schauen, wer das noch tut. Noch spannender ist es, diese Leute zu kontaktieren.

Kontakte anbahnen

Über die Suchfunktion (mehr dazu in Kapitel 11) haben Sie vielleicht schon den ein oder anderen Kollegen, Schulfreund oder Vereinskameraden ausfindig gemacht. Nun scheint es nur ein kleiner Schritt zu sein, auf ALS KONTAKT HINZUFÜGEN zu klicken. Dabei sollten Sie aber ein paar Dinge beachten, damit Sie auch erfolgreich mit der Person verbunden werden, die Sie gemeint haben.

1. Wenn Sie sich nicht sicher sind, ob hinter einem Profil auch die gesuchte Person steckt, dann sollten Sie sich diese erst einmal merken. Dazu gibt es eigens die Funktion PERSON MERKEN. Gemerkte Personen werden unter MEIN NETZWERK|MEINE KONTAKTE|GEMERKTE PERSONEN angezeigt.

2. Die gemerkte Person hat auf ihrer Profil-Seite Angaben zum Wohnort, Arbeitgeber oder der Ausbildung, aus der Sie vielleicht erkennen können, ob sie die Gesuchte ist.

3. Über ERWEITERTE SUCHE können Sie nach Beiträgen in Foren suchen, die von der Person verfasst wurden. Auch das liefert Hinweise zur Identifikation.

4. Erst wenn Sie entweder sicher sind, dass Sie diesen Menschen meinen, oder Sie die Gefahr, einen Wildfremden anzuschreiben, nicht scheuen, sollten Sie KONTAKT HINZUFÜGEN wählen.

5. Es öffnet sich ein Fenster, in dem Sie eine persönliche Nachricht hinzufügen, die Datenfreigabe (mehr dazu in Kapitel 10) bearbeiten und Kategorien zuweisen können.

 Halten Sie die Nachricht, mit der Sie den Kontakt hinzufügen, kurz, aber persönlich. Ohne Nachrichten sollten Sie ausschließlich gute Bekannte hinzufügen, die Ihnen das nicht übel nehmen. Bei beruflichen Kontakten, besonders bei bislang Unbekannten, ist es höflich, auf den Anlass der Kontaktaufnahme und Ihr konkretes Interesse hinzuweisen.

6. Prüfen Sie regelmäßig den Stand Ihrer Kontaktanfragen und ziehen Sie solche, die länger nicht beantwortet wurden, zurück. Merken Sie sich diese Personen und schreiben Sie sich eine Notiz dazu, dass sie Ihre Kontaktanfragen nicht angenommen hat. Es ist unnötig und unhöflich, jemanden mehr als eine Anfrage zu schicken, der nicht reagiert.

Kontakte pflegen

XING hält Sie gleich auf der Startseite (beziehungsweise unter MEIN NETZWERK|
ÜBERSICHT) über Neuigkeiten in Ihrem Netzwerk auf dem Laufenden. Dort erhalten Sie Mitteilungen darüber, wer was getan oder verändert hat. Lesen Sie diese
Mitteilungen, denn sie bieten Anknüpfungspunkte für Nachrichten. So mancher
stolze Vater hat schon bei XING in den Status geschrieben, dass sein Kind nun
auf der Welt ist. Obwohl ich selbst Persönliches nicht unbedingt in meinen
XING-Status stelle, reagiere ich auf solche Bekanntgaben und schreibe eine
Glückwunsch-E-Mail. Auch die Information, dass jemand aus meinem Kollegen-
kreis einer bestimmten Gruppe beigetreten ist, macht mich oft neugierig und
ich sehe mir diese Gruppen vielleicht einmal näher an. Und Veranstaltungen von
Geschäftspartnern, wie etwa Einweihungen neuer Geschäftsräume oder Hausmessen, sind ein schöner Anlass, sich auch mal wieder persönlich zu treffen.

 Auf der Kontaktübersicht-Seite rechts unten befindet sich die Rubrik
DIE NÄCHSTEN TERMINE mit den Reitern GEBURTSTAGE und EVENTS. Da XING
Ihnen den Geburtstag Ihres Kontakts nur am jeweiligen Tag per Mail
mitteilt, ist es hilfreich, sich im Vorfeld über anstehende Geburtstage
zu informieren, wenn Sie zum Beispiel eine Postkarte schreiben wollen. Viele Menschen freuen sich in Zeiten der elektronischen Mittei-
lungsfluten über Grüße, die man in die Hand nehmen und irgendwo
aufstellen kann.

Mit einem Exkurs in Kapitel 7 können Sie auffrischen, wie Sie Kontakte systematisieren und welchen wie viel Aufmerksamkeit zukommen sollte. Sollten Sie
sich die Mühe gemacht haben, eine Kontaktverwaltung einzurichten, beinhaltet
das auch die Kontaktpflege in XING und anderen Netzwerken. Innerhalb Ihrer
Kontakte bietet XING dabei hilfreiche Schnellverbindungen an (siehe Abbildung 12.1), die unter MEHR neben den Optionen NACHRICHT SCHREIBEN und EMPFEH-
LEN wählbar sind.

So können Sie sich einen schnellen Überblick über die bisherige Korrespondenz
mit oder die neuesten Aktivitäten der Person verschaffen, die Datenfreigabe bearbeiten und sich ihre vCard, die elektronische Visitenkarte, herunterladen, um sie
in Ihre Datenbank aufzunehmen.

Mit dem mittleren Symbol zwischen NACHRICHT und MEHR können Sie Ihre Kontakte direkt empfehlen. Das kann als Nachricht an Ihr gesamtes Netzwerk oder
als persönliche E-Mail an bis zu zehn Mitglieder gestaltet werden.

Je nachdem, wie Sie Ihr Profil eingerichtet haben, können alle Mitglieder von
XING oder nur Ihre direkten Kontakte sehen, was Sie in Ihrer Status-Zeile über

Abbildung 12.1: Kontaktoptionen in XING

sich mitteilen. Wenn Sie in Ihren Privatsphäre-Einstellungen (mehr dazu in Kapitel 10) ein entsprechendes Häkchen gesetzt haben, werden Ihren Kontakten auf deren Startseite auch Neuigkeiten aus den verschiedenen Bereichen wie etwa eine Statusänderung mitgeteilt.

 In der Such- und Findungsphase bei XING, in der Sie möglicherweise verschiedenen Gruppen beitreten, diese dann doch wieder verlassen, mit Statusmeldungen herumspielen und Ihr Profil täglich ergänzen oder verändern, sollten Sie diese Häkchen nicht setzen. Ansonsten könnte ein Teil Ihrer Kontakte schnell genervt davon sein, jeden Ihrer XING-Schritte auf der eigenen Startseite nachvollziehen zu dürfen. Sobald Sie etwas geübter sind und seltener Veränderungen durchführen, können Sie diesen Weg nutzen, um auf sich aufmerksam zu machen.

Zu einer guten Kontaktpflege gehört eine gewisse Höflichkeit im Umgang mit Anfragen. Ignorieren Sie keine Einladungen, sondern schreiben Sie bei Events, zu denen Sie eingeladen wurden, ob Sie kommen. XING bietet die Möglichkeit, JA, NEIN oder EVENTUELL rückzumelden. Sich gar nicht zu melden, macht die Planung von Events für den Veranstalter schwierig. Auch bei Anfragen von Personen, die Ihnen nicht bekannt sind, sollten Sie zumindest eine kurze Antwort verfassen. Einzige Ausnahme ist, wenn Sie den Eindruck haben, Spam zum Opfer gefallen zu sein, oder Ihnen jemand ungefragt etwas verkaufen will. Da dieses Vorgehen auf XING generell unerwünscht ist, gibt es bei jeder Nachricht die Möglichkeit, sie als Spam oder Missbrauch zu melden. Damit Sie selbst nicht gegen die Regeln verstoßen, sollten Sie sie genau lesen, bevor Sie über XING an Fremde herantreten. In den AGB steht unter »Pflichten des Nutzers« genau beschrieben, was zu unterlassen ist.

Nützliche Gruppenbeiträge verfassen

Die Mitgliedschaft in einer Gruppe bietet neben dem reinen Informationsgehalt die wunderbare Chance, sich durch positive, kompetente und aufgeschlossene Beiträge ins rechte Licht zu setzen. Mindestens machen Sie andere mit interessanten Texten auf Ihre Person neugierig, denn innerhalb der Gruppen haben ja alle ein gemeinsames Interesse. Ich stelle jedes Mal, nachdem ich einen Beitrag in einem Forum gepostet habe, fest, dass sich die Zahl der Besucher auf meiner Seite erhöht. Da bei den Besuchern mit angezeigt wird, woher sie zu mir gekommen sind, sehe ich dann auch den Vermerk »Klick auf Beitrag der Gruppe xyz«.

Natürlich sollten Sie vermeiden, dass einer gucken kommt, weil er denkt »Wer steckt wohl hinter diesem Schwachsinn?« Leider sind auch manche XING-Gruppen von Menschen bevölkert, die anscheinend Langeweile oder negativen Druck abzubauen haben und entsprechend unqualifizierte Kommentare abgeben. Das ist einer der Gründe, wieso Sie sich vor der Kontaktaufnahme mit einer Person in gemeinsamen Gruppen umschauen könnten. Denn wer will schon mit einem unreflektierten Querulanten »verxingt« sein? Da diese Suche auch in die andere Richtung funktioniert und sich alle vom potenziellen Arbeit- oder Auftraggeber über Kunden bis hin zu Kooperationspartnern durchlesen können, was Sie so von sich geben, sollte jeder Ihrer Beiträge so geschrieben sein, dass Sie noch lange später dazu stehen können. Wie gesagt: Das Internet vergisst nichts.

Lesen Sie die neuesten Forenbeiträge, die unter GRUPPEN|ÜBERSICHT gezeigt werden, regelmäßig durch. Wenn Sie meinen, dass Sie zu einem davon etwas Nützliches beizutragen haben, zögern Sie nicht und tun Sie es. Ein paar Tage später kann es schon alles einmal durchgekaut sein, sodass Sie nichts mehr Neues hinzufügen können. Dabei sollten Sie Folgendes beachten:

✔ Lesen Sie das Ausgangsposting durch, damit Sie wissen, was die ursprüngliche Frage oder Aussage war, und beziehen Sie sich darauf.

✔ Überfliegen Sie mindestens die folgenden Beiträge, damit Sie nichts schreiben, was da bereits steht. Das wirkt nachlässig und wichtigtuerisch.

✔ Schreiben Sie keine negativen Antworten auf die Vorschläge anderer, auch wenn Sie sie noch so blöd finden. Nur wenn etwas inhaltlich falsch erscheint, können Sie Ihre abweichende Sicht der Dinge schildern.

✔ Bleiben Sie sachlich, aber auch freundlich. Eine Gruppe ist kein Nachrichtendienst, sondern eine Ansammlung von Menschen. Alle Beteiligten haben Gefühle und das Recht auf ihre eigene Meinung, die Sie respektieren sollten.

Gruppenmoderatoren oder Veranstalter können XING nutzen, um Informationen via Newsletter oder Einladungen an andere zu verteilen. Wer diese Informationen nicht erhalten will, kann sie unter GRUPPEN|MEINE GRUPPEN abbestellen.

Anknüpfungspunkte zum realen Leben

Sich über XING kennenzulernen, ist oft eine schöne Ausgangsbasis für einen persönlichen Kontakt. So trifft man Menschen aus der Gruppe »Hundeerziehung« vielleicht zufällig oder auch verabredet in der heimischen Hundeschule wieder. Mit anderen entsteht eine angenehme Online-Diskussion, sodass ein Treffen zum Kaffee oder Mittagessen ausgemacht wird. Und wieder andere können Sie auf interessante Kongresse oder Messen hinweisen, zu denen Sie sich dann verabreden können.

 Denken Sie daran, dass XING nicht unbedingt Selbstzweck ist und die Mitgliedschaft nicht nur der Online-Präsenz dient. Das ist nur die eine Seite – in einem weiteren Schritt sollten Sie Ihre Kontakte persönlich kennenlernen, um Vertrauen aufzubauen und aus der Anonymität des Internets ins wirkliche Leben zu treten.

Eine wunderbare Funktion von XING ist die Möglichkeit, Events zu veranstalten. Das ist die eigentliche Schnittstelle zwischen dem Online- und dem Offline-Netzwerken via XING. Unter EVENTS|EVENT ORGANISIEREN werden Sie zunächst vor die Wahl gestellt, ob Sie eine Veranstaltung mit oder ohne Tickets ins Leben rufen möchten. Stellen Sie sich ein Konzert ohne oder eine Grillparty im Park mit Eintrittskarten vor, dann haben Sie eine Vorstellung davon, was wofür geeignet ist.

Für Tickets sprechen folgende Gründe:

✔ Sie wollen verschiedene Preiskategorien anbieten.

✔ Es gibt eine beschränkte Kapazität.

✔ Sie wollen aus Werbegründen Freitickets oder Gutscheine vergeben.

✔ Sie interessieren sich für statistische Auswertungen Ihrer Besucher.

Dabei sollten Sie für Ihre Kalkulation im Hinterkopf haben, dass kostenpflichtige Karten auch bei XING Gebühren verursachen. Zurzeit sind das 99 Cent pro Ticket plus 5,9 Prozent des Ticketpreises zuzüglich Umsatzsteuer. Veranstaltungen ohne Tickets oder mit kostenfreiem Eintritt zu organisieren, ist über XING auch nicht mit Gebühren verbunden. Bei der Erstellung des Events haben Sie verschiedene Auswahlmöglichkeiten, zum Beispiel wenn es darum geht, wer das Event wie finden kann und wer die Gästeliste einsehen darf (mehr dazu lesen Sie in Kapitel 16).

Ich bin ein Experte – und Sie?

Die hohe Kunst der Äußerung im Internet zu konkreten Fragen ist, so kompetent und überzeugend zu wirken, dass Sie als Experte für etwas angesehen werden. Die ersten, die diese Art der Eigenwerbung ausgebaut haben, waren die Anwälte, denen Werbung aus berufsethischen Gründen sonst weitgehend untersagt war. Da Anwälte aber auch nicht kostenlos beraten dürfen, haben sich eine Reihe von Rechtsauskunftsportalen etabliert, in denen Fragen gestellt und gegen auch kleinere Gebote von Experten beantwortet werden. Unter klangvollen Namen wie `www.frag-einen-anwalt.de` (diese Unterseite gehört zum Forum `www.123recht.net`) können Sie sich als Anwalt registrieren und sowohl konkrete Anfragen beantworten als auch Fachtexte publizieren, um sich als Experte auszuweisen. Die verschiedenen Portale haben unterschiedliche Bezahlstrukturen, informieren Sie sich gut im Vorfeld, vergleichen Sie die Gebühren und denken Sie nach, ob Kunden bestimmte Hotlinepreise tatsächlich zahlen werden, wenn es günstigere Alternativen gibt.

Die Website *JustAnswer* (`www.justanswer.de`) verfolgt das gleiche Prinzip, umfasst jedoch mehr Themenbereiche. Auch hier bieten Nutzer bestimmte Geldbeträge, mit denen sie die Antwort zu ihrer Frage beim Experten vergüten möchten. Wenn der Nutzer Ihre Antwort als hilfreich empfindet und akzeptiert, gibt er den gebotenen Betrag frei und Sie bekommen 50 Prozent davon auf Ihrem Expertenkonto gutgeschrieben. Im Gegensatz zu den meisten Rechtsportalen sind die Antworten jedoch nicht öffentlich einsehbar und somit nicht geeignet, allgemein auf sich aufmerksam zu machen. Dennoch ist es ein Netzwerk, das Potenzial bietet, direkt mit Kunden in Kontakt zu treten, die möglicherweise Folgeaufträge auch »in echt« zu vergeben haben.

Internetportale wie *Wer weiß was?* (`www.wer-weiss-was.de`) oder *Gute Frage* (`www.gutefrage.net`) sind kostenlos und jeder kann sich als Experte eintragen lassen. Um zu verhindern, dass allzu viel Falsches in der Welt verbreitet wird, gibt es ein Bewertungssystem für hilfreiche Antworten. Über viele hilfreiche Antworten können Sie sich Punkte verdienen, die Sie zum sogenannten Topnutzer machen. Auch hier gilt wie immer in Netzwerken: Zeigen Sie Kompetenz und beantworten Sie Fragen, sodass man Ihre Fähigkeiten erkennen kann, aber leisten Sie nicht kostenlos »ganze Arbeit«. Wer einen umfangreichen Auftrag zu vergeben hat, soll Sie buchen, nicht ausnutzen.

Ähnlich den Portalen funktionieren XING-Gruppen als Forum, um Hilfesuchende auf die eigenen professionellen Vorzüge aufmerksam zu machen. Manchmal allerdings finden sich bestimmte Dienstleister in einer Gruppe zusammen, die nur aus ihnen besteht und keine Nachfrager vertreten sind.

Außerdem gibt es die Chance, »Goldmind – das XING-Expertenpanel« als Applikation zu verwenden, um als Experte aufzufallen oder Experten zu befragen (weiterführende Informationen finden Sie in Kapitel 10). LinkedIn hat diese Funktion schon lange als kostenlose Option im Programm; auf XING ist es erst im März 2011 gestartet und bislang ist nicht abzusehen, ob es trotz der dort fälligen Gebühren ein Erfolg wird.

Andere Möglichkeiten, sich zu profilieren

Kontakte zu erreichen bedeutet, dass Sie erst einmal in Vorleistung treten und etwas von sich preisgeben müssen. Durch Ihren Rat als Experte können Sie dies tun, allerdings müssen Sie dabei warten, bis jemand eine Frage stellt, die Sie beantworten können. Im Internet bieten sich aber noch weitere Möglichkeiten, zum Beispiel wenn Sie Ihren vorhandenen und hoffentlich zufriedenen Kundenstamm zu ein wenig Mithilfe auffordern. Das kann sich dann auch zu einer gegenseitigen Unterstützung entwickeln. Netzwerken ist oft einfach ein gegenseitiges Bewerten und Empfehlen. Auf der Suche nach Arbeit können Sie zusätzlich Jobportale nutzen, um aktiv auf sich aufmerksam zu machen. Wenn Sie eine Anstellung haben, bietet das Intranet Möglichkeiten, sich zu präsentieren.

Bewertungs- und Empfehlungsportale

In Expertenportalen können Sie sich aktiv zu den eigenen Fähigkeiten bekennen und andere davon profitieren lassen. Ähnlich wie Empfehlungsnetzwerke in der wirklichen Welt (mehr dazu in Kapitel 13) existieren Internetseiten, die nur dazu dienen, die Meinungen der Gäste oder Kunden zu einer Einrichtung oder Dienstleistung öffentlich zu machen. Am bekanntesten ist in Deutschland *Qype* (www.qype.com), das in vielen Städten zu Kategorien wie Essen&Trinken, Shopping oder Dienstleistungen Anbieter und die dazugehörenden Bewertungen listet. Ob Arzt, Anwalt oder Kneipenbesitzer, alle können sich hier eintragen und hoffen, positive Beiträge zu erhalten. Vor allem sollten Sie ab und zu schauen, was so über Sie geschrieben wird, und darauf reagieren.

Stiften Sie zufriedene Kunden dazu an, Sie zu empfehlen. Bitten Sie sie, beispielsweise bei Qype einen (positiven) Eintrag zu verfassen. Reagieren Sie auf Kritik mit einer sachlichen Darstellung Ihrer Sichtweise.

Neben Qype sind auch *Yelp* (www.yelp.de) als US-Import und Googles Dienst »Places«, der mit Google Maps verbunden ist, Portale, bei denen Bewertungen abgegeben werden können.

Mit dem klassischen Satz »KennstDuEinen?« (www.kennstdueinen.de) können Sie als Profi regional gelistet und empfohlen werden. Dabei können Sie mit der Unterstützung des Portals direkt Kundenmeinungen einholen. Im Bereich von Geschäftsleuten untereinander (B2B; Business-to-Business) steht *Benchpark* (www.benchpark.com) mit einem recht professionellen Angebot zur Verfügung.

Jobportale zum Netzwerken nutzen

In Kapitel 10 sind sie alle aufgeführt: Internetportale, mithilfe derer Sie sich auf Jobsuche begeben können, die also zum Vernetzen von Unternehmen und Arbeitskräften dienen. Einen Schritt weiter geht *Monster.de* mit dem Dienst »Be known« (www.beknown.com), der als Facebook-Applikation eine direkte Verbindung sowohl der Facebook- als auch anderer Profile etwa bei LinkedIn oder Twitter mit der Jobsuche schafft. Be known leitet Sie durch verschiedene Schritte der Profilvervollständigung und vergibt sogenannte Badges, also Abzeichen, für treues und aktives Mitmachen. Dass das nur etwas für diejenigen ist, die Facebook ohnehin nicht rein privat nutzen, versteht sich von selbst.

Andere Jobportale bieten Arbeitssuchenden die Chance, einen Lebenslauf zu hinterlegen und auch für Unternehmen auffindbar zu sein. Beim *Jobscout* (www.jobscout24.de) läuft das unter dem Stichwort »Finden lassen«. Viele Headhunter gehen übrigens verstärkt in sozialen Netzwerken auf die Suche nach passenden Arbeitnehmern. Aber auch *Experteer* (www.experteer.de) wirbt explizit damit, den Zugang zum Headhunter-Netzwerk zu ermöglichen. Als Unternehmer können Sie Ihr Image nicht nur Jobsuchenden gegenüber aufpolieren, indem Sie entsprechende Angaben auf Ihrer Firmenprofilseite machen.

Die Portale, die Blogs oder Foren anbieten, können Sie dazu nutzen, sich aktiv einzubringen und von Ihren Erfahrungen und Kenntnissen zu berichten. Aber Vorsicht: Da eventuelle zukünftige Arbeitgeber sich auch hier umsehen, sollten Sie abfällige Kommentare über Ihre vergangenen Anstellungen für sich behalten.

Warum in die Ferne schweifen: Das Intranet nutzen

Für Angestellte ist die nächstliegende Möglichkeit, sich virtuell einzubringen und zu profilieren, oft die Nutzung des firmeninternen Intranets. Große Unternehmen bieten hier nicht nur Informationen, sondern oft über ein Wissensmanagement die Möglichkeit, sich mit eigenen Beiträgen ins rechte Licht zu rücken oder andere Mitarbeiter über interne Vorgänge zu informieren.

Viele Jobs werden intern ausgeschrieben und im Intranet veröffentlicht. Sollten Sie sich beruflich neu orientieren wollen, ist dies eine gute Anlaufstelle. Auch wenn Sie auf ein bestimmtes Unternehmen aus sind, kann Ihnen das Intranet helfen. Finden Sie einen Kontakt bei XING, Facebook oder LinkedIn, der in dem gewünschten Unternehmen arbeitet, und bitten Sie ihn, im Intranet für Sie nach Stellenanzeigen zu suchen. Sollte sich eine Chance bieten, kann Ihre Initiativbewerbung vielleicht gerade zur rechten Zeit beim Personalverantwortlichen eintrudeln.

Teil V

Netzwerken live und in Farbe

The 5th Wave

By Rich Tennant

Herr Maier-Wohlbarth, Sie müssen mit Ihren Kollegen auch REDEN ...

In diesem Teil ...

Jetzt geht's raus aus dem Versteck hinter dem Computerbildschirm und hinein in die wirkliche Welt. Auch wenn Sie natürlich erfolgreich netzwerken können, ohne jemals irgendwo persönlich in Erscheinung getreten zu sein, ist der Spaß an der Sache doch, Menschen kennenzulernen. Und das geht nun mal am besten, wenn man ihnen gegenübersteht oder -sitzt.

Dieser Teil soll Ihnen die Scheu vor dem persönlichen Kontakt nehmen. Sobald Sie wissen, was Sie wie zu erwarten haben und wie Sie sich dabei noch angemessen benehmen, kann Ihnen doch gar nichts mehr passieren. Der Widerstand, der sich bei vielen Menschen regt, wenn es darum geht, Unbekannten auf Veranstaltungen zu begegnen, ist völlig unbegründet. Wechseln Sie die Perspektive und freuen Sie sich darauf, neue spannende Geschichten zu hören und die ein oder andere beizutragen. Das Netz entsteht dann fast von ganz allein.

Verstecken gilt nicht: Der Sprung in die wirkliche Welt **13**

In diesem Kapitel

▷ In welcher Form Sie in der wahren Welt in Erscheinung treten können

▷ Wie Sie aus virtuellen Kontakten reale Beziehungen machen

▷ Warum persönliche Kontakte die Königsklasse im Netzwerken sind

▷ Was Sie haben, können und wissen müssen, um zu bestehen

*I*ch sehe schon den einen oder anderen Leser an den Fingernägeln kauen und sich fragen, wieso in aller Welt er sich dieses Buch gekauft hat. Die wirkliche Welt? Sich zeigen? Ohne den Schutz des virtuellen Raums? Das erscheint vielen erschreckend und beängstigend. Je verbreiteter es wird, einen Freundeskreis zu haben, in dem Freundschaften innerhalb verschiedener Online-Netzwerke geknüpft und gepflegt werden, desto exklusiver und ungewöhnlicher erscheint die Idee, man könnte sich tatsächlich treffen.

Da aber entgeht denjenigen, die so denken, vieles! In der wirklichen Welt spielt sich das Leben ab. Menschen sind soziale Wesen und Gruppentierchen, zwar auch Individualisten und mitunter Selbstdarsteller, aber doch seit Jahrtausenden darauf geprägt, in Gemeinschaften zu entscheiden und zu handeln. Mit all dem, was Sie bereits über Kommunikation und Netzwerke wissen, kann Ihnen gar nichts mehr passieren. Damit Sie den Sprung in die wirkliche Welt gut vorbereiten und unbeschadet überstehen, gibt Ihnen dieses Kapitel erste Schritte an die Hand, wie Sie aus dem Internet heraustreten und zu einem real existierenden Mitglied eines Netzwerks werden können.

Sollten Sie zu denen gehören, die sich völlig problemlos in neue Situationen und Gesellschaft begeben, gratuliere ich Ihnen: Sie haben eine große Hürde erst gar nicht in Ihrem Leben. Aber auch für Sie lohnt es sich, die folgenden Seiten zu lesen, denn auch wer ein großes Selbstbewusstsein hat, sollte ab und zu mal auf die Grenzen der anderen achten. Ab und zu auch mal zuzuhören und zu schauen, wie es den anderen geht, lässt Sie nur noch souveräner erscheinen.

Was die wahre Welt ausmacht

Ein Sprichwort sagt: »Es gibt keine zweite Chance für einen ersten Eindruck«, und um den Eindruck, der bei anderen entsteht, geht es bei Begegnungen und dem Aufbau von Beziehungen. Virtuell ist es sehr einfach, das eigene Profil der Wunschvorstellung von sich anzupassen und ein bisschen zu schummeln, was Erfahrung und Kompetenzen betrifft.

Sich zu zeigen wie man ist, ist für viele Menschen eine Überwindung. Da in unserer Gesellschaft Marketing allgegenwärtig ist, betreibt jeder Einzelne Selbstmarketing und wäre gern ein bisschen perfekter und mehr wie in den Anzeigen und Werbespots. Die wirklich gute Nachricht ist, dass auch die Werbewelt nicht die wahre Welt ist.

 In der Wirklichkeit tun die Leute sich in Netzwerken zusammen, die sich gegenseitig kennenlernen möchten. Authentizität, Ehrlichkeit und Hilfsbereitschaft sind dabei relevant, nicht der Bauchumfang und auch nicht die namhafte Referenzenliste. Wenn Sie sich in einem Netzwerk wiederfinden, in dem Sie sich unwohl und nicht gut aufgehoben fühlen, suchen Sie sich ein neues.

Zeigen Sie Präsenz

Wenn Sie einem Netzwerk beitreten, einer Gruppe, einem Forum, online wie offline, dann verkriechen Sie sich nicht. In Kapitel 11 können Sie zwar lesen, wie Sie erste Schritte im Umgang mit Netzwerken im Internet auf Distanz unternehmen können, aber solche Handlungen werden immer rein informativ bleiben.

In Netzwerken, besonders solchen, in denen Sie physisch anwesend sind, sollen Sie auch bemerkt werden. Selbstverständlich sollte das kultiviert zugehen (mehr dazu in Kapitel 14), aber wichtig ist, dass andere sich an Sie erinnern können.

 Unterscheiden Sie bitte zwischen präsent sein und sich in den Mittelpunkt drängen. In Kapitel 14 finden Sie ausführliche Tipps zu Umgangsformen, daher folgt hier nur eine kurze Warnung: Jeder Teilnehmer bei einem Treffen hat seinen Raum und verdient Ihren Respekt, also verhalten Sie sich höflich und nehmen Sie nicht den Raum ein, den andere schon besetzen.

So gibt es eine Reihe von Verhaltensweisen, die Ihnen helfen, bei anderen in positiver (!) Erinnerung zu bleiben.

✔ Stellen Sie sich den Anwesenden vor.

Beim Vorstellen gilt es, eine Pause im Gespräch abzupassen oder auf allein stehende Anwesende zuzugehen. Selbstverständlich sollen Sie nicht in eine Runde platzen, das Gespräch unterbrechen und Ihre Vorzüge in die Welt tröten. Aber stellen Sie sich auch nicht still und leise zu einer Gruppe hinzu, ohne im Laufe des Gesprächs mitzuteilen, wer Sie sind.

✔ Steuern Sie Beiträge zu Diskussionen bei.

Sorgen Sie dafür, dass die anderen etwas von Ihrem Beitrag haben. Eine »Me-too-Geschichte«, in der Sie erzählen, dass Ihnen dies oder jenes auch schon passiert ist, hat meist nur Unterhaltungswert – wenn überhaupt. Ihre Beiträge sollen dazu führen, dass Sie von anderen als sympathisch und kompetent wahrgenommen werden.

✔ Übernehmen Sie Aufgaben oder sogar Ämter innerhalb einer Gruppe.

An der Stelle zu sein, an der die Fäden zusammenlaufen, bietet so viele Chancen wie Risiken. Einerseits ist eine hervorgehobene Stellung etwa im Beirat oder Vorstand einer Gruppe ideal, um allen Mitgliedern bekannt zu sein. Um aber einen positiven Eindruck zu machen, müssen Sie auf einer solchen Position Zeit und Arbeit investieren. Überlegen Sie gut, ob Sie das wollen und – zumeist ehrenamtlich – Leistungen bringen möchten. Wenn Sie Ihre Sache gut machen, steigen Sie in Ihrer Netzwerkkarriere einige Stufen nach oben.

✔ Geben Sie fundierte Empfehlungen ab.

Nichts ist schlimmer als sich im Nachhinein für eine Empfehlung rechtfertigen oder gar schämen zu müssen. Deshalb empfehlen Sie unbedingt nur solche Menschen, von deren Fähigkeiten Sie überzeugt sind. Ein Steuerberater, mit dem Sie selbst nur mittelmäßig zufrieden sind, oder eine Werkstatt, die fast immer fast alles gefunden hat, was an Ihrem Auto kaputt war, sind keine geeigneten Empfehlungskandidaten. Wenn Sie aber mit der gründlichsten Putzfrau der Welt, die schnell und zuverlässig ist, aufwarten können, dann immer heraus damit (und bitte rufen Sie mich an).

✔ Teilen Sie Ihr Fachwissen mit anderen.

Ihr Fachwissen ist vermutlich das, womit Sie – besonders als Selbstständiger – Ihr Geld verdienen. Deshalb ist mein Rat auch nicht, es wahllos in der Welt zu verbreiten, sodass keiner mehr kommen muss, um Sie zu engagieren. Aber das andere Extrem, nämlich in einer Gruppe zu sitzen und zu sagen: »Ich kenne die Lösung zu Ihrem Problem, machen Sie doch bitte mit meiner Sekretärin einen Termin«, ist oft einfach übertrieben. Genauso wie Sie in Internetforen für sich werben können, indem Sie einfach Anfragen ohne Gegenleistung beantworten (das können Sie in Kapitel 12 nachlesen), macht es einen guten Eindruck, wenn Sie sich zu Fachfragen bereitwillig äußern.

Interaktionen in der wirklichen Welt

Die Welt da draußen besteht nicht nur aus Netzwerktreffen. Kapitel 16 befasst sich ausgiebig damit, wohin Sie gehen können, um zu netzwerken, wenn Sie sich nicht zu einem Mittagessen verabreden wollen. Allen Aktivitäten gemeinsam ist aber, dass Sie es nun mit anderen Menschen statt virtuellen Kontakten zu tun haben, mit denen Sie aus einer Begegnung heraus eine Beziehung aufbauen wollen. Dabei gibt es einiges zu beachten.

Beziehungen angemessen aufbauen

Wenn Menschen aufeinander zugehen, dann bestimmt Studien zu Folge der Inhalt des Gesagten nur zu unter 10 Prozent den Eindruck, den der andere bekommt; etwa 40 Prozent macht die Sprachmelodie beziehungsweise der Dialekt aus und gut die Hälfte entsteht durch Körpersprache und Ihr Auftreten. Das sind die Bestandteile des sogenannten ersten Eindrucks – für den es bekanntlich keine zweite Chance gibt. Ein unangemessenes Auftreten, sei es zu zurückhaltend oder zu forsch, macht also möglicherweise jeden klugen Satz zunichte, den Sie sich zurechtgelegt haben.

Um herauszufinden, was angemessen ist, sollten Sie sich über die hierarchischen Verhältnisse im Klaren sein. Sollten Sie auf einer Veranstaltung sein, bei der alle Anwesenden einander unbekannt sind und in Augenhöhe miteinander Kontakte knüpfen, dann können Sie auch auf jeden zugehen und ihn ansprechen. Wenn Sie aber vor einem Vorgesetzten, Konzernchef (ohne selbst einer zu sein) oder Kollegen stehen, sollte der Ranghöhere den anderen begrüßen und Bekannte sollten vor Unbekannten angesprochen werden. Die Feinheiten bei solchen Geschäftsritualen sind in Kapitel 14 beschrieben.

Sie haben einen Kontakt hergestellt, doch was nun? Small Talk (Kapitel 4) ist eine wichtige Brücke, um Vertrauen herzustellen und herauszufinden, ob gemeinsame Interessen bestehen. Da das Ganze aber nicht auf eine Heirat hinauslaufen soll, sondern auf eine Geschäftsbeziehung, sollten Sie sich nach der ersten Small-Talk-Phase, meist erst im zweiten Gespräch mit einer bestimm-

Eine kleine Anekdote

Als ich am Anfang meiner Netzwerkaktivitäten stand, hatte ich ein typisches Problem – ich dachte, alle anderen könnten und wüssten viel mehr als ich. Ich habe mit der Vorstellung, zu einem Netzwerktreffen zu gehen, verbunden, dass sich da alle kennen, alle schon wissen, worum es geht, alle irgendwelche mir unbekannten Spielregeln beherrschen und nur ich neu hinzukomme, frisch und direkt aus dem Mustopf.

Umso überraschender war es für mich, als mich bei meiner ersten Veranstaltung am späteren Abend eine Frau ansprach, um mir zu sagen, dass Sie ganz beeindruckt von meiner Art der Gesprächsführung war. Wir hatten uns in verschiedenen Gesprächsrunden über den Nachmittag und Abend verteilt immer wieder unterhalten und am Ende kam dieses wunderbare Kompliment zusammen mit der Vermutung, ich würde Netzwerken bestimmt professionell betreiben.

Was war geschehen? Am Anfang des Treffens hatte ich an einem Fenster gestanden, allein, mit dem Rücken zu den eintreffenden Menschen. Ich wusste, dass ich gerade kommunikativ alles falsch machte und entschied mich, die Neuankömmlinge zu beobachten, mit dem festen Vorsatz zu lächeln, wenn mich einer ansah. Diese kleine Veränderung führte dazu, dass all die Damen (es war eine reine Frauenveranstaltung), die eintrafen, mich als freundlich und präsent wahrnahmen. Viele kamen direkt vom Registrierungstisch zu mir, um ein Gespräch zu beginnen. Strategisch günstig, wenn auch unabsichtlich, stand ich neben der Getränkebar. Jede Einzelne war froh über eine Anlaufstelle, jede hatte zuvor die gleichen Überlegungen wie ich angestellt und nur wenige kannten sich untereinander. Meine »Flucht nach vorn«, einzig mit einem Lächeln und ein paar freundlichen Worten, führte dazu, dass ich viele neue und interessante Kontakte knüpfen konnte.

ten Person, langsam in diese Richtung bewegen. Dabei gibt es wieder einiges zu beachten, um pannenfrei das Ziel zu erreichen:

✔ Mutieren Sie nicht zum Verkäufer. Sie werden jeden Gesprächspartner irritieren, wenn Sie aus dem freundlichen Gespräch über die Kinder direkt dazu übergehen, ihm Ihr Angebot schmackhaft zu machen.

✔ Finden Sie Anknüpfungspunkte in den Erzählungen Ihrer Gegenüber, zum Beispiel um Nützliches zu ihrem Arbeitsalltag beizutragen. So kann eine Empfehlung eines guten Babysitters hilfreich sein, wenn der andere erzählt, dass ein gemeinsames Geschäftsessen mit Gattin wegen des Nachwuchses nicht so einfach möglich ist.

✔ Erzählen Sie positiv über Ihren Beruf und Ihre Kunden und unterhalten Sie mit schönen Anekdoten. Sollte auf der Gegenseite Interesse an Ihren Diensten oder Ihrem Produkt entstehen, dann machen Sie ein neues Treffen aus, um das zu besprechen.

✔ Kommt es zu einem verabredeten Treffen zu zweit, steigen Sie selbstverständlich wieder mit Small Talk ein. Mehr dazu steht in Kapitel 15.

 Im ersten Gespräch sollten Sie auf gar keinen Fall auf der Suche nach Kunden erscheinen. Ob ein Gesprächspartner sich für Ihr Angebot interessiert, liegt an ihm. Geben Sie ihm Gelegenheit, Sie kennen und mögen zu lernen, um später leichter geschäftlichen Kontakt zu pflegen, aber fallen Sie nicht mit der Tür ins Haus, sofern Sie sich nicht auf einer ausgewiesenen Verkaufsveranstaltung befinden.

Um aus einem Kontakt eine Beziehung zu machen, können Sie allerlei beitragen, anstatt (wie es leider zu oft geschieht) abzuwarten und Zeit verstreichen zu lassen, sodass es am Ende schwierig ist, Anknüpfungspunkte zu finden. Ein Tipp für einen guten Babysitter kann auch noch ein paar Wochen nach dem zugehörigen Gespräch erfolgen, nützt einige Jahre später aber nicht mehr viel. Sie hätten eine Chance vergeben, sich in positivem Zusammenhang abspeichern zu lassen. Achten Sie darauf, dass das nicht geschieht, indem Sie an diese Punkte denken:

✔ Reagieren Sie freundlich und aufgeschlossen auf Gespräche und Anfragen. Kein Mensch wird Sie zu einem interessanten Projekt einladen, wenn Sie bei früheren Gelegenheiten mit den Augen gerollt und »Bloß nicht!« gesagt haben.

✔ Erfüllen Sie Bitten, soweit es Ihnen keine großen Umstände bereitet. Da Sie in Netzwerken auch fragen, wenn Sie Hilfe benötigen, ist es selbstverständlich, dass Sie helfen, wenn Sie können. Ein Netzwerk ist wie eine kleine Familie, in der der Tauschhandel von Fähigkeiten gut funktioniert.

✔ Treten Sie auch mal in Vorleistung. Natürlich sollen Sie nicht demjenigen, der neulich noch erzählt hat, er bräuchte einen neuen Webauftritt, kostenlos eine ganze Homepage gestalten. Aber Sie könnten ihn zeitnah anrufen und mit einem Satz wie »Ich habe mir nach unserem Gespräch neulich ein paar Gedanken zu Ihrem Problem gemacht und bin auf folgende Lösungsansätze gekommen« deutlich machen, dass Sie bereits Zeit und Gedanken investiert haben.

Was immer Sie tun, tun Sie es nur, wenn Sie Kapazitäten dafür frei haben und Spaß daran haben. Einen gezwungen wirkenden Gefallen mag niemand gern annehmen.

Von kleinen Fingern und der ganzen Hand

Als höflicher Mensch neigen Sie möglicherweise auch dazu, in Gesprächen schon so einiges von Ihrem Wissen preiszugeben. Das ist nobel, bringt Sie aber unter Umständen in die Verlegenheit, dass keiner mehr Ihre Dienste bezahlen will, wenn Sie sie so leichtfertig kostenlos anbringen.

Noch eine Stufe weiter geht die Selbstaufopferung, wenn Sie an jemanden geraten, der explizit darauf aus ist, sich in Netzwerken mit Informationen zu versorgen, für die er eigentlich bezahlen sollte. Leider bleibt es nicht aus, dass sich Schmarotzer dort herumtreiben, wo viel Wissen versammelt ist.

 Die Aussage, dass Netzwerken ein Geben und Nehmen ist, stimmt oft nur bedingt. Sie können in eine Richtung geben und aus einer anderen nehmen. Hüten Sie sich aber vor solchen Netzwerkteilnehmern, die nur von allen Seiten einsammeln. Diese Menschen sind oft nur eine sehr begrenzte Zeit in einem Netz und wandern dann weiter – oft mit einer Hinterlassenschaft von ehrlichen Leuten, die sich übervorteilt vorkommen.

Es ist ein schmaler Grat zwischen zu viel und zu wenig geben, doch hier den Mittelweg zu finden ist Übungssache. Lassen Sie sich von Ihrem Bauchgefühl leiten und sagen Sie nichts mehr zu, wenn Sie sich ohnehin allzu sehr in Vorleistung sehen. Gegen einen Vertrauensvorschuss und ein Engagement ohne direkten Lohn ist nichts einzuwenden, im Gegenteil: Davon lebt das Netzwerken. Aber das ist nur so lange eine Win-win-Situation, wie sich alle Beteiligten damit wohlfühlen. Ziehen Sie sich höflich zurück, wenn Sie den Eindruck gewinnen, Sie werden ausgenutzt.

Wie mit Annäherungen umgehen?

Stellen Sie sich die folgende Situation vor: Sie sind recht neu in einem Netzwerk und noch begierig darauf, sich zu beweisen und anderen zu zeigen, wie nützlich und kompetent Sie sind. Da tritt einer an Sie heran und erzählt von seinem Projekt und fragt, ob das nicht etwas für Sie sei. »Hurra«, denken Sie, »eine Möglichkeit, mich zu profilieren.« Und gleichzeitig: »Was will der wohl genau von mir?«

Gehen Sie die anschließende Liste Punkt für Punkt durch, um nicht auf Irrwege zu geraten:

1. Wer ist Ihr Gegenüber? Hat er im Netzwerk einen gewissen Stellenwert und kann er Ihnen auch nützlich sein oder ist er ein unbeschriebenes Blatt? Wenn Sie unsicher sind, dann lassen Sie sich mit der Antwort Zeit und fragen Sie nach Erfahrungen anderer Netzwerkkollegen.

2. Worum geht es bei dem Projekt? Dabei lauern zwei Gefahren: Einerseits könnte es sein, dass Sie sich inhaltlich übernehmen, weil Sie von der Materie überhaupt gar keine Ahnung haben. Andererseits könnte es sein, dass jemand Ihre Qualifikation auf kostengünstige Weise für sich nutzen möchte. Lassen Sie sich genau erläutern, was insgesamt erreicht werden soll und was Ihre Aufgabe dabei sein wird.

3. Wie passt das Projekt zu Ihrem Leben und Ihren Plänen? Klären Sie in diesem Zusammenhang, wie häufig sich die Beteiligten treffen, welcher Arbeitseinsatz erforderlich sein wird und wie der geleistet werden soll. Es macht einen erheblichen Unterschied, ob Sie im Monat etwa fünf Stunden telefonieren sollen oder an fünf verschiedenen Orten jeweils eine Stunde bei Veranstaltungen anwesend sein sollen.

4. Was sagt Ihr Bauch? Wenn Sie ein gutes Gefühl bei der Sache haben, werden Sie Ihre Freizeit motivierter opfern. Wenn Sie kein gutes Gefühl haben, lassen Sie es sein.

Auch bei anderen Anfragen, die nicht auf die Beteiligung an Projekten wie der Planung des Vereinssommerfestes oder dem Relaunch des Mitgliedermagazins abzielen, können Sie diese Punkte abarbeiten. Dabei sind die letzten beiden Punkte die entscheidenden, auch wenn Sie nicht wissen, wer derjenige genau ist und was er genau von Ihnen will; wenn Sie sich die Zeit für ein Treffen nehmen können und ein gutes (zumindest aber ein neutrales) Gefühl dabei haben, dann los. Netzwerken ist ein Abenteuer, das Sie nur erleben können, wenn Sie Gelegenheiten auch wahrnehmen.

Welches Netzwerk ist geeignet?

Es ist so trivial wie entscheidend: Sie werden aus Netzwerken nur dann einen Nutzen ziehen, wenn Sie in den richtigen sind. In den für Sie falschen (denn Netzwerken ist immer individuell) drohen Frustration und Aufgabe.

Hinweise darauf, dass es das falsche Netzwerk für Sie ist, bietet die Liste aus dem vorherigen Abschnitt »Wie mit Annährungen umgehen?« Wenn Sie oft zu Projekten aufgefordert werden, die Sie gar nicht interessieren, oder von Menschen zur Kooperation aufgefordert werden, mit denen Sie nichts gemeinsam haben, dann ist die Wahrscheinlichkeit hoch, dass Sie im falschen Netzwerk untergekommen sind. Es kann auch sein, dass Sie sich gar nicht beteiligen wollen, aber dann sollten Sie das Netzwerken ohnehin bleiben lassen. Was auch immer der Grund ist, finden Sie ihn heraus und ziehen Sie Ihre Konsequenzen.

Wenn Sie guter Dinge und voller Tatendrang sind und noch keinem Netzwerk angehören oder wenn Sie von den Aktivitäten im bisherigen Netzwerk frustriert sind, dann helfen die Eckpfeiler Lebenssituation, Typ und Ziel die passenden Mitstreiter für gemeinsame Ziele zu finden.

Das Netzwerk passend zur Lebenssituation

Ihre Lebenssituation bestimmt, wie viel Zeit Sie für Netzwerksituationen aufbringen können, sowie die Erfahrungen, die Sie bislang in Ihrem Leben gesammelt haben. Es ist unschwer nachzuvollziehen, dass ein arbeitsuchender Student von anderen Netzwerken profitiert als ein Topmanager eines DAX-Unternehmens. Doch auch weniger extreme Unterschiede können zu anderen Netzwerkpräferenzen führen.

✔ **Selbstständige und Freiberufler**

Wer ein eigenes Unternehmen führt, hat oft zu anderen Unternehmern auch privat Kontakt. Freiberufler kennen sich untereinander in ihrer Sparte, aber da sich in der Selbstständigkeit auch ein bestimmter Lebensstil widerspiegelt, sind in ihrem Freundeskreis oft auch andere Freiberufler zu finden. Oft entwickeln sich daraus viele kleine, wenig strukturierte, aber sehr effektive Netzwerke. So können Journalisten die Ohren offen halten, welcher Auftraggeber gerade ein Thema vergeben möchte, und kennen dann vielleicht gleich einen Kollegen, der das übernehmen kann. Solche informellen Netzwerke können und müssen gepflegt werden, etwa indem Sie regelmäßig Ihre Kontaktkartei durchgehen und die Abstände, in denen Sie sich melden wollten, einhalten und eine Grußkarte senden, einen informellen Termin zum Mittagessen ausmachen oder Ähnliches.

Etwas organisierter sind die Netzwerke, die branchenbezogen Freiberufler oder allgemeiner Selbstständige miteinander vernetzen. Im Falle des Journalisten wäre das zum Beispiel der *Deutsche Journalistenverband* (www.djv.de). Von solchen Verbänden oder Vereinen werden regelmäßige Treffen organisiert. Kapitel 17 stellt einige dieser Verbände und Vereine vor und im Anhang finden Sie eine Liste der wichtigsten Organisationen.

Abgesehen von Gleichgesinnten suchen Sie in Netzwerken auch Kooperationspartner aus vor- oder nachgelagerten Produktionsstufen (eine Druckerei vielleicht einen Papierhersteller oder Grossisten). Dafür sollten Sie sich in übergreifenden Netzwerken umsehen, deren Mitglieder auch selbstständig sind, aber aus einer anderen Branche stammen. Unternehmerverbände oder regionale Wirtschaftsklubs sind hier die richtigen Anlaufstellen. Schauen Sie sich ein paar davon an und entscheiden Sie nach Sympathie und gefordertem Engagement.

Empfehlungsnetzwerke wie der *BNI* (www.bni.de) nehmen oft nur wenige Mitglieder gleicher Berufe auf und sorgen ausschließlich dafür, untereinander neue Kontakte zu vermitteln.

✔ **Manager und Führungskräfte**

Sie sind als leitender Angestellter in vielen Entscheidungen quasiselbstständig, unterscheiden sich aber von den Selbstständigen dadurch, dass Sie ein regelmäßiges Einkommen haben und dafür einem Unternehmen beziehungsweise dessen Besitzern und Kontrollgremien Rechenschaft schulden. Viele Wirtschaftsnetzwerke sind für Selbstständige und leitende Angestellte offen. Die spezielle Situation von Managern führt dazu, dass auch hier branchenübergreifende Netzwerke wie der *Deutsche Führungskräfteverband* (früher Union der leitenden Angestellten; www.ula.de), der *Deutsche Managerverband* (www.managerverband.de) oder der Verband leitender Angestellter *Die Führungskräfte* (VAF; www.die-fuehrungskraefte.de) ins Leben gerufen worden sind.

✔ **Vertriebler**

Wer den Vertrieb von Waren organisiert, sollte vor allem das Ohr am Puls der Zeit und damit an dem der Abnehmer haben. Was der Markt wünscht und in welchen Mengen, wo sich Gelegenheiten ergeben und wo Fallen lauern, das lässt sich vor allem in solchen Netzwerken herausfinden, deren Zweck nicht die Bündelung von »Gleichen« ist, sondern die auf eine möglichst unterschiedliche Zusammensetzung aus sind. Besonders die großen, sozial engagierten Service-Clubs wie *Kiwanis International* (www.kiwanis.de), der *Lions Club* (www.lions-club.de) oder der *Rotary Club* (www.rotary.de) bieten ein Umfeld, in dem die Gesellschaft und ihre Trends zentrale Themen sind.

Auch Empfehlungsnetzwerke, in denen pro Branche nur wenige Vertreter zugelassen sind, kommen Vertriebsgedanken sicherlich entgegen. Einige davon sind allerdings in schneeballsystemartigen Strukturen aufgebaut, was nur dann zum Erfolg führen kann, wenn Sie sich in solchen Organisationsabläufen wohlfühlen (mehr dazu steht in Kapitel 3 unter Vertrieb).

Da Vertrieb und Marketing beziehungsweise Public Relations eng miteinander verwoben sind, kann auch der Beitritt in ein auf Marketing spezialisiertes Netzwerk helfen. Beispielsweise sind die sogenannten Marketing-Clubs regional organisiert. Nicht alle Konkurrenten schotten sich ab und behalten ihre Sicht der Marktentwicklung für sich; manche teilen, um selbst Informationen zu erhalten und sind so nützliche Kontakte, denen Sie auch etwas zu bieten haben.

✔ **Arbeitnehmer**

Das klassische Netzwerk von Arbeitnehmern ist nach wie vor die Gewerkschaft. Mitglieder profitieren von der Macht, die große Verbände aus ihrer Mitgliederzahl ziehen, aber auch von rechtlichen Angeboten und der Beteiligung an der Unternehmensleitung über den Betriebsrat.

Darüber hinaus ist jede Art von Netzwerk, sei es formell oder informell, in Ihrer Branche oder allgemein gelagert und interessenbasiert, sinnvoll, um Informationen über interne oder externe Stellenausschreibungen, Weiterbildungen, anderer Menschen Gehälter oder sonstige Belange einzuholen.

✔ **Arbeitslose**

Eine Reihe von Netzwerken befasst sich damit, Arbeitslose zu unterstützen und ihnen bei der Suche nach einer neuen Stelle oder der Durchführung einer Unternehmensgründung zu helfen (siehe Kapitel 20). Darüber hinaus ist es auch für Arbeitssuchende wichtig, den Bezug zur Branche nicht zu verlieren und gerade bei Langzeitarbeitslosigkeit auf dem Stand der Technik oder Trends zu bleiben. Selbst wenn Sie »nur« eine Stelle als Sekretärin suchen, sollten Sie die aktuellen Datenverarbeitungsprogramme beherrschen und nicht die von vor fünf Jahren.

Auch die Gewerkschaften sind bemüht, Mitglieder ihrer Bereiche zu halten und mit Informationen zu versorgen, die ihren Job verloren haben. Die Dienstleistungsgewerkschaft Ver.di bietet neben ermäßigten Beiträgen für Arbeitslose auch Bildungs- und Beratungsangebote an.

Das Netzwerk passend zum Typ

Vielleicht kennen Sie sich und Ihren Charakter sehr gut und wissen, ob Sie eher ein Macher oder ein Denker sind. Für diejenigen, die sich unschlüssig sind, bietet sich nun die Lektüre von Kapitel 5 an. Unterschiedliche Typen oder Temperamente sind unterschiedlich gut in bestimmten Netzwerkformen aufgehoben. Das widerspricht nicht der grundsätzlichen Feststellung, dass ein Netzwerk belebt wird, wenn möglichst viele unterschiedliche Köpfe zusammenkommen.

✔ **Macher**

Als Macher sind Sie höchstwahrscheinlich selbstständig oder leitender Angestellter. Deshalb verweise ist zunächst auf den Abschnitt weiter oben zu den dann passenden Netzwerken. Allerdings gibt es noch mehr, was Sie als Macher bei der Wahl Ihrer Netzwerkaktivitäten beachten sollten.

- Lassen Sie sich nicht zum Zugpferd machen. Wenn Sie einem Netzwerk beitreten, achten Sie darauf, dass dort noch andere sind, die sich gern engagieren. Oft dümpeln gerade kleinere Gruppen vor sich hin, bis ein Retter erscheint, der innerhalb kürzester Zeit alle Aufgaben und Verantwortung schultern darf.

- Kultivieren Sie Ihre Analysefähigkeiten. Wenn Macher aufeinandertreffen, müssen sie sich abstimmen, nur dann kann das Ergebnis gut werden. Versuchen Sie also, in einem neuen Netzwerk herauszufinden, wer die Dinge bislang angeschoben hat, und schließen Sie sich an, ohne den Laden gleich zu übernehmen.

- Achten Sie auf das richtige Maß. Gerade Macher übertreiben oft, wenn Sie sich profilieren oder gut dastehen wollen. Überfahren Sie die anderen nicht mit Ihren Vorschlägen, sondern bringen Sie sich in dem Maß ein, wie es tragbar und erwünscht ist.

- Treten Sie Netzwerken bei, in denen Sie aktiv werden können. Engagement ist für jedes Netzwerk gefragt, aber wenn Sie einer der Vertreter der Gattung »Macher« sind, die immer etwas bewegen wollen, dann gehen Sie in solche Netzwerke, in denen es nicht nur um Informationsaustausch oder Kundenakquise geht, sondern Projekte umgesetzt werden.

✔ **Star**

Ich nehme an, da Sie hier sitzen und dieses Buch lesen, anstatt in Hollywood zu drehen, dass Sie dennoch einen gewissen Kontakt zur Welt behalten haben. Sobald Sie auf einem Netzwerktreffen erscheinen, wickeln Sie vermutlich alle binnen Minuten um den kleinen Finger und jeder wird Ihnen sofort helfen wollen.

Für Sie ist vor allem wichtig, dass Sie sich auch langfristig in Netzwerken aufhalten können und nicht als Nehmer oder gar Schmarotzer abgestempelt werden. Also sollten Sie zusehen, dass Sie in Netzwerken nur so viel annehmen, wie Sie auch beitragen können. Was für Umgänger selbstverständlich ist, liegt Ihnen weniger im Blut: der Sinn für Angemessenheit und Gerechtigkeit. Besonders kreative Menschen, unter denen viele Stars sind, sollten sich klarmachen, dass es im Netzwerk vor allem wichtig ist, auf Augenhöhe ansprechbar zu sein.

✔ Umgänger

Als Umgänger sind Sie besonders wertvoll in solchen Netzwerken, in denen viele unterschiedliche Charaktere unter einen Hut zu bringen sind. Nutzen Sie dieses Potenzial, bei anderen Eindruck zu machen, indem Sie die Dinge ordnen und die Gemüter beruhigen.

Umgänger sind extrem netzwerkkompatibel, sollten sich aber ähnlich wie Macher von solchen Gruppen fernhalten, in denen sie der Einzige ihrer Art sind, denn das wird auf Dauer zu anstrengend. Umgänger sind oft in beratenden Berufen tätig oder erfüllen innerhalb ihrer Sparte beratende Tätigkeiten. Suchen Sie sich, wenn das auf Sie zutrifft, ein Netzwerk, das Supervisions-Charakter hat, in dem Sie also mit anderen, die auch beraten, über Ihre Fälle und Erfahrungen reden und sich gegebenenfalls Rat holen können.

✔ Analytiker

Sie sind analytisch und grübeln über jedes Problem erst lange nach, ehe Sie sich zu einer Lösung entschließen können? Das kann in Netzwerken sehr nützlich sein, in denen die Macher die Oberhand haben und mitunter in ziellosen Aktionismus verfallen. Vielleicht sind Sie auch hochintelligent und fühlen sich bei Mensa wohl, wo nur Menschen mit einem IQ über 130 Mitglieder werden können, um dann Badminton oder Billard zusammen zu spielen und sich über die Welt auszutauschen, ohne ihre Ansätze erst umfangreich und häufig erfolglos erläutern zu müssen.

Vor allem aber sind Sie kein Mensch der schnellen Entscheidungen, was Sie für spontan orientierte Netzwerke, in den Ad-hoc-Lösungen gefragt sind, weniger geeignet macht als für solche mit freien Planungsstellen, die auf langfristige Zusammenarbeit angelegt sind. Wenn Sie auf einer Visitenkartenparty noch die Gästeliste studieren und überlegen, wen Sie gern kennenlernen würden, wenn die Veranstaltung fast schon vorbei ist, haben Sie keinen großen Nutzen davon. Stellen Sie sich aber als Kassenwart oder Proto-kollführer dem regionalen Wirtschaftsclub zur Verfügung, wird Ihnen das Respekt und jede Menge Informationen einbringen.

Das Netzwerk passend zum Ziel

Werfen Sie nun einen Blick in Kapitel 6, falls Sie es übersprungen haben, und machen Sie sich Gedanken über Ihre Netzwerkziele. Für die verschiedenen Wunschszenarien sind verschiedene Netzwerke unterschiedlich gut geeignet. Wenn Sie

✔ den *Umsatz erhöhen* wollen, bieten sich Netzwerke mit solventen Kunden oder solchen Mitgliedern, die Ihre Zielgruppe kennen könnten, an. Ihr Fokus liegt dann tatsächlich darauf, Abnehmer zu finden, was zwar nicht Ihr Handeln im Netzwerk bestimmen sollte, aber durchaus bei der Auswahl bestimmend ist.

✔ den *Bekanntheitsgrad steigern* wollen, sollten Sie sich große, gut vernetzte Gruppen suchen, in denen Sie mit Aktivitäten gleich bei vielen Mitgliedern Aufsehen erregen. Was nützt Ihnen Ihr Engagement, wenn es nur die 25 Mitglieder Ihres Netzwerks erfahren, oder die tausend Mitglieder es nicht erfahren, weil es in keinem Newsletter gestanden hat? Das Motto »Tue Gutes und rede darüber« gilt insbesondere jetzt für Sie.

✔ *Kooperationspartner finden* möchten, sind dafür entsprechende Branchen- oder Unternehmernetzwerke besser geeignet, als allgemeine Netzwerke. Schlicht, aber oft missachtet: Suchen Sie dort, wo Sie auch fündig werden können, also überlegen Sie im Vorfeld, wen Sie gerne kennenlernen möch-ten, und wählen Sie entsprechend das Netzwerk so, dass Sie denjenigen auch treffen könnten.

✔ einen *neuen Arbeitsplatz* antreten wollen, helfen informelle Netzwerke oft am besten weiter. Frischen Sie verstaubte Kontakte auf, melden Sie sich bei netten Ex-Kollegen, die in einer anderen Firma untergekommen sind und aktivieren Sie Ihre privaten Kreise. Formelle Netzwerke wie Gewerkschaften oder Verbände können zusätzlich hilfreich sein. Auch bei Weiterbildungen kommen oft Kontakte zu Mitarbeitern zustande, die einen Abnehmer Ihrer neuen Fähigkeiten kennen könnten.

 Bringen Sie Ihre Ziele in eine klare Reihenfolge und suchen Sie sich für das wichtigste ein Netzwerk. Wenn Sie versuchen, allen Zielen gerecht zu werden, treten Sie womöglich fünf Netzwerken bei, und dann können Sie diesen nicht mehr gerecht werden.

Etikette und Werte

In diesem Kapitel

▶ Was gute Umgangsformen ausmacht

▶ Wie Höflichkeit das Netzwerken beflügelt

▶ Welche Bedeutung Werte haben

▶ Warum respektvoller Umgang zu Erfolgen führt

*E*in anderes Wort für Umfangsformen ist die Etikette. Es entstammt den Bemühungen des Sonnenkönigs Ludwig XIV., sein Umfeld nach seiner Pfeife tanzen zu lassen, indem er überall kleine Schildchen (Etiketten) mit Regeln aufstellen ließ. Heute hat sich der Einfluss der übrig gebliebenen Monarchien auf unseren Alltag nahezu erledigt, aus dem Begriff Etikette aber ist das Synonym für Umgangsformen geworden, wie sie in jedem Kontakt mit Menschen notwendig und erwünscht sind.

Wenn Sie in Netzwerken unterwegs sind, können Sie mit gutem Verhalten, Höflichkeit, Freundlichkeit, Umsicht und Toleranz punkten. Deshalb möchte ich Ihnen in Erinnerung rufen, was selbstverständlich sein sollte, aber mitunter in Vergessenheit gerät. Über die alltäglichen Höflichkeiten hinaus spielt auch das Wertesystem eine Rolle, denn Werte machen Menschen grundlegend aus, können sie verbinden oder trennen und sind deshalb für Netzwerkhandeln wichtig.

Knigge reloaded

Haben Sie schon einmal von *dem* Knigge gehört? Das war Adolph Freiherr von Knigge, der im Jahr 1788 das Buch »Über den Umgang mit Menschen« veröffentlicht hat. Da war der Sonnenkönig bereits seit 73 Jahren tot, die Französische Revolution, die Ludwig den XVI. letztlich mit der Guillotine bekannt machte, stand vor der Tür und Knigge als verarmter Adliger schrieb ein soziologisch anmutendes Buch darüber, wie wir Menschen alters-, standes- und berufsübergreifend miteinander umgehen sollten.

Das Wunderbare an diesem Werk ist, dass es an vielen Stellen auch heute noch anwendbar ist, weil sich die Natur des Menschen in den Jahrhunderten nicht wirklich verändert hat.

»Wir sehen die klügsten, verständigsten Menschen im gemeinen Leben Schritte tun, wozu wir den Kopf schütteln müssen. Wir sehen die feinsten theoretischen Menschenkenner das Opfer des gröbsten Betrugs werden. (...) Wir sehen manchen Redlichen fast allgemein verkannt. Wir sehen die witzigsten, hellsten Köpfe in Gesellschaften, wo aller Augen auf sie gerichtet waren und jedermann begierig auf jedes Wort lauerte, was aus ihrem Munde kommen würde, eine nicht vorteilhafte Rolle spielen, sehen, wie sie verstummen oder lauter gemeine Dinge sagen, indes ein andrer äußerst leerer Mensch seine dreiundzwanzig Begriffe, die er hie und da aufgeschnappt hat, so durcheinander zu werfen und aufzustutzen vermag, daß er Aufmerksamkeit erregt und selbst bei Männern von Kenntnissen für etwas gilt.«

Allein die Einleitung ist noch brandaktuell. Blender hat es immer schon gegeben und tatsächlich begabte Menschen, die dem Druck der allgemeinen Aufmerksamkeit aber nur durch schlechtes Benehmen entkommen konnten, auch. Ich wette, jeder hat an dieser Stelle zu jeder der Gattungen mindestens ein Beispiel vor Augen. Umgangsformen zu haben bedeutet, sich benehmen zu können. Es bedeutet nicht, zu manipulieren und sich selbst ins bestmögliche Licht zu rücken. Tatsächlich kommen aber diejenigen, die sich souverän zu bewegen und auszudrücken wissen, mit ihren »dreiundzwanzig Begriffen« auch heute noch weiter als so manche Intelligenzbestie.

 Nutzen Sie dieses Potenzial für sich, denn Etikette ist heutzutage das Schildchen, das Sie sich selbst im Umgang mit Menschen anheften und das verrät, ob Sie ein angenehmer oder ein unangenehmer Zeitgenosse sind. Schreiben Sie sich »höflich, pünktlich, zuverlässig, ehrlich« auf die Fahnen und halten Sie sich auch daran.

Das kleine Einmaleins der Umgangsformen

Da Knigge über den Umgang der verschiedensten Gruppen untereinander schreibt, etwa »von Menschen verschiedenen Alters, mit Frauenzimmern, Hofleuten oder Geringeren«, ist im Zusammenhang mit Netzwerken vor allem die grundsätzliche Botschaft der Toleranz und des Respekts wichtig. Brauchbarer für konkrete Anlässe im Geschäftsleben sind Ratgeber, deren Titel in der Regel die Begriffe Business und Knigge vereinen.

Grundlegende Verhaltensweisen

Die meisten Menschen wurden in ihrer Kindheit zu grundlegenden, zwischenmenschlichen Verhaltensweisen erzogen. »Sag Danke!« kann man tausendfach am Tag hören, wenn ein Erwachsener einem Kind versucht, die Welt zu erklären. Der Hintergrund wird selten miterklärt: Menschen öffnen sich einer Kommunikation nur über Vertrauen und das beinhaltet, dass ein Mensch sich respektiert fühlt. Wenn Sie also als vertrauenswürdig gelten wollen, dann fängt das eben damit an, dass Sie als Zeitgenosse wahrgenommen werden, der »Bitte« und »Danke« im aktiven Wortschatz führt.

Bitte, danke, gratuliere

Man mag es nicht glauben, aber es sind einige Leute unterwegs, die die Basics der Kinderstube vergessen zu haben scheinen. Wenn Sie in einem engen Raum an jemandem vorbeimüssen, sagen Sie »Darf ich bitte … «, stellt Ihnen der Kellner ein neues Getränk hin, sagen Sie »Danke«, und wenn Ihnen ein Geschäftspartner von einem Erfolg erzählt, so gratulieren Sie, im besten Falle neidlos.

So selbstverständlich das zu sein scheint, so oft fallen Besucher von Treffen negativ auf, weil sie die Grundregeln der Höflichkeit nicht beachten. Oder um es mit den Worten meiner Großmutter zu sagen: »Diese Jugend von heute (gemeint ist damit jeder unter 75 Jahren): Kein Benimm!« Legen Sie daher großen Wert darauf, sich selbst zu beobachten und bei jeder Gelegenheit und jedem anderen gegenüber freundlich und verbindlich zu sein. Sie unternehmen damit den ersten Schritt, um sich Türen zu öffnen.

Weitere Tugenden, die jeder mag

Höflichkeiten, wie Bitte und Danke zu sagen, gehören zu den einfachen Dingen – man muss die zwei Wörter nur äußern. Weil das so leicht zu steuern ist, kann sich jeder diesen kleinen Glanz aneignen, der mit höflichen Menschen verbunden wird. Andere Tugenden stehen eher im Zeichen des Satzes »An ihren Taten sollt ihr sie messen«; sie müssen gelebt und nicht nur gesagt werden.

✔ Pünktlichkeit

Oh weh, was für ein Problem. Jedenfalls gefühlt für die Hälfte der Bevölkerung. Wer sich im Berufsleben noch auf sein »akademisches Viertel« beruft, gerät schnell in den Ruf, zu Terminen besser nicht eingeladen zu werden. Auch in Angestelltenverhältnissen ist Pünktlichkeit für Vorgesetzte von so großer Bedeutung, dass in einer 2010 veröffentlichten Studie für rund ein Drittel häufige Unpünktlichkeit ein Kündigungsgrund war.

Ausreden, so kreativ sie auch sein mögen, machen das Ganze nur noch schlimmer, weil Sie dann unglaubwürdig erscheinen. Der einzige Grund für Zuspätkommen ist, dass man nicht rechtzeitig losgefahren ist. Sonst nichts. Und das müssen Sie nun wirklich nicht als Rechtfertigung vorbringen. Entschuldigen Sie sich und dann gehen Sie so schnell wie möglich dazu über, die versäumte Zeit durch produktive Beiträge gutzumachen.

Wenn Sie zu Netzwerktreffen gehen, stören Sie durch Zuspätkommen in aller Regel die Runde und ziehen negative Aufmerksamkeit auf sich. Wenn Sie zum Mittagessen zu spät kommen, verrinnt die Pausenzeit des anderen. In allen Fällen gehen Sie respektlos mit der knappen Ressource Zeit Ihrer Mitmenschen um. Die Folge wird sein, dass andere auch bei Treffen mit Ihnen später eintreffen, da Ihre Unpünktlichkeit angenommen wird.

Ein immer pünktlicher Mensch schafft das Umfeld für effiziente Treffen, bei denen in der zur Verfügung stehenden Zeit das Maximum erreicht werden kann. Pünktlichkeit ist ansteckend und legt den Grundstein dafür, als professionell und zuverlässig wahrgenommen zu werden.

✔ Zuverlässigkeit

Eng mit der Pünktlichkeit verknüpft ist die Zuverlässigkeit. Übernehmen Sie Aufgaben nur dann, wenn Sie sie auch rechtzeitig erledigen können. Halten Sie sich an Versprechen wie »Ich schicke Ihnen die Informationen zu xyz in den nächsten Tagen zu«.

Auch ob Sie Ihre Rechnungen zuverlässig (und pünktlich) bezahlen und ohne Nachverhandlungen auskommen, wenn einmal etwas vereinbart wurde, bestimmt Ihren Ruf in Netzwerken. Wenn Sie empfohlen werden wollen, sollten Sie möglichst einhundertprozentig zuverlässig sein.

✔ Ehrlichkeit

Das Fass »Was genau ist Ehrlichkeit?« aufzumachen, würde zu einem ausufernden philosophischen Diskurs führen. Lieber möchte ich mich wieder von der No-go-Seite nähern und sagen, was Sie auf jeden Fall lassen sollten: Lügen Sie nicht. Wenn Sie sich äußern, dann so, wie es der Wahrheit entspricht. Selbstverständlich werden in strategischen Vertragsverhandlungen Informationen zurückgehalten, natürlich sagen Sie nicht vor einem Auftrag, den Sie sich vollkommen zutrauen, dass Sie das so aber noch nie gemacht haben (es sei denn, Sie werden direkt gefragt). Aber spinnen Sie nicht von sich aus Seemannsgarn, auf das sich andere dann verlassen.

Wenn Sie als zuverlässig gelten wollen, müssen Sie die Dinge, die Sie sagen, auch so meinen. Keiner verlangt von Ihnen, Betriebsgeheimnisse auszuplaudern, und im Zweifelsfall können Sie noch immer mit »Darauf möchte ich Ihnen gern die Antwort schuldig bleiben« parieren. Aber was Sie sagen, sollte möglichst wahr sein. Von Ihrer Glaubwürdigkeit hängt der Wert der Informationen ab, die Sie in einem Netzwerk beisteuern, und damit auch der Wert, den Sie für andere haben.

✔ Geduld

So pünktlich Sie selbst sein sollten, so geduldig dürfen Sie mit anderen sein. Das klingt paradox, macht aber einen wirklich höflichen Menschen aus. Schicken Sie nicht bei eintägigem Zahlungsverzug eine böse Mahnung, sondern formulieren Sie freundlich »... sicherlich ist Ihnen meine Rechnung entfallen«. Schließlich wollen Sie mit dem Menschen noch weiter zu tun haben. Warten Sie auf versprochene Unterlagen und haken Sie erst nach ein paar Tagen nett nach. Nehmen Sie die Entschuldigung eines Zuspätkommenden an, jedenfalls so lange, bis Sie feststellen, dass er dies aus Gewohnheit tut. Ihre Mitstreiter werden es zu schätzen wissen, dass Sie ihnen nicht den Kopf abreißen, wenn es mal etwas länger dauert. Behalten Sie dennoch im Hinterkopf, wer oft Ihre Geduld strapaziert, denn bei wichtigen Entscheidungen werden diese Leute eher unberücksichtigt bleiben müssen.

Nicht zu laut und nicht zu leise

Die unterschiedlichen Temperamente, die in Kapitel 5 ausgeführt werden, treten in der Öffentlichkeit unterschiedlich auf. Der Macher profiliert sich gern, wird aber häufig von zurückhaltenderen Gemütern als aufmerksamkeitsheischend wahrgenommen. Ein Star steht oft ganz von allein im Mittelpunkt und muss mit einer gewissen Portion Selbstreflexion darauf achten, auch anderen das Rampenlicht zu gönnen. Umgänger sind oft im Hintergrund tätig, im Stillen produktiv und unersetzbar, nur merkt es keiner. Und Analytiker schließlich denken viel und sagen wenig, was häufig dazu führt, dass sie nicht so viel beitragen, wie es gut für sie und das Netzwerk wäre.

Achten Sie auf sich und Ihr Benehmen. Fragen Sie andere, denen Sie vertrauen, wie sie Ihr Auftreten wahrnehmen, und passen Sie Ihr Verhalten bei Bedarf an. Sie sollen sich nicht verbiegen, aber ein Macher kann auch mal zuhören, ein Star auch mal zurückhaltend sein, ein Umgänger auch mal im Mittelpunkt stehen und ein Analyst auch mal den Mund aufmachen. Davon profitieren Sie nicht nur in puncto Charakterentwicklung, sondern vor allem hinsichtlich des Bildes, das das Netzwerk von Ihnen bekommt. Wer sich trotz seiner Natur auch mal zurückhält oder eben überwindet, verdient sich damit den Respekt der anderen.

Rituale in geschäftlichen Zusammenhängen

Höfliches Verhalten geht über die grundlegenden Verhaltensweisen weit hinaus. Besonders bei Netzwerktreffen können Sie die folgenden Situationen beobachten und üben.

Die erste Hürde der Begrüßung

Jede Beziehung beginnt mit der ersten Begegnung. Und da begrüßt man sich. Oft kommt da die Frage auf, wie das korrekt vor sich geht. Wer geht auf wen zu? Wer gibt wem die Hand? Was sollten Sie am besten sagen? Wie verhalten Sie sich angemessen, sodass Sie eine gute Grundlage schaffen für den Aufbau einer Beziehung? Da gibt es einiges zu beachten:

✔ Der Ranghöhere startet die Begrüßung, etwa indem er die Hand ausstreckt.

✔ Erwidern Sie den angebotenen Händedruck fest, aber ohne Ihr Gegenüber zu verletzen. Achten Sie dabei auf denjenigen, den Sie begrüßen.

✔ Ein Händedruck muss nur dann über ein paar Sekunden hinausgehen, wenn Sie vor einer Horde von Fotografen stehen, die sie ablichten wollen.

✔ Stellen Sie sich Unbekannten nicht von sich aus vor, wenn Bekannte daneben stehen. Begrüßen Sie Ihre Bekannten und lassen Sie sich vorstellen.

✔ Verwenden Sie zur Vorstellung Ihren Vor- und Zunamen. Erwidern Sie die Vorstellung.

Verhalten am Telefon

Früher oder später werden Sie vermutlich mit einigen Ihrer Kontakte telefonieren. Auch hierbei gibt es Tücken und Fauxpas, die Ihnen nicht passieren sollten, wenn Sie einen guten Eindruck machen wollen.

✔ Sie haben den Namen des Anrufers nicht auf Anhieb verstanden. Das passiert sehr häufig. Nur fragen Sie bitte nicht: »Wie war Ihr Name?«, denn wenn die Person am anderen Ende der Leitung inzwischen gestorben ist, wird sie ohnehin nicht antworten. Viel besser ist, die Entschuldigung gleich mitzuliefern: »Verzeihen Sie, ich habe Ihre Namen nicht verstanden, würden Sie ihn bitte noch einmal wiederholen?«

✔ Einsilbigkeit ist am Telefon eine schlechte Strategie, weil Sie das nicht mit Ihrer beeindruckenden Mimik oder Gestik ausgleichen können. Es entsteht einfach nur eine Lücke. Bemühen Sie sich daher um umfassende Sätze und lassen Sie Ihren Gesprächspartner ausreden.

✔ Essen und trinken Sie nicht beim Telefonieren. Und halten Sie nicht den Hörer mit der Hand zu, wenn Sie eine im Raum anwesende Person etwas fragen. Es gibt an fast allen Telefonen eine Wartetaste, bei der der Anrufer Sie auch sicher nicht hört.

✔ Helfen Sie Ihrem Anrufer. Auch wenn Sie keine direkte Lösung für sein Problem haben, bemühen Sie sich, jemanden aufzutreiben oder zu empfehlen, der behilflich sein kann.

✔ Sollten Sie in der Öffentlichkeit mit dem Handy telefonieren müssen, dann versuchen Sie, möglich wenig Menschen damit zu stören. Dazu gehört ein dezenter Klingelton. Gehen Sie, wenn es klingelt und nicht Ihre persönliche Mailbox den Anruf entgegennimmt, kurz dran und bitte Sie darum, zurückrufen zu dürfen. Anrufer wegzudrücken ist ebenso unhöflich, wie sich hinter einer verborgenen Rufnummer zu verstecken.

Interkulturelle Kompetenz

Mitunter haben Sie es mit Kontakten aus anderen Ländern zu tun. Schon im deutschsprachigen Raum, etwa mit Österreichern oder Schweizern, können kulturelle Unterschiede zu befremdlichen Situationen führen. Recherchieren Sie daher vor Treffen mit Vertretern anderer Nationalitäten ein paar Dinge, die Sie vor Fettnäpfchen bewahren.

Interkulturelle Kompetenz ist das Zauberwort und die müssen Sie sich aneignen. Dazu gehört, dass Sie sich im Vorfeld von Treffen mit Geschäftspartnern über deren kulturelle Verhaltensweisen informieren und sie beachten.

✔ Begrüßungen fallen in verschiedenen Ländern sehr unterschiedlich aus. Asiaten sind in der Regel distanziert und verbeugen sich, anstatt Hände zu schütteln. Amerikaner wirken einerseits oft schnell vertraut und freundlich, sind aber dennoch irritiert, wenn das freundschaftlich aufgefasst wird.

✔ Das Überreichen der Visitenkarte kann zum Staatsakt ausarten, wenn Sie nicht wissen, wer wem in welcher Reihenfolge und Aufmerksamkeit die Karte reichen darf. In China zum Beispiel überreichen Sie mit der Karte gleich noch Ihren Respekt, daher ist die Visitenkarte in beiden Händen zu halten und mit einer Verbeugung dem Gegenüber in Brusthöhe (seiner, nicht Ihrer, das ist in Asien oft ein Unterschied!) anzubieten. Wenn der sich ebenso verhält, erfolgt der Austausch beider Karten gleichzeitig mit je einer Hand. Sie lesen die Karte, die Sie eben erhalten haben, sprechen den Überbringer nun mit seinem Namen an und legen die Karte vor sich auf den Tisch. Um nichts falsch zu machen, sollten Sie sich vorher über solche Abläufe schlaumachen.

✔ Meetings und die angemessene Kleidung sind in vielen Ländern unterschiedlich formell. In Skandinavien sind die Beteiligten oft per Du, leger gekleidet und vor allem zurückhaltend und teamorientiert. Mit dem gleichen Outfit fallen Sie im respekt- und modegeprägten Italien möglicherweise glatt durch.

✔ Die unterschiedliche Wahrnehmung der Zeit kann für einige Verwirrung sorgen, wenn Sie sich nicht darüber im Klaren sind. So wird in manchen Kulturen Zeit so verstanden, dass verschiedene zeitliche Aspekte parallel geschehen oder sich überlappen können (polychrone Zeitwahrnehmung). In anderen Kulturen wird Zeit so wahrgenommen, dass Geschehnisse strikt nacheinander verlaufen und in eine Reihenfolge auf einem Zeitstrahl gebracht werden (monochrone Zeitwahrnehmung). Bereits unsere Nachbarn, die Franzosen, nehmen Zeit polychron wahr, was dazu führt, dass Verabredungen eher als Anhaltspunkte denn als strikte Uhrzeit empfunden werden. Ereignisse laufen eher in Zeitblasen ab, die arrangiert werden, als nach einem präzisen Zeitplan. Für uns extrem monochrone Deutsche wirkt diese »Unpünktlichkeit« leicht respektlos. Im Gegenzug werden wir häufig als planfixiert und unflexibel wahrgenommen.

Werte und werte Mitstreiter

Das Wörtchen »Wert« erscheint in so vielen Zusammenhängen, dass kaum jemand mehr darüber nachdenkt, was es eigentlich bedeutet. Zwischen Mehrwert, Kundenwert, wertvollen Ressourcen und wertorientiertem Management vergisst der Anwender gerne, dass es auch einen moralischen Wert von Verhalten gibt. Keine Angst, jetzt kommt keine moralinsaure Abhandlung darüber, wie Sie ein wertvoller Teil der Gesellschaft werden können, das überlasse ich Ihren Studien zu Mutter Theresa. Aber dennoch möchte ich anregen, dass Sie sich mitten in diesem praktisch orientierten Teil zum Netzwerken Gedanken dazu machen, welche Werte Sie vertreten.

Der Hintergrund ist simpel: Sie werden mit einem bestimmten Werte-Set wenig Anklang in bestimmten Gruppen, dafür aber umso mehr Zuspruch in anderen Zusammenschlüssen finden. Um es kurz zu sagen: Fragen Sie sich, ob Ihre Werte zum lokalen Tierschutz- oder zum Schützenverein passen.

Was sind Werte?

Robert Dilts, der an der Entwicklung der Neurolinguistischen Programmierung (NLP) beteiligt war, hat Werte zusammen mit Glaubenssätzen als eine der sechs logischen Ebenen des menschlichen Verhaltens betrachtet. Das ursprüngliche Konzept stammt von dem Anthropologen Barnes, der in den 60er-Jahren Verhalten erklären wollte; Dilts hat es in einen Kommunikations- und Geschäftszusammenhang gebracht, der für Sie beim Netzwerken wichtig ist.

Die Ebenen in dieser Reihenfolge werden von der nächsthöheren beeinflusst: Umgebung, Fähigkeiten, Verhalten, Werte und Glaubenssätze, Identität und Zugehörigkeit. Die (ursprünglich anthropologische) Zugehörigkeit beeinflusst demnach, wer und wie wir sind (Identität), was direkten Einfluss auf unsere Werte hat, was wiederum unser Verhalten beeinflusst. Auf der Werteebene befindet sich das, wovon Menschen überzeugt sind und die Gründe, wieso sie etwas tun. Werte sind die Bindemittel von Organisationen und Gruppen und in den meisten Netzwerken finden sich Menschen mit ähnlichen Wertemustern zusammen.

Beispiele für Werte lassen sich schwer von anderen Begriffen abgrenzen, weil das Verhalten und die Gründe dafür oft miteinander verschmelzen. So kann Demokratie ein Wert sei, wie auch Disziplin, Stabilität, aber ebenso Flexibilität und Lässigkeit. Aus einer Reihe von Begriffen »wie man ist und was man daher tut« ergeben sich die eigenen Werte.

Wann werden Werte wichtig?

Kurze Antwort: Wenn Sie überzeugen wollen oder sich damit in die Nesseln setzen können. Aber das geht auch ausführlicher: Stellen Sie sich vor, Sie sind ein spontaner und flexibler Mensch, dessen Werte in Richtung Individualität und Kreativität gehen. Offensichtlich sind Sie in einer modernen Vereinigung ebenso tickender Leute besser aufgehoben als beispielsweise in einer der Parteien mit »C« im Namen, die eher für Tradition, Beständigkeit und christlichen Glauben stehen.

 Ecken Sie lieber an, als sich zu sehr zu verbiegen und anzupassen. Wenn Sie ein Freigeist sind, passen Sie sowieso nicht in ein Netzwerk, das solche Menschen nicht unterstützt. Und wenn Sie wertekonservativ sind, fühlen Sie sich vermutlich bei den jungen Wilden nicht sehr wohl. Solange Sie zu dem stehen, was und wie Sie sind, und sich in einem Netzwerk heimisch fühlen, sind Sie zumindest wertetechnisch am richtigen Ort.

Lebensstil

Beim Small Talk, durch Anekdoten oder im Verhalten bei Treffen offenbart sich häufig auch der Lebensstil der Beteiligten. Erzählt ein potenzieller Geschäftspartner viel von den Partys der vergangenen Woche, steht er schnell als Hallodri da. Enthält sein Bericht vor allem die Frau und die fünf Kinder samt allerlei Windelgeschichten, geht die Schnellwahrnehmung in Richtung Spießer. Achten Sie darauf, welche Ihrer Geschichten Sie wem erzählen, denn ein möglicher Chef sollte Sie vielleicht nicht als Extremsportler einordnen, nur weil Sie im Urlaub Kiten waren.

In den Bereich Lebensstil fällt auch die Sexualität, sofern sie eben nicht nur bezeichnet, was Sie privat im Schlafzimmer tun, sondern eine politische Komponente bekommt. In vielen großen Unternehmen gibt es inzwischen ein Diversity-Management, das sich mit unterschiedlichen Gruppen im Unternehmen, so auch Homosexuellen, auseinandersetzt und bemüht ist, deren Bedürfnisse in der Arbeitswelt zu berücksichtigen, um ihre Produktivität zu fördern. Einmal jährlich treffen sich Vertreter verschiedener Branchen und Orientierungen, um sich mit dem Thema auseinanderzusetzen, auf der MILK Messe (www.milkcareer.com/de/milk-messe).

Sich im Büro oder im Netzwerk nicht outen zu können, bedeutet, einen großen Teil des eigenen Lebens zu leugnen, was weder der Zufriedenheit noch dem Engagement zuträglich ist. So sind berufsorientierte Netzwerke aller Art entstanden, die Geschäfte und Gespräche ermöglichen, ohne dass die Beteiligten sich oder einen Teil ihrer Persönlichkeit verstecken müssen. Einige dieser Netzwerke werden in Kapitel 19 vorgestellt.

Kleidung

Ihre inneren Werte mögen so toll sein wie sie wollen, aber wenn der erste Eindruck zählt, dann entsteht der doch vor allem über das Äußere. Frei nach dem Motto »Kleider machen Leute« können Sie über die Wahl Ihrer Garderobe beeinflussen, wie Sie von anderen wahrgenommen werden. Der Stil Ihrer Kleidung sagt viel über Sie aus – auch ob Sie authentisch wirken oder nicht, denn so mancher passt einfach nicht in einen Boss-Anzug oder verrückte Designerklamotten.

Je nach Anlass spielen auch noch andere Überlegungen als Ihr Stil eine Rolle.

✔ konservativ oder leger?

Jeans und T-Shirt finden sich in fast jedem Kleiderschrank, aber wann darf man sie im Netzwerkleben auch tragen? Ganz klar nur zu gemeinsamen Freizeitaktivitäten, wie etwa einem Bowlingabend oder dem Kneipenstammtisch. Und selbst da gibt es alternative Freizeithosen. Verboten sind Armeemuster jeder Art, sofern Sie nicht zu einem Veteranentreffen gehen.

Einen Anzug oder ein Kostüm sollten Sie dann anziehen, wenn es um offizielle Ereignisse geht. Schwarz wird übrigens nach wie vor zu Beerdigungen, manchmal auch Hochzeiten oder anderen Festlichkeiten getragen, also besser nicht auf einer Messe, wenn Sie kein Bestatter sind. Blau oder grau sind üblich, ein T-Shirt unterm Anzug nur etwas für ITler, die noch ihre Andersartigkeit beweisen müssen.

Der Kleidungsfrage von Frauen sind schon unendlich viele Stunden zum Opfer gefallen. Im konservativen Umfeld sind Outfits, die »sexy« anmuten, fehl am Platz. Das alte Klischee, dass Frauen nur dann mit weiblichen Reizen punkten wollen oder müssen, wenn sie fachlich nichts draufhaben, hält sich leider immer noch. Auch Art und Menge des angelegten Schmucks lässt Rückschlüsse auf Ihr Wertebild zu.

✔ dezent oder auffällig?

Was die Kleidung betrifft, haben es Frauen in der Geschäftswelt oft leichter als Männer, sich mit wenigen Mitteln Aufmerksamkeit zu verschaffen. Auf einem Foto der europäischen Regierungschefs sehen Sie bestimmt nur einen Farbklecks, und das ist der Blazer der Bundeskanzlerin. Überlegen Sie sich also gut, ob Ihr Statement »Hier bin ich, beachtet mich, denn ich habe auch etwas zu sagen!« sein soll oder aber Augenhöhe und Gesprächsbereitschaft mit weniger abgrenzenden Mittel signalisiert werden soll.

Statussymbole

Bescheidenheit und Zurückhaltung sind am einen Ende der Werteskala, an dessen anderem Ende Offenheit und Extrovertiertsein stehen. Wem Reichtum wichtig ist und wer das auch noch gerne zeigt, ist kein schlechterer Mensch als der, der trotz Millionen auf dem Konto kein Auto fährt, das bei sechsstelligen Anschaffungspreisen startet. Sie können so protzig oder dezent sein wie Sie wollen, solange Sie es nicht zulasten anderer tun. Ein Netzwerk, das sich wie *NENA* (Netzwerk für nachhaltige Unternehmen; www.nena-network.net) dem Umweltschutz verschrieben hat, wird vermutlich wenig begeistert von einem Anwärter sein, der mit 12 Zylindern unter der Haube vorfährt. Hier passen Sie nicht hin.

Die Klubs der Reichen und Schönen, Netzwerke auf der Ebene von _Bhive_ (`www.familybhive.com`) etwa, das sich selbst als »A place for wealth owners to meet and share their views« bezeichnet, lassen Sie unter drei eigenen Ferraris vermutlich gar nicht rein.

Allgemein gilt in der deutschen Geschäftswelt, dass Sie durchaus teuer gekleidet oder motorisiert sein dürfen, auch die Rolex am Arm oder für Damen die Diamanten um den Hals schaden nicht, solange es zum Anlass passt, nicht kommentiert und den anderen überlassen wird, Statussymbole zur Kenntnis zu nehmen. Die Werbung, in der »mein Haus, mein Auto, meine Frau« in Fotoform auf den Tisch geknallt werden, ist weit von dem entfernt, wie Sie sich tatsächlich verhalten sollten.

Der 1:1-Kontakt

In diesem Kapitel

▶ Welche Anlässe sich für Einzeltreffen eignen

▶ Den richtigen Rahmen schaffen

▶ Wie Sie Gespräche unter vier Augen bestreiten

▶ Das richtige Maß an Vertraulichkeit finden

▶ Welche Ergebnisse Sie privat erreichen können

*J*etzt haben Sie es fast geschafft, der anvisierte Kontakt ist in Ihrem Netzwerk gelandet, Sie haben E-Mails ausgetauscht und vielleicht sogar schon telefoniert. Der nächste Schritt ist ein persönliches Treffen. Dieses können Sie auf eine Veranstaltung legen und sofort in Kapitel 16 weiterlesen. In vielen Situationen ist es aber gut, ohne Ablenkungen und andere Anwesende ins Gespräch zu kommen, um einen anhaltenderen Eindruck zu hinterlassen. Dieses Kapitel beschreibt, wie Sie dabei am besten vorgehen.

Anlässe für direkten Kontakt

In den meisten Fällen findet Netzwerken im Kreise mehrerer Personen statt. Im Privaten können das Familienfeste sein, zu denen Sie mit einem lachenden und einem besorgten Auge gehen, im Berufsleben sind die großen Veranstaltungen oft Weihnachtsfeiern, Messeauftritte oder Präsentationen. Und es kommt privat doch auch vor, dass Sie eine Cousine auf einen Kaffee treffen, um Dinge zu erfahren, die sie vor versammelter Mannschaft nicht erzählen würde. Ebenso verhält es sich im Berufsleben: Manche Themen lassen sich am besten unter vier Augen besprechen.

Firmeninterne Besprechungen

Mit Kollegen, Vorgesetzten oder bislang unbekannten Angehörigen des eigenen Unternehmens können Sie aus verschiedenen Gründen den direkten Kontakt suchen. Beispiele sind:

✔ Im Intranet haben Sie gesehen, dass eine andere Abteilung eine Stelle ausgeschrieben hat, die Sie interessiert.

✔ Für ein anstehendes Projekt sollen Sie mit einem Mitarbeiter eng zusammenarbeiten, den Sie bislang nicht kennen.

✔ Ihr ehemaliger Vorgesetzter bittet Sie um Ihre Meinung, auch wenn Sie nicht mehr zu seiner Abteilung gehören.

Jeder dieser Anlässe bietet Gelegenheit, den eigenen Informationsstand aufzubessern und sich mit Menschen kurzzuschließen, die Sie ansonsten nicht regelmäßig treffen. Je mehr Sie wissen, umso wertvoller sind Sie als Kontakt für andere und umso besser sind Ihre Chancen, zukünftigen Herausforderungen besser entgegentreten zu können.

Sie machen sich zwar dadurch attraktiv, dass Sie viele Informationen mit anderen teilen, aber Sie sollten auf jeden Fall Vertrauliches für sich behalten. Hier eine Grenze zu ziehen und genau zu wissen, was Sie als Informationskapital nutzen sollten und was nicht, ist beim Netzwerken eine grundlegende und geschätzte Fähigkeit.

Versuchen Sie nie, aus Ihrem Gegenüber Informationen herauszukitzeln, die dieser nicht freiwillig teilen will. Damit disqualifizieren Sie sich für eine angenehme Zusammenarbeit.

Als Unternehmer Kunden oder Lieferanten treffen

Als Unternehmer haben Sie vermutlich öfter mit Zulieferern oder Abnehmern zu tun als ein Arbeitnehmer. Meistens treffen Sie Ihre Geschäftspartner nicht direkt, sondern kommunizieren via E-Mail oder telefonisch, weil es schneller und einfacher ist, als sich jedes Mal zusammenzusetzen. Dennoch gibt es auch Anlässe für ein persönliches Treffen:

✔ Ein Kunde hat angedeutet, dass er über alternative Angebote statt Ihrer Produkte nachdenkt.

✔ Im Lieferantenverhältnis sind erhebliche Probleme aufgetreten, deren Beseitigung am besten direkt besprochen wird.

✔ Im Rahmen von anstehenden Großprojekten muss die Lage sondiert werden.

✔ Stammkunden sollen persönlich über neue Angebote oder Veränderungen der Betriebsstrukturen informiert werden.

Auch wenn Sie Subunternehmer beschäftigen oder in Kooperationen tätig sind, ist es hilfreich, sich von Zeit zu Zeit einzeln mit Ihren Partnern zusammenzusetzen und die Situation, Geschehnisse oder Verbesserungsideen ablenkungsfrei zu diskutieren.

Politik und Lobbyarbeit

In fast jedem amerikanischen Spielfilm, der etwas mit dem Präsidenten oder einem Gouverneur zu tun hat, kommen Wahlberater vor, deren einzige Daseinsberechtigung zu sein scheint, dass sie andere von ihrer Einschätzung des Kandidaten und seiner Sicht der Welt überzeugen können. Im unpolitischen Alltag mag Ihnen das überzogen vorkommen, aber dennoch ist Lobbyarbeit eine klassische Ausprägung des Netzwerkens und erfolgreiche Lobbyisten die am besten vernetzten Menschen im Land.

Was Sie sich davon abgucken können ist einfach: Wer andere »auf Linie« bringen will, also für eine Veränderung innerhalb von Gremien arbeitet oder bestimmte Gestaltungsmöglichkeiten innerhalb einer Gruppensatzung anstrebt, nimmt sich immer erst einmal den Einzelnen vor. Wenn in Interessengemeinschaften Mehrheitsentscheidungen fallen, sind immer im Vorfeld die Aktiven unterwegs, um die anderen zu überzeugen, ihre Stimme für die eigene Sache abzugeben. Wenn Sie in einem Klub für oder gegen etwas sind, dann sammeln Sie Mitstreiter einzeln ein, die dann im besten Fall geschlossen hinter Ihnen stehen. Politik wird in und für Gruppen sichtbar, aber welche Entscheidungen fallen, ist in vielen Fällen vorab in Einzelgesprächen verabredet worden.

Der Rahmen zum Gespräch

Sie wollen eine Person allein treffen. Das ist gut. Aber überlegen Sie genau, wie Sie das Umfeld gestalten und welche Signalwirkung davon ausgeht. Im Klischeefall kann das einen völlig falschen Eindruck erwecken, wenn Sie als Frau Ihren Chef beim Candle-Light-Dinner um eine Gehaltserhöhung bitten.

Wenn Sie überlegen, wie der Rahmen des Treffens aussehen soll, gehören dazu der Ort und die Zeit. Damit einhergehen die angemessene Kleidung und der finanzielle Rahmen, in dem sich die Verabredung abspielt. Einen guten Kunden dürfen Sie gern auch mal verwöhnen, ohne dass es gleich nach Bestechung riecht. In anderen Fällen, etwa bei einem Termin mit dem Kreditberater, wirkt ein Vier-Sterne-Restaurant unpassend.

Frühstück, Mittagessen, Kaffee oder Dinner?

Jede Tageszeit hat ihre Reize. So sprechen je nach Typ und Charakter, aber auch nach Gesprächsstoff viele Gründe für die eine oder andere Wahl.

✔ Am Morgen sind Sie frisch und ausgeruht, freuen sich möglicherweise (und Ihr Gegenüber auch), dass Sie nicht sofort ins Büro müssen und plaudern gern freundlich in den Tag hinein. Das ist schön, und offensichtlich sind Sie kein Morgenmuffel, für den ein Frühstückstermin bedeutet, dass er um 5 Uhr aufstehen muss, damit er um 8 Uhr erträglich ist. Frühstücksdates eignen sich für Menschen, die Sie kennen und dahingehend einschätzen können, ob Sie ihnen damit etwas antun oder eine Freude machen.

Eine Sonderform sind Verabredungen zum _Brunch_. Besonders am Wochenende lässt sich über den verschiedenen Angeboten am Büfett Small Talk betreiben und eine lockere Stimmung für Vorverhandlungen schaffen. Grundsätzlich sind Vormittagstermine gut für eine lockere Atmosphäre und geeignet, um bestehende Kontakt aufzufrischen und wiederzubeleben, auch ohne konkreten Anlass.

✔ Eine Mittagspause macht fast jeder, wenn auch meist nur kurz. Gemeinsame Mittagessen sind somit wunderbar zum Mal-wieder-Andocken oder um kurze, klar umrissene Themen zu besprechen. Alles, was länger dauern könnte, sollte nicht auf einen Mittagstermin gelegt werden, denn oft haben beide Beteiligte danach noch zu tun und schauen oft auf die Uhr. Das verdirbt den netten Eindruck, der nach jedem Treffen im Gedächtnis bleiben sollte.

✔ »Kommen Sie doch nächste Woche mal auf einen Kaffee vorbei.« So werden viele Verabredungen angebahnt, die Hälfte von ihnen versandet jedoch in den Wochen danach. Wenn Sie sich zur Kaffeezeit verabreden, dann am besten gleich mit einem Termin. Oft sitzt einer im eigenen Büro, arbeitet und würde einen Kaffee machen, wenn der oder die andere vorbeikäme. Was morgens, mittags und abends scheinbar mühelos funktioniert, wird am Nachmittag zum Problem: eine konkrete Verabredung. Der verschobene Kaffee wird dann entweder zum Running Gag oder aber zum Hemmschuh weiterer Kontakte.

Wenn das gemeinsame Kaffeetrinken klappt, kann die berufliche Beziehung um eine persönliche Ebene erweitert werden. Besonders bei Kooperationspartnern ist es nützlich, wenn sie sich ein Bild davon machen können, wie und wo Sie arbeiten, um zukünftig auch so an Sie zu denken.

Zum Kaffee ins eigene Büro einzuladen bedeutet auch, dass es repräsentativ sein muss. Achten Sie darauf, dass Ihr Büro ordentlich ist, denn wie soll Ihr Kunde glauben, dass Sie sein Projekt im Griff haben, wenn sich die leeren Kaffeetassen auf Ihrem Schreibtisch stapeln?

Auch der Termin am Nachmittag ist in der Regel nicht *open end*, sondern der Tag geht für die Beteiligten danach noch weiter. Sowohl die Wahl des Gesprächsstoffs als auch die Schwere des angebotenen Kuchens sollten sich danach richten, was Sie und Ihr Gegenüber noch vorhaben. Kaffeetermine sind klassische Plaudertermine.

✔ Das traditionelle Geschäftsessen zur Besprechung umfangreicherer Themen findet am Abend statt. Es ist geradezu unhöflich, zu solchen Treffen zu erscheinen und anzukündigen, dass man danach noch etwas vorhat. Bei Terminen am Abend bleibt Zeit für Small Talk und ein angenehmes Warmwerden mit den Gesprächspartnern. Sie müssen in die Thematik, die Sie sich für den Abend vorgenommen haben, nicht direkt einsteigen und auch Ihr Gesprächspartner hat Zeit, sich an neue Ideen zu gewöhnen. Bei Abendveranstaltungen, die nach einem langen Beisammensein aussehen, achten Sie von Anfang an darauf, dass Sie sich nicht beispielsweise durch eine zu große Leidenschaft für den leckeren Rotwein in peinliche Situationen bringen.

Der passende Ort

Als Netzwerkanfänger haben Sie wahrscheinlich noch nicht viel Erfahrung mit solchen Verabredungen und der Auswahl der passenden Orte. Als mir zum ersten Mal eine Kundin von außerhalb im Telefonat vorschlug, wir könnten doch in der folgenden Woche zusammen Mittagessen gehen, habe ich tagelang überlegt, wo ich sie am besten treffen soll. Am Ende wurde es ein zentral gelegenes, rustikales Restaurant mit Business-Lunch-Karte und Geweihen an den Wänden. Da die Dame eine toughe Geschäftsfrau ist, Leiterin einer Filiale eines deutschen Sportwagenherstellers und aus Bayern stammt, kam die Wahl gut an.

 Überlegen Sie sich, was Sie über Ihr Gegenüber wissen. Das kann wichtige Hinweise geben, welcher Ort geeignet ist. Im Zweifel fragen Sie nach, denn zum Beispiel mit einem Vegetarier am Mittagstisch im Steakhaus zu sitzen, schafft keine guten Voraussetzungen für ein angenehmes Gesprächsklima.

Der Ort hängt auch von der gewählten Zeit ab. Grundsätzlich gibt es die folgenden Möglichkeiten:

✔ **Büro oder zu Hause**

Wenn Sie wirklich ungestört mit einem anderen Menschen reden wollen, können Sie in einem Besprechungsraum oder bei vertrauteren Personen auch im heimischen Wohnzimmer Geschäftliches besprechen. Besonders für viele Freiberufler, die von zu Hause aus arbeiten, ist das eine Möglichkeit, sich nicht im lauten Café zwischen spielenden Kindern oder abends in der Kneipe zu halbformellen Anlässen zu verabreden. Innerhalb hierarchischer Verhältnisse ist es extrem unüblich, nach Hause einzuladen. Es kann leicht missverstanden werden, wenn Sie Ihrem Vorgesetzten gegenüber eine solche Einladung aussprechen. Die Atmosphäre bei derart privaten Treffen ist leicht vertraulich, aber Sie sollten genau darauf achten, dass nicht zu viel von Ihnen offensichtlich herumliegt und ins Auge springt. Partner, Kinder und Haustiere sind in solchen Zusammenhängen auch eher störend als hilfreich.

✔ **Kantine, Restaurant und Café**

Sollten Sie und Ihr Gesprächspartner in derselben Firma arbeiten, die noch über eine akzeptable Kantine oder ein eigenes Café verfügt, dann ist das der Ort der Wahl, um bislang unbekannte Kollegen kennenzulernen. Allerdings verbreiten sich Treffen gern über den Flurfunk, wenn Sie also etwas Geheimes zu besprechen haben und auch nicht wollen, dass das Treffen an sich bekannt wird, dann wählen Sie einen Ort außerhalb des Unternehmens.

Die Wahl eines geeigneten Restaurants hängt von den Vorlieben der Beteiligten ab. Beide sollen sich schließlich wohlfühlen. Bahnhofscafés sind der Klassiker der unerfreulichen Treffpunkte, auch wenn sie noch so praktisch in der Nähe des Stadtzentrums liegen; doch wenn Sie beispielsweise einen Geschäftspartner auf der Durchreise treffen möchten, lohnt es sich, ein anderes nahegelegenes, gemütliches Fleckchen zu recherchieren.

Zum Abendessen können Sie formell oder vertraulich einladen, für viel Geld oder wenig. Wenn Sie mit einem Geschäftspartner etwa einen erfolgreichen Abschluss feiern, darf der Rahmen ruhig luxuriöser sein als bei einer hemdsärmeligen Besprechung der kurz- und mittelfristigen Marketingziele mit dem Produktmanager der Parallelabteilung.

✔ **Veranstaltung**

Eine gelungene Abwechslung kann der Besuch einer Varieté-Vorstellung, der Rennbahn oder auch einer Wellnesseinrichtung sein. In manchen Städten gibt es Dinnerveranstaltungen, bei denen noch Unterhaltungsprogramm zusätzlich geboten wird. Auch hierbei gilt, dass die Veranstaltung Ihrem Verhältnis zu Ihrem Gast angemessen sein muss. Die meisten gruseln sich vermutlich bei der Vorstellung, mit dem Chef in die Sauna zu gehen, aber in manchen Kreisen ist genau das der Ort, an dem vor allem Männer in die dampfende Stille hinein mit wenigen Worten ein Geschäft abschließen oder eine strategische Richtung festgelegen.

Es lohnt sich, im kulturellen Hintergrund des Gastes nach Inspirationen zu suchen. Japaner gehen tatsächlich gern auch in geschäftlichen Zusammenhängen zum Karaoke und bei Südamerikanern sind auch Tanzveranstaltungen ein schöner Rahmen, um Berufliches zu besprechen.

Privat oder zu privat?

Oft werden die Begriffe persönlich, vertraulich und privat vermischt. Ein Treffen kann alles, aber auch nur eins davon sein. Haben Sie jemals die Erfahrung gemacht, dass Ihnen ein anderer unangemessen dicht auf die Pelle gerückt ist, zu private Fragen gestellt hat oder – fast noch schlimmer – ungefragt Privates erzählt hat? Dann wissen Sie bereits, dass es Grenzen dessen gibt, was man der Umwelt mitteilen sollte.

TMI *(too much information)* ist ein Gesprächs- und Vertrauenskiller. Niemand möchte sich einer derart unangenehmen Situation zweimal aussetzen und außerdem geht Ihr Privatleben eigentlich wirklich keinen etwas an.

In Kapitel 14 waren Werte ein zentrales Thema. Werte hängen eng mit dem zusammen, was Privatleben ist, und sollten nur unter bestimmten Umständen in einem vertraulichen Gespräch Raum haben. Sie sollen authentisch sein und sich nicht verbiegen, aber Sie müssen auch niemanden brüskieren, indem Sie ungefragt Ihre Finanzlage (nach dem Motto: mein Haus, mein Auto, meine Frau), Ihre politischen und religiösen Ansichten oder Ihre sexuellen Neigungen ausbreiten.

Vom Small Talk zum Tachelesreden

Aller Anfang ist Small Talk, das gilt in fast jedem Zusammenhang und bei so ziemlich jedem Geschäftsgespräch. Wie das geht, können Sie in Kapitel 4 genauer nachlesen. Irgendwann aber wollen Sie dann auch über Ihr Anliegen sprechen, denn meistens sind Sie nicht verabredet, um einfach nur so Höflichkeiten auszutauschen, sondern haben ein bestimmtes Ziel vor Augen.

Versuchen Sie, eine möglichst elegante Überleitung zu finden. Die schönste Small-Talk-Phase ist dahin, wenn Sie aus dem Nichts mit Ihren Wünschen herausplatzen.»Wie geht es Ihrer Frau? ... ah, ja. Und wie sieht es mit meiner Beförderung aus?« wird Sie nirgendwohin bringen.

Ein Weg führt über Komplimente zum Ziel.»Ich bewundere ja, wie Sie es geschafft haben, Ihre Position als xyz so schnell zu erreichen. Wann sind Sie ins Unternehmen gekommen? Und wann wurde Ihnen die aktuelle Stelle angeboten? Ich wünschte, ich könnte auch so zügig aufsteigen und mein Potenzial umsetzen.« Den Charakter von Komplimenten und dass Sie sie nicht mit Unwahrheiten vermischen sollten, können Sie in Kapitel 4 auffrischen. Wenn Sie das dann nicht leidend-seufzend anbringen, sondern mit der Offenheit, es als Frage im Raum stehen zu lassen, bieten Sie Ihrem Vorgesetzten die Chance, darauf einzugehen.

 Öffnen Sie in einem Gespräch thematische Türen, aber überlassen Sie es Ihrem Gegenüber, hindurchzugehen. Sollte er gar nicht reagieren, waren Sie vielleicht zu dezent, dann können Sie nachlegen, aber vermeiden Sie unbedingt, als fordernd oder aufdringlich wahrgenommen zu werden. Das wäre der sichere Weg, nicht zu erreichen, was Sie wollen.

Für jedes Gespräch sollten Sie vorab klar festlegen, was erreicht werden soll. Dabei hilft es auch, sich die eigenen Netzwerkziele und -strategien (siehe Kapitel 6) noch einmal vor Augen zu führen und einzuordnen, wie das anstehende Treffen dazu beitragen kann voranzukommen.

Veranstaltungen besuchen

16

In diesem Kapitel

▷ Welche Veranstaltungen Sie beim Netzwerken weiterbringen

▷ Wie Sie sich sicher auf Veranstaltungsparkett bewegen

▷ Was Sie tun können, um bei Treffen positiv aufzufallen

▷ Wann Sie über eigene Veranstaltungen nachdenken sollten

Fragen Sie doch mal in Ihrem Bekanntenkreis herum, wer was unter Netzwerken versteht. Sie werden vielfach die Antwort erhalten, dass man sich dazu auf langweiligen Empfängen herumdrücken muss, um sein Gesicht zu zeigen und möglicherweise interessanten, aber auch unendlich vielen langweiligen Menschen vorgestellt zu werden. Wer sich so negativ äußert, hat vermutlich die falschen Veranstaltungen ausgewählt oder aber viel dafür getan, dort keinen Spaß zu haben.

Damit Ihnen das nicht so geht, möchte ich Ihnen in diesem Kapitel nahebringen, wie Sie auf welchen Veranstaltungen Gutes für sich und andere erreichen können. Der geschäftliche Zusammenhang kann bei Treffen in größeren Gruppen direkt gegeben sein, muss aber nicht. So manche Spenden-Gala oder Sportveranstaltung hat schon bessere Kontakte gebracht als das Jahrestreffen des Branchenvereins.

Quo vadis – welche Veranstaltungen bieten was?

Als Anfänger stehen Sie besonders in größeren Städten vor einer unüberschaubaren Anzahl von Event-Angeboten, zwischen denen Sie sich entscheiden sollen. Wenn Sie erst einmal auf XING angekommen sind, kann es gut sein, dass Sie täglich mehrere Einladungen zu Treffen in Lounges, ins Kino, zum Frühstücken und andere bekommen.

Solange Sie üben, an Veranstaltungen teilzunehmen, sollten Sie sich für die entscheiden, die thematisch zu Ihren Interessen passen. Dabei ist es fast egal, ob es sich um den Kegelklub der regionalen Hundefriseure oder den jährlichen Ball der Anwaltskammer handelt: Gehen Sie dorthin, wo Sie Spaß haben und andere Gäste mögen werden. So üben Sie den Auftritt vor Fremden am besten.

Veranstaltungsarten

Mit dem Stichwort »Event« verbinden viele häufig nur direkt von formellen Netzwerken organisierte Treffen. Allerdings gibt es eine Reihe von weiteren Arten von Veranstaltungen, auf denen Sie netzwerken können. Die einzelnen Gruppen sollen nun vorgestellt werden:

✔ **Netzwerktreffen**

Vereine, Gruppen, Branchen oder Verbände organisieren regelmäßige Mitgliedertreffen. Jede Aktiengesellschaft hat eine jährliche Hauptversammlung, auf der alle Eigentümer, also Aktionäre, die einem gemeinsamen Zweck verbunden sind, im besten Fall dem Wohl des Unternehmens, zusammenkommen.

 Haben Sie Aktien? Ja? Und waren Sie je auf einer Hauptversammlung? Nein? Abgesehen davon, dass es Snacks und Getränke gibt, ist das eine wunderbare Gelegenheit, sich mit wildfremden Menschen zu unterhalten und einerseits Netzwerkauftreten in Gruppen zu üben und andererseits womöglich interessante Kontakte zu knüpfen. Wenn Sie keine Aktien haben, dann kaufen Sie sich eine; nicht als Spekulationsobjekt, sondern als Eintrittskarte zu einer geschlossenen Versammlung.

Natürlich ist es bei einem Netzwerktreffen der weit häufigere Fall, dass Sie von Ihrer Gruppe eingeladen werden. So können Sie zum Frühstücksmeeting der Rotarier im Berliner Adlon gehen, den Jahresempfang des Presseclubs besuchen oder auch nur den Informationsabend Ihres bezirksgebundenen Unternehmerstammtischs mit Ihrer Anwesenheit beehren. Auch Visitenkartenpartys werden von Verbänden, aber auch eigenständigen Anbietern als Events organisiert.

Allen Netzwerktreffen gemeinsam ist, dass sie für Mitglieder und manchmal auch Interessierte offen sind und Sie bei den Events Gleichgesinnte aus den jeweiligen Vereinigungen treffen. Da das Publikum über die Einladungen ausgewählt wird, kann das Thema variieren und es können sowohl Freizeitabende in lockerer Atmosphäre als auch themenspezifische Fachvorträge oder gar Abendveranstaltungen in edler Garderobe angesagt sein.

Nachdem Sie einem Netzwerk neu beigetreten sind, sollten Sie sich bei den regelmäßigen Treffen blicken lassen, um die Aktiven kennenzulernen, die den Laden schmeißen, und um Ihr Gesicht zu zeigen. Außerdem lernen Sie in den meist kleineren Runden schneller Menschen kennen, die dann auf Großveranstaltungen ein Rückhalt und eine Anlaufstelle für Sie sein können.

✔ **Fachvorträge und Weiterbildung**

In der modernen Arbeitswelt ist fast jeder Berufstätige unabhängig davon, ob er angestellt oder selbstständig ist, auf etwas in seinem Tätigkeitsbereich spezialisiert. Als Gründungsberaterin habe ich mich lange besonders um Gründungen aus der Arbeitslosigkeit heraus gekümmert, nun sind es Special-Interest-Start-ups, ungewöhnliche Projekte mit besonderen Rahmenbedingungen. Die meisten Ärzte sind Fachärzte, viele Steuerberater auf bestimmte Unternehmensformen spezialisiert und den Feld-Wald-und-Wiesen-Anwalt, der alles macht und alle Bereiche abdeckt, gibt es auch kaum noch.

Entsprechend hoch ist der Druck, sich weiterzubilden und über die aktuellen Entwicklungen im eigenen Sektor auf dem Laufenden zu bleiben. Ein positiver Nebeneffekt von Veranstaltungen, Vorträgen und Weiterbildungen ist die Tatsache, dass Sie sich mit anderen Vertretern Ihrer Zunft vernetzen können. Niemand ist perfekt und keiner kann auf jede Frage eine Antwort wissen. Wie wunderbar ist es dann, wenn Sie Herrn X aus Y anrufen können, um ihn um seine Meinung oder gar um Rat zu fragen. Aus solchen Treffen entstehen Kooperationen und Partnerschaften – vielleicht haben Sie eines Tages einen Kunden zu viel für Ihre Kapazitäten und geben ihn weiter, vielleicht bekommen Sie dafür in schlechteren Zeiten einen empfohlen.

 Menschen zu kennen, die sich in meiner eigenen Materie auch gut auskennen, hat mir im Berufsleben schon unersetzliche Vorteile gebracht. Trotz immer noch verbreiteter Ellenbogenmentalität und teilweise ungesundem Konkurrenzdenken sind diejenigen besser gestellt, die auf jede Frage entweder eine Antwort parat haben oder wissen, wen sie fragen müssen.

Wie schon beim Umgang mit Empfehlungen müssen auch Ihre externen Quellen absolut zuverlässig sein. Geben Sie Kunden nur solche Informationen, von denen Sie sicher sind, dass sie richtig sind. Auch in diesem Zusammenhang ist es sinnvoll, sich aufmerksam an den Diskussionen im Rahmen von Fachtagungen zu beteiligen: So können Sie feststellen, wer auf Ihrer Wellenlänge liegt und wem Sie lieber widersprechen möchten.

✔ **Messen besuchen**

Ihr Fachpublikum treffen Sie unter anderem auf Messen. Darüber hinaus werden Messen auch von Kunden besucht, sofern Sie Aussteller sind (siehe den Kasten »Auf Messen aufstellen«), oder Sie als Kunde treffen verschiedene Lieferanten an deren Ständen und schlendern mit Ihren Mitbewerbern gemeinsam durch die Räume. Wo Fachvorträge sich eher um die Kenntnisse und das Wissen der Beteiligten drehen und oft einen intellektuellen Anspruch haben, geht es bei Messen fast immer um Produkte. Autobauer kommen in Frankfurt, Detroit, Genf und Shanghai zusammen, um Kunden auf sich und ihre Innovationen aufmerksam zu machen, aber auch, um den Lieferantenvertretern die Hand zu schütteln und Kooperationen anzubahnen. Es gibt Schmuckmessen (Inhorgenta in München) und Bootsmessen (Boot in Düsseldorf), Landwirtschaftsmessen (Grüne Woche in Berlin) und Hochzeitsmessen, aber auch Dienstleistungsmessen und Jobmessen. Zu all diesen Veranstaltungen kommen Anbieter und Abnehmer zusammen, um sich zu informieren und Angebote zu vergleichen.

Als Besucher einer Messe können Sie unterschiedliche Strategien verfolgen, je nachdem, welches Ziel Sie im Sinn haben. Wenn Sie sich einen Überblick verschaffen wollen, was zu einem bestimmten Thema auf dem Markt ist, weil Sie Kunde sind oder in den Markt selbst einsteigen wollen, sollten Sie gut vorbereitet auf die Messe gehen. Im Vorfeld ist es Ihre Aufgabe, die Branchenführer herauszufinden, denn deren Stände sollten Sie sich unbedingt ansehen. Aber besuchen Sie auch die kleinen Innovatoren, die Trends aufzeigen und anhand von Prototypen zeigen, was technisch machbar ist. Versuchen Sie, an so vielen Ständen wie möglich Gespräche mit denjenigen zu führen, die auch tatsächlich zum Unternehmen gehören. Eine noch so hübsche Messehostess bringt Ihnen als Kontakt gar nichts.

Wenn Sie auf der Suche nach einer Anstellung sind, können Sie auf der Messe Kontakte zu Fachmitarbeitern knüpfen, die Sie mit Ihrem Wissen beeindrucken können. Vielleicht ergibt sich ja das Thema, dass in einer Abteilung gerade jemand in Pension geht oder ein bestimmter Zweig ausgebaut werden soll. Tragen Sie aber nicht zu dick auf und fallen Sie niemandem auf die Nerven. Für die Jobsuche gibt es eigene Jobmessen mit unterschiedlichen Themen (mehr dazu in Kapitel 18), zu denen Sie sich adrett und gut vorbereitet aufmachen sollten.

Je spezifischer Ihr Anliegen auf der Messe ist – ich war einmal auf einer Motorradmesse, nur um mir ein bestimmtes neues Modell anzuschauen –, desto mehr Zeit können Sie an einem Stand verbringen und desto intensiver fallen die Gespräche mit den Ausstellern aus. Wenn Sie ein gutes Gespräch geführt haben, fragen Sie nach einer Visitenkarte und sofern Sie nicht als Privatkunde unterwegs sind, lassen Sie Ihre Karte da.

Auf Messen ausstellen

Für viele Mittelständler ist es ein großer Schritt, sich auf einer (internationalen) Messe zu präsentieren. Dabei ist gerade für wenig bekannte Hersteller von besonderen Produkten oder Dienstleistungen eine Messe das ultimative Instrument, um sich besser zu vernetzen, die Mitbewerber kennenzulernen, Kunden und Zwischenhändler auf sich aufmerksam zu machen und das eigene Geschäft anzukurbeln. Allerdings gibt es ein paar Dos und Don'ts, die Sie beachten müssen:

✔ Planen Sie den Standaufbau und Ihre Dekoration lange im Voraus und anhand des Lageplans, den Sie vom Messeanbieter erhalten. Sie müssen ein Blickfang sein und professionell wirken, alles andere geht nach hinten los.

✔ Stellen Sie sich selbst so oft wie möglich an Ihren Stand und vermitteln Sie Ihre Kompetenz. Trotz der notwendigen Besuche anderer Stände verkaufen Sie ja sich und Ihre Produkte. Wer sich dafür interessiert, möchte auch Sie als Verantwortlichen sprechen.

✔ Für große Stände benötigen Sie Personal. Achten Sie darauf, dass das nicht Kaugummi kauend den eigenen Kaffee schlürft, sondern interessierte Menschen freundlich anspricht und auch etwas von Ihren Produkten weiß.

✔ Gehen Sie offen auf Mitbewerber zu und bestaunen Sie deren Angebot. Besserwisser gibt es genug und niemand möchte vom Standnachbarn darüber aufgeklärt werden, was er besser machen kann.

✔ Sammeln Sie Visitenkarten, aber nicht zum Selbstzweck, sondern notieren Sie sich, mit wem Sie worüber gesprochen haben und was sich als Nachbearbeitung anbieten würde. Eine Messe ist wie die Aufforderung zum Tanz, aber der wird nur stattfinden, wenn Sie im Nachgang auch Infomappen versenden, der interessierten Presse Auskunft geben oder Kunden ein individuelles Angebot zukommen lassen.

Für bestimmte Messeteilnahmen gibt es übrigens Zuschüsse des *Bundesamts für Wirtschaft und Ausfuhrkontrolle* (BAFA). Außerdem organisieren Branchenverbände oft Sammelstände für kleine Unternehmen.

✔ **Freizeitangebot nutzen**

Die meisten Menschen haben mindestens ein Hobby. Viele sind allerdings nicht in Vereinen organisiert, die Mitgliederveranstaltungen organisieren und so Menschen zusammenbringen. Aber wer zum Beispiel einen Hund hat, weiß, dass es keines Hundesportvereins bedarf, um Gleichgesinnte kennenzulernen. Sie gehen Gassi, die Hunde spielen, die Menschen unterhalten sich, das Thema »Was machen Sie beruflich?« kommt auf und plötzlich kommt ein Kundenkontakt zustande. Das funktioniert natürlich nicht nur mit Hunden (oder Pferden), sondern immer dort, wo fremde Menschen mit gleichen Interessen zusammenkommen. Gehen Sie zu einem Frauen-Bundesligaspiel, zu einem Vortrag über Naturschutz, einer Führung durch ein Museum oder zum Eisbaden an der Ostsee. Sie müssen da nicht allein hingehen, nehmen Sie Freunde oder Bekannte mit, aber üben Sie, mit anderen ins Gespräch zu kommen.

 XING und andere Online-Portale bieten Gruppen zu allen möglichen Themen an. So können Sie sich zum Klettern, Radeln oder Wandern verabredet, Kinoabende oder Lesungen besuchen und auf diesem Weg neue Menschen kennenlernen, mit denen Sie immerhin schon ein Interesse verbindet.

Nicht nur Sie haben einen interessanten Beruf, auch andere haben etwas zu erzählen, haben sich Wissen angeeignet, das Ihnen helfen kann, oder Fähigkeiten, die Sie vielleicht in diesem Moment oder auch später einmal brauchen können. Wichtig ist auch, dass Sie Kontakte zu interessanten Menschen nicht verpuffen lassen, sondern Daten sammeln und die Beziehung von Zeit zu Zeit je nach Wichtigkeit mit einer Karte oder E-Mail wiederbeleben.

✔ **Tu Gutes und rede darüber**

Ehrenamtliche Tätigkeiten und Solidaritätsveranstaltungen für Schwächere bringen in unserer Gesellschaft verdienten Respekt und Achtung mit sich. Wenn Sie ein bisschen Ihrer Zeit erübrigen können, kann sich das in zweierlei Hinsicht bezahlt machen. Zum einen lernen Sie andere kennen, die sich organisieren und helfen wollen und mit denen Sie demnach etwas gemeinsam haben. Zum anderen ist es legitime Eigenwerbung, zu »den Guten« zu gehören. Besonders wenn Sie einen gewissen Bekanntheitsgrad haben, können Sie den Nutzen und die damit verbundene Medienaufmerksamkeit für Ihre Sache einspannen. Achten Sie jedoch darauf, dass Sie sich nicht damit lächerlich machen, dass Sie für etwas werben oder sammeln, wovon Sie keine Ahnung haben. Die Sache sollte Ihnen spürbar am Herzen liegen und nicht der Selbstdarstellung dienen. Dafür haben andere Ehrenamtliche und Kunden oft ein gutes Gespür und Trittbrettfahrer sind ebenso unbeliebt wie wahrhaft Engagierte gern gesehen sind.

✔ **Privatveranstaltungen**

Ein Klischee besagt, dass sich auf Hochzeiten viele zukünftige Paare begegnen, und da ist sogar was Wahres dran. Nun geht es hier nicht um Ihr privates Glück, sondern um das Geschäftliche, aber das Prinzip ist das gleiche. Auf Feiern und Jubiläen, Gartenpartys und Einweihungen ist die Atmosphäre locker und Sie kennen sicher nicht immer alle Anwesenden. Nutzen Sie das aus und plaudern Sie auch einmal mit Fremden und nicht immer nur mit Ihren Freunden. Das Gespräch muss gar nicht beruflich werden, aber ein neuer Kontakt zu einem sympathischen Menschen bringt immer eine Reihe von vielleicht brauchbaren Kontakten zweiten oder dritten Grades mit sich. Und am Ende haben Sie sich möglicherweise auch einfach gut amüsiert.

Veranstaltungszwecke

So wie Sie mit Ihren Netzwerkaktivitäten ein bestimmtes Ziel (oder mehrere) verfolgen, haben sich auch die Veranstalter von den verschiedenen Arten von Events etwas dabei gedacht, als sie sich an die Planung gemacht haben. Dies zu berücksichtigen hilft Ihnen bei den Besuchen und verbessert Ihre Ausbeute.

✔ **Wissen und Kompetenz vermitteln**

Ausrichter von Tagungen, Seminaren oder Weiterbildungen nutzen ihre Veranstaltung häufig auch, um ihre Kompetenz unter Beweis zu stellen und zukünftige Kunden zu gewinnen. So bieten Unternehmensberatungen oft Gründerseminare zu geringen Kosten an, um den Gründern in Zukunft als Berater bekannt zu sein. Auch die Teilnehmer von solchen Gründungsseminaren bleiben oft wie Alumni oder Schulfreunde miteinander in Kontakt. Der Anbieter aber möchte vor allem die Bindung zum eigenen Unternehmen stärken. Wer gute Referenten aufzuweisen hat, wird als Veranstalter auch wieder besucht.

Für Sie bedeutet das im Netzwerkzusammenhang: Sie können einmal darüber nachdenken, selbst Veranstaltungen auszurichten, um auf Ihre Fähigkeiten aufmerksam zu machen (siehe dazu den letzten Abschnitt dieses Kapitels), zum anderen können Sie mögliche Geschäftspartner durch deren Angebote kennenlernen und sich so ein Bild davon machen, was sie können.

✔ **Waren präsentieren**

Messen, auch kleine Hausmessen eines einzelnen Anbieters, dienen meistens der Warenpräsentation. Der Anbieter, egal ob es sich um die Messe Berlin oder den Gartenbaumarkt um die Ecke handelt, wollen möglichst viele Kunden dazu bewegen, den besten Anbietern zu begegnen. Eine gut organisierte Messe gibt über den ausgewählten Bereich also einen guten Überblick. Ihnen nutzt das, weil Sie sich genau diesen Überblick über Angebote oder die Konkurrenz verschaffen können und auf wichtigen Messen in der Regel alle relevanten Marktteilnehmer auf einmal treffen können.

✔ **Kontakte herstellen**

Eine Veranstaltungsform, die kurz aufblühte, zwischenzeitlich fast von der Bildfläche verschwunden war, aber langsam wiederbelebt wird, sind _Visitenkartenpartys_. Der einzige Zweck dieser Treffen ist es, im Rahmen eines Abendprogramms mit Vorträgen oder Kennenlernspielen so viele Menschen wie möglich zu sprechen und bei Interesse Visitenkarten auszutauschen. Die Eintrittspreise, über die sich die Veranstalter (zum Beispiel www.visiten kartenparty.biz) finanzieren, liegen meistens zwischen 10 und 50 Euro. Dafür sind Sie als Jäger und Freiwild auf einem Treffen von um die 100 Menschen aus dem regionalen Umfeld. Wer teilnimmt, stellt im Vorfeld ein Profil von sich bereit, das im Internet von den anderen Teilnehmern einsehbar ist. So können Sie sich vorher schon eine Liste mit für Sie interessanten Besuchern zusammenstellen.

Andere Veranstaltungen heißen zwar nicht Visitenkartenpartys, haben aber ähnliche Zielrichtungen. Auch Empfehlungstreffen oder regionale XING-Veranstaltungen haben keinen weiteren Zweck, als viele Menschen miteinander bekannt zu machen und besser zu vernetzen.

✔ **Spaß haben!**

Kein Veranstalter hat den Plan, dass seine Gäste sich langweilen und unzufrieden nach Hause gehen. Vielleicht ist es nicht unbedingt Sinn der Sache, dass Sie bei einem Steuerrechtsvortrag in schallendes Gelächter ausbrechen, aber auch noch so trockene Materie kann ein guter Referent unterhaltsam vermitteln. Geben Sie dem Veranstalter Feedback, damit er noch besser werden kann, und loben Sie ihn, wenn Ihnen etwas gefallen hat. Veranstalter sind auch nur Menschen und auch sie sind potenzielle Kontakte in Ihrem Netzwerk.

Veranstaltungsauswahl

Nun wissen Sie, was es alles gibt, aber noch nicht, wo Sie nun wirklich hinsollen. Wie so vieles beim Netzwerken ist auch diese Frage individuell zu beantworten. Die Auswahl richtet sich danach, was für ein Typ Sie sind (siehe Kapitel 5), was Sie interessiert, welche Ziele Sie sich beim Netzwerken gesetzt haben (siehe Kapitel 6) und wie gut Sie schon darin sind, Kontakte aufzubauen.

Zu privaten Veranstaltungen gehen Sie vermutlich ohnehin regelmäßig. Wenn nun also auf Ihrem Plan steht, sich im Fremdeansprechen, Kontakteknüpfen und Small Talk zu üben, dann ist das die zwangloseste Umgebung dafür. Mit neuen Kunden werden Sie den Raum aber vermutlich nicht verlassen – und wenn doch, kann es sein, dass Sie nie wieder eingeladen werden.

Für andere Charaktere ist es kein Problem, mit Menschen in Kontakt zu kommen. Sie stellen sich in die Mitte eines Raums und alle anderen kreisen um sie herum. Wenn Sie zu diesen »Stars« gehören, können Sie auch große Veranstaltungen besuchen und brauchen nicht zu befürchten, in der Masse unterzugehen. Alle anderen, und das sind die meisten, sollten die Größe der Veranstaltung, die sich nach der Teilnehmeranzahl richtet, berücksichtigen. Wer zum Ziel hat, sich einen Marktüberblick zu verschaffen und viele einzelne Personen unterschiedlicher Sparten kurz zu sprechen, wählt eine große Veranstaltung wie eine Messe aus. Wer aber lieber intensive Einzelgespräche sucht und dafür auch schon bestimmte Wunschkontakte herausgesucht hat, wird die im eher kleinen Kreis besser zu fassen bekommen. Die Krux ist dabei immer, dass Menschen, je wichtiger und einflussreicher sie werden, umso schwerer zugänglich sind.

In Kapitel 6 steht eine Menge dazu, wie Sie Ihre Netzwerkziele herausfinden und welche das sein könnten. Je nach Zielen und passender Strategie bieten sich nicht nur verschiedene Netzwerktypen (diese Auswahl finden Sie in Kapitel 13), sondern auch unterschiedliche Veranstaltungen an.

✔ Um direkt den Umsatz zu erhöhen, können Sie an Verkaufsveranstaltungen und Messen als Aussteller teilnehmen oder als Zulieferer Geschäftsabschlüsse mit Ausstellern anstreben. Da sich Netzwerken aber eher auf den kommunikativen als den monetären Teil bezieht, ist diese Art der Veranstaltungsausbeute selten. Sollten Sie darauf aus sein, Netzwerken und Verkaufen direkt miteinander zu verbinden, müssen Sie unbedingt darauf achten, nicht als Vertreter wahrgenommen zu werden, der dem Kunden um jeden Preis etwas verkaufen möchte. Stellen Sie das Kennenlernen in den Vordergrund. Derselbe Messebesuch kann Ihren Umsatz auch indirekt beeinflussen, indem Sie besonders mit potenziellen Kunden gute und nette Gespräche geführt haben und am Ende zusagen, in den kommenden Tagen ein passendes Angebot zu schicken.

✔ Auch wenn Sie Ihren Bekanntheitsgrad steigern wollen, sollten Sie entweder vor großem Publikum oder vor Fachleuten, die als Multiplikatoren dienen, von sich überzeugen. Das kann durch einen Vortrag passieren, durch eine Hausmesse oder durch das Sponsern einer karitativen Veranstaltung. Grundsätzlich gilt: Wenn Sie als Gast eines Events nur mit Einzelnen reden, können Sie mit denen weitere Verbindungen pflegen. Wenn Sie aber für alle sichtbar in Erscheinung treten, in welcher Funktion auch immer, machen Sie sich ansprechbar und andere können besser mit Ihnen in Kontakt treten.

✔ Um Kooperationspartner zu finden, sind brancheninterne Stammtische und kleine bis mittelgroße Veranstaltungen angesagt. Nach einer Wanderung mit einem Kollegen wissen Sie sicherlich besser, ob der für Sie als Geschäftspartner infrage kommt, als nach einem Vortrag, den derselbe Mensch gehalten hat. Der direkte Kontakt im Gespräch eröffnet Ihnen die Möglichkeit, nachzufragen und Details herauszufinden. Suchen Sie sich Wunschpartner aus und bemühen Sie sich, diese im kleineren Kreis zu treffen. Reagieren Sie auch auf Einladungen zu kleineren Veranstaltungen, denn vielleicht hat ein anderer Sie als Wunschkandidaten im Sinn.

✔ Die besten Veranstaltungen für die, die einen neuen Arbeitsplatz antreten wollen, sind nach wie vor die spezifischen Jobbörsen und -messen. Sie finden im Internet Hinweise auf Jobmessen, wenn Sie den Begriff in eine Suchmaschinen eingeben. Beispielsweise bietet `www.jobmessen.de` einen Überblick über eigene Veranstaltungen in 13 Städten; auf `www.absolventa.de/jobmessen` finden Sie viele Angebote für Akademiker und Hochschulabsolventen.

Als Arbeitssuchender sollen Sie aber noch aktiver werden und sich bei Weiterbildungen, Kongressen und Vorträgen auf dem Laufenden halten und Kontakte knüpfen. Auch wenn es viele Stellenanzeigen in Zeitungen und im Internet gibt, wird man bei der Personalauswahl in einem Unternehmen nicht erst seit gestern eher berücksichtigt, wenn man jemanden kennt, der jemanden kennt.

Die Pflicht: Veranstaltungen besuchen

Das Vorgeplänkel ist geschehen, Sie haben sich informiert, Ziele gesetzt, Wunschansprechpartner recherchiert und im besten Fall auch ein wenig Wissen angesammelt, mit dem Sie die Kandidaten beeindrucken wollen. Zu einer erfolgreichen Veranstaltung gehört jedoch, dass Sie auch hingehen. Dazu müssen Sie in den meisten Fällen angemeldet sein und eine Eintrittskarte haben. Weitere Formalien, mit denen Sie sich beschäftigen sollten, folgen gleich. Außerdem sollten Sie sich benehmen können. Alles Wissenswerte zur Etikette finden Sie in Kapitel 14, aber darüber hinaus gibt es einige Regeln bei Veranstaltungen zu beachten und eine Reihe von Situationen, die Sie immer wieder üben sollten.

Das formale Drumherum

Es begann so harmlos: Ein Schreiben in der Post hat Sie eingeladen, sich zum Ereignis X anzumelden, ein Kollege hat Ihnen von der Messe Y erzählt oder Ihr bester Freund hat Sie darauf aufmerksam gemacht, dass in seinem Frühstücksklub noch jemand aus Ihrer Branche gesucht wird. Zwischen Ihrem Fax, in dem, Sie »Ja, ich will« an den Veranstalter geschickt haben, und der netten Plauderrunde liegen allerdings noch ein paar formale Hürden, die Ihnen den Spaß verderben können, wenn Sie sie nicht beachten.

✔ **Fristen**

Das sind böse kleine Zeitmonster, die einem das Leben vermiesen. Das Finanzamt setzt sie, die Bank, die Uni und vielleicht auch Ihre Frau. Aber vor allem Veranstalter. Die Anmeldung zu einem Event kann meist nur in einer bestimmten Zeitspanne geschehen. Vermerken Sie sich die Fristen interessanter Ereignisse, zu denen Sie sich nicht gleich entschließen können, daher in Ihrem Kalender. Es ist nur ärgerlich, wenn Sie einen Tag zu spät auf die Idee kommen, dass Sie gern zu diesem oder jenem gegangen wären. Ein guter Draht zum Veranstalter kann hier vielleicht noch etwas bewirken, aber verlassen sollten Sie sich nicht darauf.

Nach der Anmeldefrist kann es noch Abgabefristen für Unterlagen geben, Fristen, innerhalb derer Sie Ihr Online-Profil bei Kontaktveranstaltungen eingerichtet haben sollen, Fristen, um Ihren Standaufbau und dessen Versicherung zu präsentieren, und nicht zuletzt Einlassfristen. Auch mit Karten in der Hand vor der verschlossenen Tür zu stehen, ist nicht schön. Versuchen Sie also, alle mit dem Ereignis verbundenen Fristen in Erfahrung zu bringen und einzuhalten.

✔ **Material**

Ihre Visitenkarten haben Sie ja ohnehin immer dabei, daran muss ich Sie also nicht extra erinnern. Je nach Veranstaltung, die Sie besuchen wollen, kann aber noch mehr mitgenommen, ausgestellt, präsentiert, abgegeben oder ausgelegt werden. Eine Übersicht darüber, was das sein kann, ist in Kapitel 8 nachzulesen. Bei der formalen Planung eines Events geht es aber nicht nur darum, _was_ Sie dabeihaben, sondern auch, _wie_, _wann_ und _wem_ Sie es geben.

• Wenn Sie einen Vortrag halten, können Sie darauf hinweisen, dass Interessierte nach dem offiziellen Teil gern weitere Informationen von Ihnen erhalten können.

• Wenn Sie als Besucher bei einer Veranstaltung sind, halten Sie nach einem Info-Tisch Ausschau, auf dem Sie Ihre Visitenkarten oder Flyer auslegen können.

• Wenn Sie auf einer Kontaktanbahnungsparty sind, gibt es oft eine zentrale Stelle, an der jeder Informationen über sich bereitstellen kann. Legen Sie Ihre Unterlagen aus, sobald Sie angekommen sind.

• Wenn Sie über eine Messe schlendern und hier und dort ein kurzes, aber gutes Gespräch führen, stellen Sie sicher, dass Sie am Ende des Gesprächs auch etwas von sich überreichen und dass Ihr Gegenüber es auch einsteckt. Bleibt Ihre Karte auf dem Tresen liegen, ist sie vermutlich verloren. Das Gleiche gilt für Prospekte, mit denen Sie auf sich aufmerksam machen wollen. Nur wenn diese ihren Adressaten auch erreichen und dort bleiben, hat sich die Übergabe gelohnt.

• Als Aussteller auf einer Messe haben Sie für die Dekoration, Muster, Informationsbroschüren und Give-aways zu sorgen. Planen Sie sorgfältig, damit Ihnen nichts auf halber Strecke ausgeht. Informieren Sie sich im Vorfeld darüber, wie viele Besucher erwartet werden, und planen Sie dementsprechend. Ein Gästebuch an einem exklusiven Stand sorgt dafür, dass Sie hinterher jeden Besucher noch einmal nachlesen können.

• Verteilen Sie kein Material bei einer Gala oder einem Charity-Event. Diese sind zum Sehen und Gesehen werden, nicht um für sich zu werben. Aber die Tatsache, dass Sie Herrn Müller bei der Gala kurz gesprochen haben, gibt einen Anknüpfungspunkt, um ihm ein paar Tage später zum Beispiel Informationen über Ihr Gesprächsthema zukommen zu lassen.

• Bei Jobvermittlungsveranstaltungen ist vor allem Ihre Bewerbungsmappe das Material. Gehen Sie zu einer solchen Veranstaltung am besten wie zu einem Ort, an dem Sie eine Vielzahl von Bewerbungsgesprächen führen wollen. Bereiten Sie sich also auch inhaltlich auf die gewünschten Firmenvertreter vor und stellen Sie für jedes Wunschunternehmen eine eigene Bewerbung zusammen. Zusätzlich sollten Sie noch eine allgemein gehaltene Mappe in mehrfacher Ausfertigung in der Tasche haben; man weiß nie, mit wem man ins Gespräch kommt.

Alles, was Sie von sich präsentieren, sollte einheitlich in Stil und Erscheinung sein, ähnlich der Corporate Identity eines Unternehmens: Logo, Schriftarten, Farben und Qualität von der Visitenkarte bis zum Katalog wirken erst dann professionell, wenn sie aufeinander abgestimmt sind.

✔ Vor Ort

Sie haben Ihre Eintrittskarte eingesteckt, sich in das passende Outfit geworfen, alles notwendige Material in einer repräsentativen Tasche verstaut (gehen Sie bitte nicht mit einem Sportrucksack zu einer Messe) und sind nun vor den Toren des Veranstaltungsorts.

Meistens stehen in der Lobby von Bürogebäuden oder Hotels Wegweiser und Hinweisschilder darauf, in welchen Räumen sich Ihre Veranstaltung befindet. Wenn Sie keines finden, fragen Sie den Pförtner oder andere Menschen, die scheinbar zur selben Veranstaltung möchten. Laufen Sie nicht einfach irgendwem hinterher, das kann zwar interessant werden, aber führt oft in die Irre.

Dort, wo die Veranstaltung tatsächlich stattfindet, stehen Sie dann vor einem Anmeldetisch. Hier zeigen Sie die Karte, tragen sich eventuell in eine Anwesenheitsliste ein und erhalten meistens ein Namensschild, damit Sie besser ansprechbar sind. Ein Blick auf das Namensschild Ihres Gegenübers bietet oft auch schon einen Anhaltspunkt, worüber Sie mit ihm reden können.

Ich habe einmal eine Frau auf einer Veranstaltung getroffen, auf deren Schild unter ihrem Namen nur »Lobbyistin« stand. Das war ein wunderbarer Aufmacher für ein Gespräch darüber, wer was darunter versteht und was genau sie eigentlich macht.

Legen Sie nun Ihr Material aus, wenn es Raum dafür gibt, und starten Sie die Veranstaltung. Bei Treffen und Vorträgen gibt es häufig einen Tisch mit Getränken. Dort können Sie sich bedienen und schon erste Kontakte knüpfen.

Wenn Sie einen Vortrag halten, sich präsentieren oder eine Ansprache vorhaben, sollten Sie einen Notizzettel in der Tasche haben, falls Sie vor Aufregung Ihren Text vergessen. Den Inhalt von Präsentationen können Sie als Handout ausgeben oder nur bereithalten, falls im Nachhinein noch jemand danach fragt.

Formal gesehen ist es höflich, sich bei Ende einer Veranstaltung von den Gesprächspartnern zu verabschieden. Bei einer Messe klappern Sie natürlich nicht noch alle Stände ab, aber von einem Netzwerktreffen verschwinden Sie auch nicht einfach so. Danken Sie den Veranstaltern und nehmen Sie das Material, das keinen Abnehmer gefunden hat, wieder mit.

✔ **Im Nachgang**

Erinnern Sie sich an die verschiedenen Möglichkeiten, Visitenkarten systematisch zu verarbeiten und aufzubewahren? Wenn nein, können Sie nun in Kapitel 7 und 8 nachlesen. Müssen Sie aber nicht, denn wichtig ist vor allem, dass Sie sich eines merken: Je größer die Veranstaltung war, desto voller sind Ihre Taschen. Je mehr Informationen Sie also eingesammelt haben, desto mehr Chancen auf Kontaktaufbau einerseits, aber auch Risiken, dass etwas in Vergessenheit gerät, andererseits tragen Sie mit sich herum. Setzen Sie sich deshalb am nächsten Tag hin und werten Sie Ihre Beute aus. Am besten, Sie vermerken schon im Vorfeld von Veranstaltungen in Ihrem Kalender, dass der nächste Vormittag der Kontaktsortierung gehört.

Machen Sie eine Liste mit Dingen, die Sie versprochen haben (Angebote oder Prospekte schicken, Pressematerial zusammenstellen, den Namen eines alten Bekannten raussuchen), und arbeiten Sie sie nach Prioritäten ab. Der Spruch »Man muss das Eisen schmieden, solange es heiß ist« ist zwar abgegriffen, aber an dieser Stelle unbedingt über den Schreibtisch zu hängen. Wenn Sie zu lange warten, war der Besuch womöglich umsonst.

Einer von vielen sein

Das lateinische »paris inter pares«, Gleicher unter Gleichen, bedeutet so viel wie auf Augenhöhe sein. Als einer von vielen bei einer Veranstaltung fallen Sie in der Regel nicht besonders auf und können sich gerade bei großen Treffen in der Menge verlieren. Mit dem Netzwerken gehen allerdings spezifische Kontakte einher, und so sind Sie gut beraten, wenn Sie sich zu unüberschaubaren Events verabreden, sei es mit anderen, die auch dorthin wollen, sei es mit gewünschten Gesprächspartnern.

In der »Rushhour« einer Messe ein ruhiges Wort mit dem Eigentümer der ausstellenden Firma wechseln zu wollen, ist nahezu unmöglich. Besser ist, Sie rufen ihn vorher an oder schreiben eine E-Mail, in der Sie kundtun, dass Sie ihn gern sprechen möchten. Dann kommt als Antwort etwas wie »Kommen Sie doch Freitagmittag vorbei, dann kann ich mir zehn Minuten für Sie nehmen« und Sie müssen nicht vergeblich im Gedränge stehen.

Sie sind nicht der Einzige, der eine Veranstaltung zum Netzwerken nutzt. Ganz im Gegenteil: Dafür sind solche Events gut. Also machen Sie sich Ihre Rolle als ein Gast von vielen klar. Das bedeutet einerseits, dass es Konkurrenz um die prominentesten Gesprächspartner gibt, andererseits aber, dass Sie »Gleiche« unterwegs kennenlernen können, die Ihnen vielleicht in Ihrem Netzwerk noch fehlen.

Viele Verhaltensweisen, die Sie auf Veranstaltungen weiterbringen, lassen sich üben. Manche davon auch im privaten Umfeld, andere einzig und allein dadurch, dass Sie immer wieder zu den unterschiedlichsten Veranstaltungen gehen, bis Sie die Scheu verlieren. Das ist wie vor anderen Menschen zu reden: Am Anfang haben Sie Lampenfieber und denken, Sie bringen kein Wort raus; nach einer Weile, in der Sie regelmäßig Präsentationen vor Ihrem Chef oder Kunden gehalten haben, macht Ihnen das nichts mehr aus. Was also können Sie üben und wie?

✔ Haltung und Körpersprache

In Kapitel 4 dieses Buches wird klar: Kommunizieren ist nicht nur von Sprache bestimmt, sondern auch und vor allem durch physische Signale geprägt. Beim Besuch von Veranstaltungen können Sie dieses Wissen anwenden und sogar ein wenig damit herumspielen – wenn es um nichts geht, versteht sich!

Beobachten Sie andere Besucher: Welchen Abstand halten die zueinander und wann weicht ein Gesprächspartner zurück? Schauen sich Menschen beim Reden in die Augen oder entdecken Sie einen, der eher einen Schuhfetisch zu haben scheint? Wer stützt sich mit den Ellenbogen auf den Messetresen, wer hat die Hände nach dem Vortrag in den Taschen versenkt und steht gar einer mit dem Rücken zur Hauptperson des Abends? All diese Szenen helfen Ihnen dabei, Ihr eigenes Verhalten besser zu beobachten und zu korrigieren.

Um offen zu wirken, sollten Sie nicht die Arme vor der Brust verschränken und auch nicht halb abgewandt vom Geschehen stehen. Während eines Gesprächs gehört Ihre Aufmerksamkeit Ihrem Gegenüber, das zeigen Sie auch körperlich. Wenden Sie sich ihm zu und beugen sich ein wenig zu ihm hin, aber beachten Sie dabei den für die jeweilige Kultur üblichen Mindestabstand. Gestikulieren Sie zu Ihren Geschichten, aber achten Sie dabei auch auf die Räume der anderen. Sie wollen zwar auffallen, aber positiv und keine negative Aufmerksamkeit auf sich ziehen.

✔ **Auftreten und Outfit**

Schon wenn Sie einen Raum betreten, kann das auf unterschiedliche Arten geschehen. Alles zwischen »Ta-taaa-jetzt-komm-ich« und der Mäuschen-Variante ist möglich. Auf hier hilft es, früh auf einer Veranstaltung zu sein und sich die unterschiedlichen Auftritte anzusehen. Je nachdem, was Sie erreichen wollen, wie Ihr Status in der Gruppe ist und ob Sie gern im Mittelpunkt stehen oder nicht, sind Sie bei Ihrer Ankunft mehr oder weniger dezent. Das betrifft auch die Kleidung, die Thema in Kapitel 14 ist. In vielen geschäftlichen Zusammenhängen gibt es einen Dresscode, der schrill und bunt ausschließt.

 Natürlich gibt es immer auch die, die absichtlich aus dem Rahmen fallen und exzentrisch sind. Manche von ihnen leisten sich das erst, wenn sie bekannt sind, andere waren schon immer so und verbinden mit ihren bunten Socken oder Wollmützen Unangepasstsein. Grundsätzlich ist es eine schöne Sache, sich nicht zu verbiegen, aber Achtung: Solange Sie in Ihren Erfolgen von der Beurteilung anderer abhängen, sollten Sie zumindest die Regeln befolgen, die ihnen nicht wehtun. Und wenn Sie gegen Konventionen verstoßen wollen – gut so! – müssen Sie in unserer Welt mit Nachteilen rechnen. Ihre Entscheidung.

✔ **Andere ansprechen**

Kennen Sie den Spruch: »Ich versteh gar nicht, wieso ich keinen Job finde! Ich habe drei Anzeigen in der Zeitung angestrichen, aber keiner hat angerufen ...«? Das kann so nicht klappen. Ebenso wenig werden Sie zu Kontakten in Netzwerken kommen, wenn Sie sich nicht trauen, andere anzusprechen. Das müssen Sie tun, Punkt. Und auch das lässt sich üben. Nehmen Sie sich für einen Abend vor, nach dem Vortrag mit drei Fremden darüber zu sprechen, wie Sie die Veranstaltung finden. Schauen Sie sich um, dann werden Ihnen bestimmt andere ins Auge fallen, die hilflos herumstehen und sich darüber freuen werden, dass Sie sie ansprechen. Und selbst wenn nicht: Bestimmt gibt es irgendwo einen Stehtisch mit ein paar nett wirkenden Menschen, zu denen Sie gehen können, um sie etwas wie »Erlauben Sie, dass ich mich dazustelle?« zu fragen. Sie werden in den meisten Fällen von ganz allein ins Gespräch eingebunden. (»Natürlich, wir sprachen gerade über xyz. Haben Sie den Vortrag gehört?«)

Wenn Sie bei Veranstaltungen Termine gemacht haben, gehen Sie rechtzeitig zum ausgemachten Ort, melden Sie sich offensiv an und stellen Sie sich vor, anstatt vor der Tür, dem Stand oder in einer Ecke zu warten, bis Sie jemand abholt.

✔ **Umgangsformen**

Höflichkeit und Pünktlichkeit, Zurückhaltung und Benimm – die grundlegenden Regeln menschlichen Miteinanders (siehe Kapitel 14) verlieren selbstverständlich auch bei Veranstaltungen nicht ihre Gültigkeit. Im Gegenteil: Als einer von vielen stehen Sie hier direkt neben den anderen Bewerbern, Zulieferern oder auch Verkäufern. Bleiben Sie in guter Erinnerung, indem Sie mit guten Umgangsformen glänzen. Fragen Sie nach, ob Sie jemandem etwas zu trinken mitbringen können, anstatt loszuziehen mit den Worten »Ich hab Durst«. Halten Sie Türen auf, lassen Sie Ihren Gesprächspartner ausreden und nicht allein stehen, reden Sie nicht mit vollem Mund und benehmen Sie sich einfach wie ein kultivierter Mensch. Da es so viele Mitstreiter gibt, die das gern vergessen, können Sie hier Punkte holen, die Ihnen beim Kontaktaufbau weiterhelfen werden.

✔ **Small Talk und Themensets**

Wie soll man Small Talk üben? Gute Frage. Aber recht einfach zu beantworten: Wie einen Vortrag auch. Lesen Sie zur Vorbereitung Kapitel 4 noch einmal und dann stellen Sie sich ein Set von Anekdoten oder, wenn Sie gut in Pointen sind, Witzen zusammen. Üben Sie die tatsächlich vor einem Spiegel. Das mag sich seltsam lesen und zunächst auch anfühlen, aber wenn Sie sich sicher sind, dass Ihnen das Ende auch einfällt, werden Sie in einer Runde leichter den Anfang schaffen. Achten Sie auf die Reaktion Ihrer Gesprächspartner und wechseln Sie zu einem alternativen Thema, wenn Sie merken, dass der andere zu Katzen, Kindern, Hollywoodfilmen oder dem sprichwörtlichen Wetter nichts zu sagen hat.

Überleitungen spielen auch dann eine Rolle, wenn es vom Small Talk zu geschäftlichen Themen geht. Vielleicht wollen Sie noch vor Ort ein Angebot machen, einen Termin für eine Beratung vereinbaren oder über Konditionen verhandeln. Tatsächlich lässt sich auch das üben. Gespräche lassen sich leichter steuern, als manch Ungeübter glauben mag. Im besten Fall fällt Ihnen schon bei der Veranstaltungsvorbereitung ein Small-Talk-taugliches Thema ein, über das Sie zum Kern Ihres Anliegens kommen können. Oft eignet sich ein aktuelles Ereignis aus der Tagespresse (»Haben Sie gelesen, dass die Chinesen nun ... Ich setze ja schon seit Jahren mit meinen Produkten auf ...«) für einen Testballon, ob der andere darauf eingeht oder aber seinerseits das Thema wechselt. Wenn Sie nun wirklich ein Anliegen haben, dann forcieren Sie das Thema, im lockeren Zusammenhang lassen Sie es nun besser gut sein.

Die verschiedenen Veranstaltungsarten bringen zudem Besonderheiten mit sich: Bei einer Gala laufen die Damen oft auf ungewöhnlich hohen Absätzen – üben! Bei einer Sportveranstaltung wollen Sie sich vor dem möglicherweise neuen Chef profilieren – üben! Je besser Sie vor Augen haben, was bei einem Event auf Sie zukommt, desto besser können Sie sich vorbereiten, um eben doch nicht nur einer von vielen zu sein.

Primus sein: Treten Sie als Gast auf

Es ist bereits in verschiedenen Zusammenhängen Thema gewesen: Wenn Sie auf sich und Ihre Kompetenz aufmerksam machen wollen, stehen Ihnen verschiedene Wege offen, um sich auch bei Veranstaltungen zu präsentieren. Verschiedene Events bieten verschiedene Rahmenbedingungen dafür an, der »primus inter pares«, der Erste unter Gleichen zu sein.

Einige dieser Möglichkeiten sollen nun vorgestellt werden, aber im Grunde sind Ihrer Kreativität keine Grenzen gesetzt und Veranstalter freuen sich fast immer, wenn Sie einen Vorschlag haben, wie Sie ihre Veranstaltung mit einem Beitrag aufwerten können. Sie können:

✔ **Einen Vortrag oder eine Präsentation halten**

Vorträge sind häufig der Auftakt zu Treffen von formellen Netzwerkgruppen, aber auch Einzelveranstaltungen und bieten einen Aufhänger für folgende Gespräche. Entweder Sie tragen etwas zu einem bestimmten, vorgegebenen Thema vor oder aber es bleibt Ihnen in einem gewissen Rahmen vom Veranstalter überlassen, welches Thema Sie wählen. Sie können eingeladen sein, etwas über das Doppelbesteuerungsabkommen zwischen Deutschland und der Kirgisischen Republik zu referieren. Das ist sehr speziell und wird in der Vorbereitung einiges an Augenmerk darauf bedürfen, dass Ihre Zuhörer nicht einschlafen. Sie können aber auch einfach vor 200 Polizisten stehen und als Rechtsanwalt etwas zur strafrechtlichen Verteidigung sagen. Dann sind Sie gut beraten, wenn Sie solche Anekdoten auswählen, die Ihren Job und Ihre Motivation verständlich machen, anstatt die Details zu erläutern. In jedem Fall sollten Sie auf alle Fragen nach dem Vortrag eine Antwort haben und nur bei solchen Themen auftreten, bei denen Sie tatsächlich einen Expertstatus besitzen.

Einen Schritt weiter kann es sein, dass Sie (und eine Handvoll anderer) den ersten Teil einer Veranstaltung mit einer Selbstpräsentation bestreiten. Da bekommen Sie Gelegenheit, Ihr Unternehmen oder Fachgebiet den anderen

Anwesenden näherzubringen und sich direkt als Anbieter zu präsentieren. Im Zentrum dieses Vortrags sollte aber nicht die Eigenwerbung stehen, sondern die Vorstellung Ihrer Produkte, Werte und Ihres Werdegangs. Das Publikum soll Sie als sympathischen und kompetenten Menschen wahrnehmen, nicht als Verkäufer. Eine Selbstpräsentation hat oft vom Veranstalter vorgegebene Kategorien, wie etwa

- **Lebenslauf**

  Halten Sie Ihre Geschichte kurz. Im 1:1-Gespräch ist es oft interessant, etwas mehr über Menschen zu erfahren, während eines Vortrags sollte die Darstellung Ihres persönlichen Werdegangs nicht über eine Folie und eine Minute hinausgehen. Ich sehe in der Praxis oft Folien, auf denen steht, wann und wo jemand geboren wurde, seit wann er verheiratet ist und wie viele Kinder er hat. Mal ehrlich, für wie viele Berufszweige könnte das relevant sein? Sie bleiben besser in Erinnerung, wenn Sie etwas Besonderes von sich privat erzählen. Selbstverständlich sind Kinder etwas Besonderes, aber man wird sich hinterher besser an Sie erinnern, wenn Sie beispielsweise erzählen, dass Sie einige Jahre in Afrika gelebt haben.

- **Elevator Pitch**

  Jetzt geht's ums Geschäftliche. Klassischerweise haben Sie für einen Elevator Pitch (wörtlich übersetzt: Aufzugpräsentation) 30 Sekunden, eben so lange, wie es in etwa dauert, einem unverhofft in den Fahrstuhl zugestiegenen Menschen Ihre Idee, Ihr Konzept, Ihre Produkte oder sich selbst als Dienstleister oder Angestellter zu verkaufen.

  Als Erstes brauchen Sie die Aufmerksamkeit Ihres Gegenübers. Die bekommen Sie über einen guten Aufhänger. Im Vortrag kann das der Zusammenhang zwischen dem privaten Highlight und Ihrem Beruf sein, zum Beispiel: »Als ich in Afrika saß und die langen Sonnenuntergänge genoss, kam mir die Idee, automatisch der Sonne folgende Solarpaneele zu erfinden.« Damit haben Sie auch gleich die Basis zu den wichtigen Regeln des Elevator Pitch: Begeisterung zeigen, das Produkt oder die Idee verständlich machen und erklären, was Sie können, was andere nicht machen. An dieser Stelle würden Sie im Aufzug Ihre Visitenkarte überreichen und sagen, dass Sie sich sehr über ein ausführlicheres Gespräch freuen würden. Am Rednerpult haben Sie nun hoffentlich die Aufmerksamkeit Ihrer Zuhörer, die Sie nun zum nächsten Punkt mitnehmen können.

- **Aktuelles Angebot beziehungsweise Portfolio**

  Neben den neigungsvariablen Solaranlagen haben Sie vermutlich noch andere Dinge im Angebot, die für einen schmaleren Geldbeutel oder Tests Ihrer Leistungen herhalten. Zum Beispiel könnten Sie im Handout zu Ihrer Präsentation auch Rabatte oder einen Gutschein anbieten, wenn Sie eine neue Dienstleistung anbieten, von der noch niemand genau weiß, ob er sie braucht.

  Am Ende dieses Teil soll der Zuhörer wissen: Frau X war in Afrika, ist leidenschaftliche Naturschützerin, ist in der Lage, ein Patent anzumelden und zu vermarkten, und kann mir persönlich dabei helfen, meine Paneele auf dem Wohnwagen zu erneuern.

- **Ziele der Geschäftstätigkeit**

  Gutmenschentum ist oft mit Skepsis verbunden und so können Sie durchaus klarmachen, dass Sie, abgesehen vom Weltfrieden, Geld verdienen wollen. Ein wenig konkreter wird es, wenn Sie über Ihre Unternehmensstrukturen erzählen. Wer den Eindruck hat, dass da jemand realistische Wachstumsperspektiven entwickelt, wird mit besserem Gefühl Kunde.

✔ **Eine Diskussionsrunde moderieren**

Bei vielen Fachtagungen und Messen gibt es Angebote, in kleineren Runden zusammenzukommen und bestimmte Einzelthemen zu diskutieren. Auch hierbei können Sie einer von vielen sein oder eben derjenige, der vorn in der Mitte sitzt und die Beiträge bündelt, eventuell andere eingeladene Gäste und ihre Beiträge moderiert und die Diskussion in Gang und im Rahmen hält. Dazu benötigen Sie nicht nur das Fachwissen zum Thema, sondern auch kommunikative und vermittelnde Fähigkeiten. Insofern ist dieser Auftritt besonders für Berater und andere Vertreter von Berufszweigen, die mit Menschen arbeiten, eine gute Gelegenheit, diese Fähigkeiten zu präsentieren.

✔ **Der Experte für Fragen sein**

Eine Nummer kleiner, aber immer noch hervorstechend, können Sie bei Diskussionsrunden als Experte geladen sein. Manchmal wird das auch mit Internetauftritten verbunden, bei denen Sie nach der Veranstaltung im veranstaltungseigenen Chat für Fragen zur Verfügung stehen, oft aber ist es die persönliche Präsenz und Eigenschaft, ein »wandelndes Lexikon« Ihres Faches zu sein, die Sie für so eine Veranstaltung geeignet macht.

✔ **Einen Workshop ausrichten**

Weniger moderierend und mehr auf didaktische Fähigkeiten ausgerichtet ist es, wenn Sie einer Gruppe etwas aus Ihrem Fachgebiet beibringen wollen. Workshops sind darauf ausgerichtet, dass die Besucher sich Fähigkeiten aneignen, die sie vorher nicht hatten. Sie werden einzeln abgehalten, so zum Beispiel als Gründerworkshops von Beratungsunternehmen oder Rechtsanwaltskanzleien, aber auch im Rahmen größerer Veranstaltungen wie Messen oder Netzwerktreffen. Oft suchen die Veranstalter großer Treffen Menschen, die bereit sind, einen Workshop anzubieten, weil der in der Regel bei den Gästen beliebter ist als ein Frontalvortrag. Wenn das an Sie herangetragen wird, dann nutzen Sie unbedingt solche Gelegenheiten.

Übrigens gibt es ein wunderbares ... *für Dummies*-Buch nur zum Thema »Erfolgreich Reden halten«. Darin finden Sie jede Menge Informationen zur Vorbereitung und Durchführung von Vorträgen, Präsentationen und Reden, der Ankündigung anderer Redner oder der Moderation von Gruppengesprächen. Auch »Meetings und Events organisieren für Dummies« könnte noch für Sie interessant werden ...

Die Kür: Veranstaltungen organisieren

Sie würden ja gern als Redner auftreten und ein bestimmtes Thema anbringen, einzig es gibt nicht die passende Veranstaltung dazu? Kein Problem, gestalten Sie sie selbst! In Kapitel 12, bei der aktiven Teilnahme an virtuellen Netzwerken, wird angesprochen, wie leicht es ist, einen Veranstaltungstermin via XING oder ähnlicher Netzwerke in die Welt zu setzen. Allerdings gibt es auch das mahnende Beispiel aus dem Ruder gelaufener Facebook-Partys, die aus Versehen »öffentlich« ausgeschrieben wurden, das Sie dazu bringen sollte, die Kanäle genau zu überdenken.

Am Anfang war ein Plan

Wie immer im Leben gibt es ein paar Überlegungen, die Sie anstellen sollten, bevor Sie aus Erfahrung und möglicherweise Schaden klug werden. Dabei sollten Sie die fünf folgenden Fragen durchdenken, am besten auch in der genannten Reihenfolge, denn oft hängt eine Antwort von der vorigen ab.

1. Was ist das Ziel der Veranstaltung?

   Es gibt eine Reihe von Zielen, die Sie verfolgen können. So wie andere auch mit ihren Veranstaltungen bestimmte Zwecke verfolgen, können Sie Kontakte schaffen, Wissen vermitteln, Waren verkaufen, einem guten Zweck dienen oder einfach nur Spaß haben wollen. Im weiteren Sinne, also für Ihre Netzwerkkarriere, hängen diese Ziele mit Ihren Netzwerkzielen zusammen: Wenn im Moment Ihr sehnlichster Wunsch eine Verbesserung Ihrer Kontaktsituation ist, dann sollte das Ziel einer Veranstaltung auch damit zusammenhängen. Es wird dann ein eher großes Event, auf dem Sie mit einem Schlag viele Menschen kennenlernen können und eine Reihe von Wunschkontakten einladen können. Für eine Umsatzsteigerung brauchen Sie nicht wahllos viele, sondern exklusive, zahlungskräftige Gäste.

2. Was für ein Event soll es werden?

Aus dem Ziel ergibt sich die Art der Veranstaltung. Die Organisation einer Messe, selbst einer Hausmesse, zu der keine anderen Aussteller geladen werden, hat ganz andere Tücken als ein Einweihungsfest des neuen Vertriebsgebäudes. Die besten Veranstaltungen für eine Verbesserung Ihrer Reputation sind wohltätige Anlässe wie Versteigerungen, Bälle oder Preisverleihungen, zu denen Sie viele Multiplikatoren einladen. Auch eine Presseeinladung kann in solchen Fällen hilfreich sein.

Ein kleines Event kann dagegen ein schlichter Vortrag mit anschließender Diskussion oder ein selbst veranstalteter Workshop sein.

3. In welchem zeitlichen, räumlichen und preislichen Rahmen soll das Event stattfinden?

Nachdem Sie wissen, was Sie wollen, stellt sich die ernsthafte und ehrlich zu beantwortende Frage nach Ihrem Budget. Das betrifft das Geld, das Sie auszugeben bereit sind, aber auch die Zeit, die Sie in die Vorbereitung investieren wollen. In diesem Zusammenhang ist die Frage nach den Räumlichkeiten zu beantworten, die direkt vom finanziellen Budget abhängt. Einzelne Vortragssäle in Hotels können Sie bereits ab wenigen Hundert Euro mieten, ein Außengelände mit Wachschutz, WC-Anlagen, Ordnern und Genehmigungen geht leicht in die Hunderttausende.

Es gibt professionelle Veranstaltungsagenturen, die Ihnen gern bei Großveranstaltungen zur Seite stehen. Verheben Sie sich nicht, indem Sie es allein versuchen. Aus eigener Erfahrung weiß ich, dass schon eine Party für 2.000 Menschen mit Kartenvorverkauf und Programm in einer schönen Location einen wochenlangen Aufwand bedeutet. Die Rufschädigung, die mit einem schlecht organisierten Event einhergeht, werden Sie sehr lange nicht loswerden.

Sollten Sie eine mehrtägige Veranstaltung planen, dann sind Übernachtungsmöglichkeiten mit zu bedenken. Schon bei einem Termin, der mehr als ein paar Stunden dauert, werden Menschen hungrig und durstig und erwarten – je nach Güte der Veranstaltung und Eintrittspreis – ein Catering. Stellen Sie in jedem Fall eine Kostenrechnung auf, in der Sie zurückhaltend mit Eintrittsgeldern und großzügig mit Kosten umgehen, um den Worst Case aufzudecken.

4. Wer soll eingeladen werden?

Natürlich, die Gästeliste ... Wer schon einmal eine Hochzeit organisiert hat, weiß, wieso es den Beruf des Wedding Planer gibt. Grundsätzlich gilt, dass Sie öffentlich einladen können und so eine Großveranstaltung, etwa einen Tag der offenen Tür, promoten können, oder aber exklusiv einem bestimmten Kreis von Personen Einladungen zukommen lassen. Bemühen Sie sich um Netzwerkfunktionäre, also solche Menschen, die wiederum einen festen Kreis von anderen erreichen und mitziehen können, wenn Sie es auf ein bestimmtes Publikum abgesehen haben. Die Anzahl der Gäste wird durch die Räumlichkeiten, aber auch das Ziel der Veranstaltung bestimmt. Außerdem kann eine Break-even-Berechnung, aus der hervorgeht, ab wie vielen Gästen Sie mit einer schwarzen Null aus dem Event hervorgehen, einen Hinweis auf den nötigen Umfang oder eine Neuplanung der Eintrittspreise geben.

5. Welches Programm soll angeboten werden?

Wollen Sie Partner mit ins Boot holen, die einen Teil der Kosten übernehmen, aber dafür auch ein Stück des Ruhms einheimsen? Das bietet sich für alle Veranstaltungen an, die nicht Sie beziehungsweise Ihre Firma zentral in den Fokus stellen. Partner können dann entweder auch etwas ausstellen oder Vorträge und Workshops anbieten oder auch nur als Sponsoren für das Catering zuständig sein. Anspruchsvollen Besuchern sollten Sie zudem künstlerische Auftritte wie ein kleines Konzert oder eine Ausstellung anbieten. Bei Praxiseinweihungen von Ärzten ist oft zu sehen, dass die Räume von Malern mit deren Bildern dekoriert werden und die Eröffnung als Vernissage gestaltet wird. Ob Ihr Programm etwas kosten darf oder Geld in Ihre Kassen spülen soll, ist auch eine Frage des eigenen Budgets.

Sobald Sie diese Fragen geklärt haben, wählen Sie die Kanäle und den Zeitpunkt der Bekanntgabe aus, sodass alle erwünschten Gäste erreicht werden und genügend Zeit haben, sich auf das Ereignis einzustellen.

Es werde Licht

Der Tag X ist da und bald heißt es: Vorhang auf für die Protagonisten und Gäste. Ihre Räume sind fertig, die Redner anwesend und am Empfang liegen Gästelisten und -bücher bereit. Sie haben Personal, das Häppchen reicht oder ein Büfett aufgebaut oder vielleicht stehen Sie auch allein in Ihrem Büro und warten auf die sechs Leute, die sich zu Ihrem Workshop angemeldet haben. Wie auch immer die Situation ist, nun geht es darum, dass sich alle wohlfühlen, ob es nun fünf oder fünftausend sind.

Achten Sie darauf, dass es keine größeren Verzögerungen gibt. Wenn ein Vortrag oder ein anderer Programmpunkt für eine bestimmte Uhrzeit angesetzt wurde, sollte er auch ungefähr dann beginnen. Gäste haben immer Ungeduld im Gepäck, sie wollen bespaßt und amüsiert, gebildet oder anders unterhalten werden, aber sie wollen vor allem nicht warten müssen. Im Anschluss an das offizielle Programm können Sie sich unter die Leute mischen und gezielt nach denjenigen suchen, die Sie als Wunschkontakte eingeladen haben. Lassen Sie sich feiern und loben, aber bleiben Sie auch offen für Kritik. Man kann es immer noch besser machen.

Die Guten ins Töpfchen ...

Fast schon ein Netzwerkstandard: Die Nachlese steht an. Sie veranstalten ja nicht ein Event, nur damit andere sich kennenlernen und neue Kontakte knüpfen, sondern damit Sie auch etwas davon haben. Machen Sie sich Notizen über die ausführlicheren Gespräche, die Sie geführt haben, kommen Sie Ihren Versprechen nach, wem Sie welche Informationen, Angebote oder weiterführende Treffen zugesagt haben. Sortieren Sie die Karten und Materialien, die sich angesammelt haben.

Nach einer Veranstaltung ist es höflich, sich bei den Teilnehmern zu bedanken. In diesem Rahmen können Sie in der E-Mail (oder bei A-Kontakten im Telefonat) gleich nachfragen, ob Interesse an weiteren Veranstaltungen dieser Art besteht und ob Sie Ihre Kontakte dann darüber informieren dürfen.

Eine Veranstaltung ist dann gut gelaufen, wenn Sie ohne größere finanzielle Verluste einen Zuwachs an Bekanntheit, Kontakten oder gar Kunden zu verzeichnen haben.

 Aus den Erfahrungen, die Sie bei der Veranstaltung eines Events machen, können Sie sich überlegen, ob Sie nicht gleich ein eigenes Netzwerk gründen wollen. Vielleicht haben Sie bereits eine Gruppe bei XING angestoßen oder eine Gästeliste von Ihrer letzten Einladung parat. Sofern es Bedarf gibt, daraus etwas Regelmäßiges zu machen, und Sie willens sind, die dafür nötige Zeit aufzuwenden, ist eine Veranstaltungsserie mit konkretem Thema, eigenem Internetauftritt und einer bestimmten Zielgruppe schon ein guter Schritt in Richtung nachhaltigem Netzwerken in eigener Regie.

Teil VI

Besondere Netzwerke

»Ist hier das Netzwerktreffen ›Ornitologie in der Praxis‹?«

In diesem Teil ...

Na klar, Netzwerken ist für jedermann gut, aber für manche gibt es besondere Angebote, von denen viele nichts wissen und die besondere Möglichkeiten eröffnen. Ob es solche Netze sind, die als lästige Pflichtmitgliedschaft daherkommen, aber doch hilfreich sein können, oder Nischengruppen, die oft schwer zu finden und daher weitgehend unbekannt sind: Netzwerke sollten Sie eben nicht nur in den großen und bekannten Zusammenhängen wie im Internet oder im Rahmen von Service-Clubs aufbauen, sondern je nach Beruf, Branche und Ziel auch im Kleinen knüpfen.

Branchen- und berufsspezifische Netzwerke

17

In diesem Kapitel

▷ Zu welchen Netzwerken Sie qua Beruf gehören

▷ Welche Verbände für Sie nützlich sein können

▷ Wieso auch kleine Gruppen großen Nutzen mit sich bringen können

▷ Besondere Netzwerke für Freiberufler

Sind Sie Fisch oder Fleisch? Oder weder noch? Viele Selbstständige können sich kaum den traditionellen Sparten zuordnen. Ein Produzent ist häufig auch Dienstleister, wenn es um Service geht, der Ladenbesitzer hat vielleicht auch einen Online-Shop und der angestellte Personalchef ist so frei in seinem Beruf, dass er fast schon als Freiberufler gilt.

In diesem Kapitel sollen dennoch die althergebrachten Begriffe und Gruppen Verwendung finden, denn im Laufe Ihrer Karriere haben Sie sicher schon einmal darüber nachgedacht, was Sie sind und was eher nicht. Dabei ist die Unterscheidung zwischen Gewerbe und Freiberuflern nicht trennscharf, denn besonders für Dienstleister und Wissenschaftler gibt es viele Angebote, die naturgemäß auch Freie nutzen können. Außerdem sind jeweils auch die Angestellten in den einzelnen Branchen mit angesprochen. Lesen Sie alles, was Sie betreffen könnte, und entscheiden Sie sich dann, ob es für Sie sinnvoll sein kann, sich entsprechend zu engagieren. Hinweise zu Angeboten für Frauen oder Minderheiten in bestimmten Berufen oder Branchen finden Sie in den Kapiteln 18 und 19 dieses Buches.

Netzwerke für Gewerbetreibende

Wer ein Gewerbe anmeldet, betreibt allein oder als Gesellschaft ein Geschäft und ist nicht Freiberufler. Es gibt Gruppen und Verbände auf verschiedenen Spezialisierungsebenen – Dach- oder Fachverbände –, in denen Gewerbetreibende organisiert sind. Das ein oder andere Netzwerk, das hier vorgestellt wird, kann aber auch für Angestellte aus den entsprechenden Zielgruppenunternehmen interessant sein.

Für alle Selbstständigen zugänglich und vor allem am Mittelstand orientiert ist der *Bund der Selbstständigen* (www.bds-dgv.de) ein Unternehmernetzwerk, das Händler, Handwerker, Klein- und Mittelindustrie, aber auch Freiberufler und Dienstleister in seinen Reihen hat. Dieser Bund bietet Beratungen und Veranstaltungen sowie Sonderkonditionen etwa beim Abschluss von Versicherungs- oder Stromverträgen oder im Zusammenhang mit der GEMA. Der Zugang erfolgt über die jeweiligen Landesverbände, die nach Bundesländern gruppiert sind.

Warenwirtschaft in Industrie und Handel

Nomen est omen, und so zeigt die Überschrift schon mit einem dicken Pfeil auf die IHK, die *Industrie- und Handelskammer*, in der Sie als Gewerbetreibender nach dem Gesetz ohnehin zwangsweise Mitglied sind, wenn Sie zu bestimmten Berufsgruppen gehören. Nach dem Motto »Don't call us, we call you« werden Sie nach einer entsprechenden Gewerbeanmeldung auch prompt angeschrieben, selbst wenn Sie eigentlich gar nichts handeln, sondern beispielsweise eine GbR gegründet haben, um zu beraten.

Die Industrie- und Handelskammer (IHK)

Den deutschlandweit 80 regionalen IHKs mit jeweils mehreren Zehntausend Mitgliedern – alle, die nicht Handwerker, Freiberufler oder Landwirte sind –, die zentrale Stellen und eben Pflicht für so viele sind, steht der *Deutsche Industrie- und Handelskammertag* (DIHK) als Dachorganisation vor. Im Hinblick auf die Netzwerkattraktivität sind die Angebote der einzelnen IHKs wichtig, doch sie ähneln sich oft. Sie bieten:

✔ Politisches Engagement

   Für Sie bedeutet das, dass Sie tatsächlich in Gremien der IHK tätig werden können und sich ehrenamtlichen in Ausschüssen zu Standortpolitik, Verkehr- und Stadtentwicklung, Arbeitsmarkt- oder Wirtschaftspolitik einbringen können.

✔ Veranstaltungen

   Die IHK bietet an allen Standorten Veranstaltungen an, die von Kongressen und Tagungen über Weiterbildungsangebote hin zu Informationsveranstaltungen für Mitglieder reichen. Viele dieser Events sind kostenlos und wunderbar geeignet, für ein paar Stunden das Netzwerken, Small Talk und Kontakteknüpfen zu üben.

✔ Internationale Kontakte

Über die Außenhandelskammern kann Ihnen die IHK bei der Suche nach Partnern im Ausland behilflich sein. So gibt es beispielsweise eine konkrete Geschäftspartnersuche auf www.e-trade-center.com, auf der Sie sich auch als kontaktsuchend eintragen können.

✔ Wirtschaftsjunioren und Partnerschaften mit anderen Verbänden

Die regionalen IHKs haben häufig Kooperationen und Partnerschaften mit anderen Organisationen. Auf der Seite der IHK Berlin beispielsweise werden als Partner zudem die *Wirtschaftsjunioren* (www.wjd.de), die ebenfalls dem DIHK unterstellt und für Unternehmer unter 40 zugänglich sind, und das *Business Location Center* (BLC) angezeigt (mehr zu diesen Netzwerken im Anhang). So können Sie Kontakte über die IHK knüpfen und sich gleich die richtigen Ansprechpartner vermitteln lassen.

Viele meiner Kunden, die Beratung für ihr Unternehmen suchen, sind Pflichtmitglieder in der IHK, haben aber noch nie deren Angebot genutzt. Machen Sie diesen Fehler nicht, denn das Angebot ist vielfältig und abgesehen vom Beitrag, zu dem Sie verpflichtet sind, ob Sie etwas nutzen oder nicht, oft kostenlos.

Wirtschaftsverbände

Neben der Kammer, der Sie in Deutschland als Pflichtmitglied zugeordnet werden, gibt es einen »Big Player«, den *Bundesverband der Deutschen Industrie*, der 38 Mitgliedsverbände aus allen Branchen organisiert. Der *Verband der Automobilindustrie* (www.vda.de), die *Bundesvereinigung der deutschen Ernährungsindustrie* (www.bve-online.de) oder der *Gesamtverband der deutschen Textil- und Modeindustrie* (www.textil-mode.de) sind neben anderen Vertretern von Stahl, Schmuck, Leder, Automaten, Energie, Buchhandel und Pharmaindustrie im BDI vertreten. Viele dieser Verbände treten wiederum als Dachverband auf oder bündeln kleinere Gruppen aus immer spezialisierteren Bereichen.

Die Mitgliedschaft in einem Verband ist freiwillig. Wie die IHK bieten viele Verbände Weiterbildungen, Vorträge, Messen und andere Veranstaltungen oder Beratung für ihre Mitglieder an. Viele sind untereinander vernetzt und bieten Gemeinschaftsaktionen, bei denen Sie über den Branchentellerrand hinweg noch weitere Personen kennenlernen können.

Wissen Sie, zu welcher Branche Sie gehören? Dann suchen Sie sich doch einmal vom BDI aus abwärts durch die Verbände und zugehörigen Gruppen unter www.bdi.eu. Jede Wette, dass Sie innerhalb von wenigen Minuten eine ansprechende Veranstaltung in Ihrer Nähe finden, zu der Sie gerne gehen möchten. Es muss nicht immer alles von XING ausgehen, manchmal tut ein bisschen Eigeninitiative ganz gut.

Verbände sind oft ein wenig kostspieliger als die Mitgliedschaft in der Kammer. Achten Sie auf Details wie Aufnahmegebühren und Beitragsstaffelungen nach Jahresumsatz und vergleichen Sie die infrage kommenden Verbände genau. Zusätzlich zur IHK noch in einem Verband organisiert zu sein, kann Vorteile bringen; mehrere Verbandsmitgliedschaften sind oft nicht nötig.

Verbandsmitgliedschaft als Signal

Wenn Sie zum Beispiel Kunden mit der Zugehörigkeit zu verschiedenen Verbänden beeindrucken wollen, sollten Sie darüber nachdenken, welche Mitgliedschaften dahin gehend Wirkung zeigen können. So ist es beispielsweise für einen Öko-Bauern notwendig, seine Ware auch entsprechend gekennzeichnet anbieten zu können, und die Voraussetzung dafür ist, Mitglied in einem Öko-Verband zu sein. Da reichen die Möglichkeiten von Bioland über Demeter bis hin zu Naturland. Ein umfassendes Verzeichnis finden Sie auch als interessierter Verbraucher unter www.oekolandbau.de und dem Stichwort »Öko-Verband« in der Suche. Wer sich zertifizieren lässt, darf das Siegel des Verbands auf der Verpackung führen. Zusätzlich bieten diese Verbände Beratungen und Informationen, Treffen und politisches Engagement.

Auch in anderen Branchen ist die Zertifizierung über einen Verband ein wichtiges Element, um sich mit denen zu verbinden, die ähnliche Werte haben, und von anderen abzuheben. So vergeben vom *Deutschen Textilreinigungsverband* (www.dtv-bonn.de) bis zum *Berufsverband zertifizierter Hundeschulen* (www.bvz-hundeschulen.de) verschiedenste Verbände ihre Zeichen. Achten Sie bei der Auswahl möglicher Verbände darauf, ob Sie so noch einen zusätzlichen Vorteil erlangen können.

Speziell für Onlinehändler

Die Welt wandelt sich und mit ihr das Einkaufsverhalten der Menschen. Damit auch diejenigen organisiert und geschützt sind, die ihr Business online betreiben, hat sich der *Händlerbund* (www.haendlerbund.de) zusammengefunden, um seinen Mitgliedern Beratung, Unterstützung und die Einbindung in ein Partnernetz zu bieten. Auch haben manche Branchenverbände eigene Sektionen nur für Onlinehändler. Auch *eco – Verband der deutschen Internetwirtschaft* (www.eco.de) bietet Veranstaltungen, Weiterbildung und den Zugang zu weiteren Netzwerken an.

Partner des *bvh – Bundesverband des Deutschen Versandhandels* (www.versandhandel.org) und zugleich Zertifizierungsinstanz, was als vertrauensbildende Maßnahme besonders im anonymen Onlinehandel wichtig ist, ist das *EHI Retail Institute*® (www.ehi.org), ein wissenschaftliches Institut des Handels, das auch Konferenzen und Arbeitskreise organisiert.

Bauen und basteln: Vernetztes Handwerk

Das Pendant zur IHK ist für Handwerker die *Handwerkskammer*. Auch hier gibt es einen *Zentralverband des deutschen Handwerks* (www.zdh.de), in dem 54 Handwerkskammern mit nahezu einer Million Betriebe vertreten sind. Die Handwerkskammern bieten ein breit gefächertes Angebot mit Beratung, Weiterbildung, regionalen Veranstaltungen und Vernetzung über Partnerbörsen und Treffen. Neben den Kammern gibt es als Teil des ZDH noch den *Unternehmerverband deutsches Handwerk* (UDH), dem die 37 Zentralfachverbände des Handwerks angehören, die wiederum die *Innungen* organisieren. Im Gegensatz zu den Kammern sind die freiwilligen Innungen unternehmerische Zusammenschlüsse mit dem Ziel, politisch aktiv zu werden.

Für Nachwuchshandwerker kann eine Mitgliedschaft bei den *Junioren des Handwerks* (www.handwerksjunioren.de) interessant sein, die regelmäßige Treffen und Sport- und Freizeitveranstaltungen anbieten.

Abgesehen von den Pflichtinstitutionen gibt es eine Reihe von Handwerkernetzwerken, die zumeist regional organisiert sind und langfristige Kooperationen bezwecken. Wer hier einmal den Fuß in der Tür hat und gute Arbeit leistet, muss zukünftig weniger Zeit auf die Kundenakquise verwenden, weil er von Kollegen und Architekten eingeplant wird. Ein Beispiel für den Großraum Berlin finden Sie unter www.dashandwerkernetzwerk.de.

Dienste im Netz leisten

Als Dienstleister verkaufen Sie vor allem sich und Ihr Wissen, und nicht ein Produkt, das man ausstellen und durch seine Funktionalität erklären kann. Sie sind zwar der IHK zugeordnet, sofern Sie kein Freiberufler sind, aber viele Netzwerkangebote der Handelskammer helfen Ihnen nicht unbedingt weiter. Aus diesem Grunde haben sich Dienstleiter unterschiedlicher Branchen vernetzt, um Ihr Wissen zu erweitern, Kontakte zu knüpfen und im Empfehlungsgeschäft im Rennen zu sein.

✔ IT und Neue Medien

Unter dem Motto »Interessenwahrnehmung statt Interessenvertretung« tritt das *Netzwerk IT* (www.netzwerkit.de) an, um Arbeitslosen und Beschäftigten der IT-Branche ein Forum zu bieten. In Projekten werden zu bestimmten Themen Netzwerke geknüpft und gepflegt, es werden Hilfestellungen angeboten und Informationen bereitgestellt. Auch für die politisch Engagierten gibt es mit dem *Netzwerk Neue Medien* (www.nnm-ev.de) einen Verein, in dem Sie aktiv werden können. Für Fachfragen, über deren Beantwortung Sie sich profilieren wollen, stehen eine große Anzahl von Webseiten zur Verfügung, so etwa www.informatikerboard.de oder andere in Kapitel 12 genannte Expertenforen.

Der zentrale Verband in diesem Bereich ist der *Bundesverband Informationswirtschaft, Telekommunikation und neue Medien* (www.bitkom.org) für die großen Unternehmen bis hin zu Global Playern. Kleiner und mehr auf das Internet- und Spielegeschäft ausgerichtet ist der *Bundesverband Digitale Wirtschaft (BVDW)* (www.bvdw.org). Beide Verbände bieten Foren, Fachgruppen und Veranstaltungen an.

Speziell für Informatiker ist die *Gesellschaft für Informatiker* (www.gi.de) ausgelegt, die sich unter anderem mit Nachwuchsförderung, Datensicherheit und Wissenstransfer beschäftigt. Ihre Vorteile liegen einerseits im Zugang zu Fachtagungen, andererseits in Rabatten wie der Ermäßigung bei Doppelmitgliedschaften mit »befreundeten« Organisationen für ordentliche Mitglieder.

Auf internationalem Parkett ist das *Institute of Electrical and Electronic Engineers* (www.ieee.org) die Anlaufstelle für Elektrotechniker und Informatiker.

✔ Personaler

Die Berufsgruppe, die dafür zuständig ist, dass andere Zuständige zur rechten Zeit am rechten Platz sind, ist ebenfalls gut vernetzt. Über die Nutzung von Online-Jobbörsen (Kapitel 12) und Messen zur Personalschau (Kapitel 16) hinaus gibt es mit *HRM* (www.hrm.de) ein Netzwerk speziell für Mitarbeiter in Personalabteilungen (Human Resources). Auch die *Deutsche Gesell-*

schaft für Personalführung (www.dgfp.de) vermittelt in Kongressen und Seminaren Wissen und bietet Austauschmöglichkeiten über Trends und Bedarfe.

Die Seite des *HRnetworx* (www.hrnetworx.info) ist ein Hybrid aus Jobbörse und Forum für Personaler. Ähnlich wie XING, nur fachspezifisch, werden Gruppen gebildet und Veranstaltungen veröffentlicht.

✔ Banken & Versicherungen

Für alle Angestellten und Selbstständigen im Finanzsektor findet sich im Banking-Club (www.bankingclub.de) die passende Gesellschaft. Online via XING, Twitter und Facebook wie offline in der Bankinglounge und Weiterbildungen aktiv, ist der Club ein Sammelbecken voller Informationen für alle aus der Branche. Eine Übersicht über die zugehörigen Verbände, Gewerkschaften und weitere Webseiten bietet das Infocenter den Online-Besuchern.

Sollten Sie Ihre Homepage im Rahmen eines Anzeigennetzwerks nutzen wollen, können Sie unter www.financeads.net oder www.finanzpartner netz.de passende Angebote finden oder Ihre Anzeigen vermarkten.

Als Gastgeber gut dastehen

Essen und schlafen müssen wir alle – das ist einerseits der Garant dafür, dass das Hotel- und Gaststättengewerbe nie aussterben wird, andererseits gilt es in einem Sektor, der so wenig zugangsbeschränkt ist, dass die Konkurrenz riesig ist, keinen Trend zu verschlafen, sich durch die richtigen Kontakte auf dem Laufenden zu halten und Kooperationen einzugehen.

Wieder steht der Verband am Anfang, diesmal ist es der *Deutsche Hotel- und Gaststättenverband* (www.dehoga-bundesverband.de), der Lobbyarbeit, Informationen und Beratung bietet. Ihm untergeordnet sind die Gruppe *Hotelverband Deutschland IHA* (www.hotellerie.de), die *Fachabteilung Autobahnraststätten* (www.unipas.de), der Verband der *Internationalen Caterer in Deutschland V.I.C.* sowie der *Initiativkreis Gastgewerbe*.

Eine Internetplattform, auf der sich der Branche zugehörige Firmen vernetzen können, bietet *aboutdrinks*® (www.about-drinks.de). Hier werden Produkte besprochen, Stellen ausgeschrieben und Trends diskutiert.

Als Unternehmer mit service- und geschmacksabhängigen Angeboten sollten Sie unbedingt auf dem Laufenden sein, was Ihre Kundschaft von Ihrem Unternehmen hält. Dazu sollten Sie sich auf den in Kapitel 12 genannten Bewertungsforen wie zum Beispiel Qype umsehen und Testberichte lesen sowie freundlich auf Kritik reagieren. Auch die Kritik an der Konkurrenz kann mitunter erhellend sein, um Fehler zu vermeiden.

Gesammelte Neugier: Naturwissenschaft und Forschung

In Wissenschaft und Forschung sind besonders die Verbindungen wichtig, die über Universitäten und andere Bildungseinrichtungen sowie Forschungsinstitute geknüpft werden. Alumni-Arbeit, die Mitgliedschaft in verschiedenen Vereinigungen, die die Forschung unterstützen, oder Netzwerke, in denen Expertentipps gefragt sind, erleichtern den Zugang zu häufig recht spezialisierten Arbeits- und Forschungsmärkten.

Netzwerken können Sie auch im Rahmen verschiedener Gesellschaften, die nach Forschungsrichtungen aufgespalten sind. So ist etwa die *Deutsche Physikalische Gesellschaft* (www.dpg-physik.de) die älteste physikalische Fachgesellschaft der Welt und verfolgt gemeinnützige Interessen und fördert den Erfahrungs- und Gedankenaustausch der rund 60.000 Mitglieder. Ähnliches bieten die *Gesellschaft Deutscher Chemiker* (www.gdch.de), die *Gesellschaft für Biochemie und Molekularbiologie* (www.gbm-online.de), die *Gesellschaft für technische Biologie und Bionik* (www.gtbb.net) und viele andere, die Sie leicht über Suchmaschinen ausfindig machen können.

Im biologischen Sektor findet sich zudem der *Verband Biologie, Biowissenschaften und Biomedizin in Deutschland* (www.vbio.de), der das Ziel verfolgt, Mitglieder, Fachgesellschaften sowie Firmen und Institutionen in den Bereichen Bildung und Forschung zu vernetzen. Auf seiner Homepage ist eine Liste von Forschungseinrichtungen einzusehen. Dort ist auch das »Deutsche Forschungsverzeichnis« verlinkt (www.research-explorer.dfg.de), in dem Sie geografisch oder fächerbezogen nach Einrichtungen suchen können.

Wer als Gründer im Bereich Life Sciences oder in der Chemie-Branche unterwegs ist, sollte einen Blick auf www.science4life.de werfen. Dort finden Sie einen Businessplanwettbewerb, der den Rahmen für ein Hilfs- und Expertennetzwerk bietet.

Netzwerke für Freiberufler

Abgesehen davon, dass auch Freiberufler im oben genannten *Bund der Selbstständigen* (www.bds-dgv.de) Aufnahme finden, gibt es den *Bundesverband der Freien Berufe* (www.freie-berufe.de), der als Dachverbund über Kammern und Verbänden aus dem heilberuflichen, rechts-, steuer- und wirtschaftsberatenden, technisch-naturwissenschaftlichen und kulturellen Bereich sowie 16 Landesverbänden thront. Im Internet sind im Bereich »Mitglieder« alle zugehörigen Gruppen aufgeführt. Die wichtigsten werden hier im Rahmen der Berufsgruppen besprochen.

Die Heiler

Im Gesundheitssektor gibt es unzählige regionale Angebote, die sich am schnellsten über eine Online-Suche herausfinden lassen. Übergreifend sind die Krankenkassen die Bindeglieder zwischen Gesundheitsdienstlistern und Nachfragern. Die meisten haben sowohl Online-Portale, in denen Sie sich als Anbieter listen lassen können, als auch ein Angebot zur Aufnahme in ein Kooperationsnetzwerk. Unter dem Stichwort »Integrierte Versorgung« sollen Anbieter wie Ärzte und Krankenhäuser, aber auch Apotheken und Pflege- und Reha-Einrichtungen vernetzt werden. Zusätzlich gibt es eine Reihe von berufsspezifischen Interessennetzwerken.

✔ **Human- und Tiermedizin**

Wieder eine Kammer, diesmal die *Bundesärztekammer* (www.bundesaerztekammer.de) beziehungsweise *Bundeszahnärztekammer* (www.bzaek.de) oder *Bundestierärztekammer* (www.bundestieraerztekammer.de), organisiert den offiziellen Rahmen, in dem sich Mediziner in Deutschland einfinden müssen und die durch die jeweiligen Landesärztekammern vertreten wird. Letztere bieten wie auch die Zahnärztekammern Fort- und Weiterbildungen an. Der *Hartmannbund* (www.hartmannbund.de) stellt den Verband der Ärzte Deutschlands dar, zusätzlich gibt es einen *Hausärzteverband* (www.hausaerzteverband.de) sowie die *Gemeinschaft Fachärztlicher Berufsverbände* (www.gfb-dgn.de).

Viele Internetportale bieten Ärzten Kooperations- und Kontaktmöglichkeiten. Die bekanntesten sind der *Merel Club* (www.merel-club.com) mit internationaler Ausrichtung, *coliqio* (www.coliquio.de), das wie *Esanum* (www.esanum.de) den Schwerpunkt auf den diagnostischen Austausch legt, und *DocCheck* (www.doccheck.com), das Facebook-ähnlich als Kontaktmedium und Community dient.

Die *Deutsche Gesundheitsauskunft* (www.deutsche-gesundheitsaus kunft.de) bietet unter dem Punkt »Netzwerk deutsche Gesundheits- auskunft« einen umfassenden Überblick über regionale Netzwerke für Anbieter von Gesundheitsleistungen und Patienten. Werden Sie, wenn Sie die Zeit finden, auch als Experte in Patientennetzwerken aktiv, um Ihren Bekanntheitsgrad zu vergrößern und Ihren Ruf zu verbessern.

Als Arzt können Sie sich auch einer Reihe von gemeinnützigen Organisatio- nen wie *Ärzte ohne Grenzen*, *Ärzte helfen*, *Ärzte für die Dritte Welt* oder auch einfach regionalen Initiativen anschließen. Es gibt übrigens auch *Tier- ärzte ohne Grenzen*. Im tierischen Bereich sind der *Bundesverband prakti- zierenden Tierärzte* (www.tierärzteverband.de), die *Deutsche veterinär- medizinische Gesellschaft* (www.dvg.net) als Vereinigungen und Internetfo- ren (www.foren4vet.de, www.tiermedizin.de, www.vetion.de, www.vet- line.de) zu Informationszwecken erwähnenswert. Tierärzte sind auch bei XING vertreten, zum Beispiel in der Gruppe *ClubMedVet*. Im Bildungs- und Wissenschaftsbereich besteht das *Network of Veterinary ICt in Education* (www.noviceproject.eu), das auch auf das lebenslange Lernen und Vernet- zen von Tierärzten abzielt.

Ampel, ein Netzwerk für Diagnose und Therapie (www.ampel-netzwerk.de), das vom Bundesministerium für Wirtschaft und Technologie gefördert wird, stellt interdisziplinäres Denken von Human- und Tiermedizinern in den Mit- telpunkt – ein interessanter Ansatz.

✔ **Andere Heilberufe**

Ob *Therapeuten-Netz*, *Psychoscout.de* oder *Netzwerk Psychotherapie*, im Internet gibt es viele Listen, in die Sie sich eintragen lassen können und in denen potenzielle Patienten Sie dann finden. Der eigentliche Netzwerkge- danke, also die Kommunikation mit Kollegen oder Kooperationspartnern, kommt hierbei ein bisschen zu kurz. Dazu sollten Sie sich wieder Kammern (etwa für Psychotherapeuten) oder Verbänden (wie denen für Physiotherapie www.zvk.de, Ergotherapie www.ergotherapie-dve.de oder Psychologie www.bdp-verband.de) zuwenden. Außerdem gibt es diagnosespezifische Netzwerke wie zum Beispiel das *Malteser TraumaNetzwerk* (www.trauma netzwerk.de) oder verschiedene Suchthilfenetzwerke.

Erkundigen Sie sich bei Kollegen, welche Verbände empfehlenswert sind; allein für Heilpraktiker gibt es vier Alternativen, die immerhin gemeinsam in den *Deutschen Heilpraktikerverbänden* (www.ddh.de) organisiert sind. Wer es ein wenig spiritueller mag, sollte sich mal auf den Seiten des *Netzwerks Ganz- heitlichkeit* (www.netzwerk-ganzheitlichkeit.de) umschauen.

Die Schaffer

Auch Architekten und Ingenieure haben es mit Kammern zu tun: die *Bundesarchitektenkammer* (www.bak.de) und die *Bundesingenieurskammer* (www.bundesingenieurskammer.de), jeweils mit Kammern auf Bundeslandebene. Die Verpflichtung zur Mitgliedschaft in den Ingenieurskammern variiert nach Bundesland. Die Architektenkammer ist verpflichtend für alle Architekten, die sich so auch nur nennen dürfen, wenn sie in der Architektenliste der Kammer aufgeführt sind. Die Länderkammern sorgen in unterschiedlichem Ausmaß für Veranstaltungen und Bildungsangebote. Ein wichtiges Angebot ist das der Mediation beispielsweise zwischen Bauherren und Handwerkern oder Bauleitern.

Der wichtigste Berufsverband ist der *Verein Deutscher Ingenieure* (www.vdi.de), innerhalb dessen besonders das Netzwerk für Studenten und Jungingenieure (etwa www.suj-berlin.de) lokal engagiert sind. Ansonsten ist der VDI in Landesverbände, Bezirksvereine und Freundeskreise für im Ausland ansässige Mitglieder unterteilt. Auch der *Verband beratender Ingenieure* (www.vbi.de) kann für eben nicht technisch ausgerichtete, sondern dienstleistungsorientierte Ingenieure eine alternative Anlaufstelle sein. In dem Spezialportal *careers4engineers* können Sie sich auf Jobsuche begeben. Weitere Portale zum Austausch und zur Information sind www.ingenieurweb.de, www.ING-Net.de sowie www.ingenieur.de.

Architekten können auf www.competitionline.com/de nach Partnern und Ausschreibungen suchen. *Architizer* (www.architizer.com) bietet internationale Vernetzung und Meinungsaustausch online, aber auch einen Überblick über Menschen, Firmen, Projekte und Neuigkeiten. Der *Bund Deutscher Architekten* (www.bda.de) ist der zugehörige Bundesverband, dem die Landesverbände unterstehen.

Die Gesetzestreuen

Zu ihnen geht der Normalbürger, wenn er es mit Gesetzen zu tun bekommt, sei es Steuerrecht, Strafrecht, Wirtschaftsrecht oder ein einfacher Bußgeldbescheid. Sie haben anspruchsvolle Studiengänge und Prüfungen hinter sich und ihre Berufsfelder sind oft so spezialisiert, dass sie nicht darum herumkommen, sich mit Kollegen zu vernetzen, um schnelle Antworten auf seltene Fragen zu erhalten.

✔ **Steuerberater und Wirtschaftsprüfer**

Wer diese Prüfungen geschafft hat, ist erst mal Pflichtmitglied in der *Bundessteuerberaterkammer* (www.bstbk.de) oder der *Wirtschaftsprüferkammer* (www.wpk.de). Für Steuerberater stehen gleich zwei Hauptverbände, der

Deutsche Steuerberaterverband (`www.dstv.de`) und der _Bundesverband der Steuerberater_ (`www.bvstb.de`) zur Auswahl, die jeweils auf Länderebene Mitgliedsverbänden vorstehen. Daneben gibt es das _Institut der Wirtschaftsprüfer_ (`www.idw.de`). Ein großer Verbund, der ursprünglich nur aus Steuerberatern bestand, inzwischen aber auch Rechtsanwälte und Unternehmensberater im Portfolio hat, ist _WIRAS_ (`www.wiras.de`).

Gerade bei Dienstleistungen, die sich nicht jeder Bürger leisten kann, liegt es nahe, gemeinnützig beispielsweise in _Lohnsteuerhilfevereinen_ tätig zu werden. Es müssen ja nicht immer gleich Clubs wie die Lions oder Rotary sein; Gutes lässt sich auch in kleinerem Rahmen, unmittelbarer und mit anderen, engagierten Kollegen tun.

✔ **Rechtsanwälte und Notare**

Neben der jeweiligen Kammer für _Rechtsanwälte_ (`www.brak.de`) beziehungsweise _Notare_ (`www.bnotk.de`), dem die _Notarnet GmbH_ (`www.notarnet.de`) angeschlossen ist, die ein Notar-Intranet zur Verfügung stellt, gibt es Vereine wie den _Deutschen Anwaltsverein_ (`www.dav.de`) und den _Deutschen Notarverein_ (`www.dnotv.de`). Die Bundeskammern sind regional unterteilt, die Vereine haben ebenfalls regionale Angebote und Mitgliedsverbünde.

Anwälte wie Steuerberater können Mitglied in der _Deutschen Anwalts- und Steuerberatervereinigung für die mittelständische Wirtschaft_ (`www.mittel stands-anwaelte.de`) werden und sich in den 16 Landesverbänden für den Mittelstand engagieren. International vernetzt ist, wer sich und seine Projekte in der _Informationsdatenbank Aktivitäten der Internationalen Rechtlichen Zusammenarbeit_ (`www.interjus.de`) einstellt und mit Kollegen teilt. Eine Art XING für Anwälte bietet das kommerzielle _Martindale_ (`www.mar tindale-hubbell.de`). Zum Reputationsaufbau und Vernetzung dienen zudem die zahlreichen Internetportale wie _123recht.de_ (mehr dazu in Kapitel 12). Ansonsten geht der Trend bei Rechtsberatern auch immer stärker zum Verbund, der Sozietät und bis hin zu internationalen Kooperationen und somit informellen Netzwerken.

Die Kreativen

Künstler sollten gut vernetzt sein, ansonsten erfährt keiner von ihrer Kunst (und keiner kann sie bewundern oder kaufen). Sie haben einen Galleristen oder Agenten und ganze Horden von Menschen kümmern sich um sie – wenn und sobald sie berühmt sind. Davor müssen Sie selbst tätig werden, Kontakte knüpfen und pflegen, für sich oder im Team kreativ sein und die Mitstreiter nicht aus den Augen verlieren. Eine Möglichkeit dazu ist das europaweit angelegte *Lab for Culture* (www.labforculture.org), das Ihnen Informationen und einen Mitgliederbereich zur Verfügung stellt. Auch unter www.kreative-work.net, der Internetseite des *Netzwerks der Kreativen,* finden Sie weiterführende Informationen zu Terminen und Projekten.

 Da sich viele mehr oder weniger seriöse Agenturen mit dem Zusatz »Netzwerk« im Namen schmücken, ist besondere Vorsicht angesagt, wer da was und vor allem wie viel Geld für die Listung oder Aufnahme in die Datenbank von Ihnen will. Ein Netzwerk, das Sie in einen Karteikasten aufnimmt, kann Ihnen gute Kontakte verschaffen, kann aber auch darauf aus sein, Sie in eben jener Kartei gegen Entgelt versauern zu lassen.

Spezielle Gruppen unter den Kreativen haben eigene Netzwerke:

✔ **Designer**

Die *Allianz deutscher Designer* (www.agd.de) bietet online unter »AGD Branchenbuch« eine umfangreiche Sammlung von internationalen und nationalen Verbänden, Zentren und anderen Informationen. Hier finden Sie unter anderem den *Deutschen Designer Club* (www.ddc.de), die *Illustratoren Organisation* (www.illustratoren-organisation.de) oder den *Bund freischaffender Foto-Designer* (www.bff.de).

Ein interessantes Online-Forum für Kreative ist auf www.dasauge.de zu finden. Modedesigner werden auf www.mode-netzwerk.de fündig, was Informationen und Veranstaltungen betrifft. Mehr in die Richtung von Computergrafiken geht die *European Association for Computer Graphics* (www.eg.org).

✔ **Die schreibende Zunft**

Journalisten haben ihre Vereinigung mit dem *Deutschen Journalistenverband* (www.djv.de), der Gewerkschaft der Branche. Weniger offiziell, aber dafür flexibler ist das *journalists network* (www.journalists-network.org) oder das *Netzwerk Recherche* (www.netzwerk-recherche.de), das für investigativen Journalismus eintritt. Junge Mitglieder der Zunft können sich auf www.junge journalisten.de vernetzen. Für die Rechte für Journalisten weltweit setzen sich die *Reporter ohne Grenzen* (www.reporter-ohne-Grenzen.de) ein und *Journalisten helfen Journalisten* (www.journalistenhelfen.de) sind vernetzt, um in Not geratene Kollegen zu unterstützen.

Die *Deutsche Public Relations Gesellschaft* (www.dprg.de) ist der Verband der Pressesprecher und PR-Mitarbeiter. Journalisten wie PRler finden sich im *Märkischen Presse- und Wirtschaftsclub* (www.mpwberlin.de) zu Diskussionen und Treffen ein. Der mpw ist eines von 23 Mitgliedern im *Forum deutscher Pressclubs* (www.forum-deutscher-presseclubs.de).

Für Autoren gibt es eine internationale Schriftstellervereinigung *P.E.N.* (www.pen-deutschland.de). Der *Autoren-Club* (www.autoren-club.de) bietet ein Online-Forum zum Austausch und hält jede Menge Informationen bereit.

Wissensvermittler

Lehrer und Berater im weiten Sinne, also Menschen, die andere qualifizieren und ihnen Ratschläge geben, tun gut daran, untereinander gut vernetzt zu sein. Dazu steht eine Reihe von Netzwerken zur Verfügung, bei denen neben der Vernetzung der Austausch von Wissen im Zentrum steht.

✔ Die *Gesellschaft zur Förderung Angewandter Betriebswirtschaft und Aktivierender Lehr- und Lernmethoden in Hochschule und Praxis* (www.gabal.de) hat sich auf die Fahnen geschrieben, Trainer, Personaler und Angestellte in leitenden Funktionen zu verbinden, um einen Austausch über Weiterbildungsaktivitäten in Gang zu bringen.

✔ Der *Berufsverband für Trainer, Berater und Coaches* (www.bdvt.de) bietet Regionalclubs zum Kennenlernen, aber vor allem ein Siegel, mit dem die eigene Eignung im nicht begriffsgeschützten Bereich der Beratung nachgewiesen werden kann. Der *Bundesverband Coaching* (www.dbvc.de) richtet sich – wie der Name schon sagt – nur an solche Berater, die auf Business Coaching und Leadership ausgerichtet sind.

✔ Ähnliches ist das Anliegen des *Bundesverbands Deutscher Unternehmensberater* (www.bdu.de). So können auch nur solche Berater Mitglied werden, die die Kriterien des Verbandes erfüllen.

✔ Ein besonderes Coachingnetzwerk ist auf der Webseite von *Rauen Coaching* (www.rauen.de) zu finden. Hier werden Sie als Berater in einer umfangreichen Datenbank fündig, wenn Sie Termine oder Weiterbildungen suchen.

✔ *Trainertreffen* (www.trainertreffen.de) stellt eine Online-Plattform für Informationen und Austausch mit Kollegen zur Verfügung.

Die Vereinigungen der Berater sind oft mit erheblichen Zugangsbeschränkungen versehen, um eben nicht jeden, sondern nur qualifizierte Coaches aufzunehmen und unter dem eigenen Siegel laufen zu lassen. Das bedeutet im Umkehrschluss, dass Sie bereits bei der Auswahl einer möglichen Coaching-Weiterbildung im Hinterkopf haben sollten, zu wem Sie später gehören möchten, damit Ihre Ausbildung auch dort anerkannt wird.

Netzwerke für (zukünftigen) Lohn und Brot

18

In diesem Kapitel

▷ Wer sich für Arbeitnehmer einsetzt

▷ Was Netzwerke für Angestellte bringen können

▷ Nach der Anstellung ist vor der Anstellung

▷ Aus der Ausbildung per Netzwerk in den Job

Durch das ganze Buch hat sich schon der Gedanke gezogen, dass Netzwerken nicht nur Warenpräsentation und -verkauf umfasst und daher für Selbstständige gedacht ist, sondern dass ein berufliches Netzwerk in verschiedenen Lebenssituationen, so auch der Anstellung, nützlich sein kann. Das gilt sowohl innerhalb eines bestehenden Arbeitsverhältnisses als auch für die Suche nach einer neuen Stelle, sei es nach der Ausbildung oder aus der Arbeitslosigkeit heraus.

Nachdem Führungskräfte und Vertreter bestimmter Berufssparten in Kapitel 17 einige Netzwerke aufgezeigt bekommen haben, geht es hier darum, welche Verbünde und Netzwerke sich um das Wohl von Arbeitnehmern und deren Vernetzung sorgen.

Arbeitnehmer – vereinigt euch!

Es waren einmal ... böse Fabrikanten, und diese besaßen das Kapital und haben arme Arbeitskräfte für sich schuften lassen. Wer das Geld hatte, hatte die Macht (Moment, das ist an sich heute nicht anders!), aber dann wurde dem »Humankapital« klar, dass es Rechte haben sollte und – viel wichtiger – dass sie viele, jedenfalls viel mehr als ihre Arbeitgeber waren. Wo Einzelne machtlos waren, hat sich der Zusammenschluss und das Netzwerk bewährt, um der Macht des Besitzes und des Geldes etwas entgegenzusetzen.

Gewerkschaften

Traditionell stärken die Gewerkschaften Arbeitnehmer durch ihre Machtposition in Verhandlungen über Löhne und Arbeitsbedingungen. Dabei wächst der Einfluss mit der Anzahl der in der Gewerkschaft engagierten Arbeitnehmer. Sie können durch einen Beitritt also im Kleinen Ihr persönliches Netz von Kontakten erweitern, aber auch für »die Sache« eintreten.

Der *Deutsche Gewerkschaftsbund* (www.dgb.de) verbindet acht große Gewerkschaften, unter anderem die *IG Bau*, die *IG Metall* und *Ver.di* unter einem Dach. Darüber hinaus existieren noch der *Beamtenbund*, der *Christliche Gewerkschaftsbund* sowie viele Kleingewerkschaften unterschiedlicher Fachrichtungen.

Informationsnetze

Das Internet bietet auch Angestellten eine Reihe von Netzwerken über das obligatorische *XING* hinaus, die hilfreich sein können, wenn es um das Image Ihres Arbeitgebers oder um Gehaltsvergleiche geht. Allen voran ist *companize* (www.companize.com) ein Portal, in dem Sie viele Informationen dazu finden. Aber auch Alumni-Netzwerke ehemaliger Beschäftigter von Unternehmen bieten Chancen, sich auf dem Laufenden zu halten und mit den ehemaligen Kollegen in Kontakt zu bleiben. Das *Alumniportal* (www.alumniportal-deutschland.de) unterstützt Sie bei der Suche nach Gruppen Ihrer Exbrötchengeber.

 Es gibt auch gut vernetzte Sekretäre und -innen. Auf www.sekreta ria.de gibt es ein eigenes soziales Netzwerk und mit dem *Bundesverband Sekretariat und Büromanagement* (www.bsboffice.de) einen eigenen Verband.

Weitere Möglichkeiten, sich über Netzwerke und Karrierechancen zu informieren, bietet der *Arbeitsratgeber* (www.arbeitsratgeber.com), wenn auch etwas unübersichtlich, aber mit sehr ausführlichen Informationen und einer Vielzahl von Links, sowie das Portal *e-fellows* (www.e-fellows.net), das auch für Studenten und Berufseinsteiger geeignet ist.

(Noch) Kein Job und trotzdem Netzwerken

Neben dem Portal *e-fellows* und den in Kapitel 10 genannten Jobbörsen haben sich im Internet auch spezielle Seiten für den (Wieder-)Einstieg ins Berufsleben aufgebaut. Eine Kategorie sind Praktikumsbörsen, denn viele Unternehmen möchten sich die Fehlbesetzung einer Stelle ersparen, indem sie die Kandidaten für ein paar Wochen »testen«.

 Als Jobsuchender haben Sie zwar den Vorteil, dass Sie durch die verschiedenen Bereiche hüpfen können und sich mal hier und mal dort ansehen können, was Ihnen Spaß machen könnte, wenn Sie noch unschlüssig sind. Wenn Sie aber wissen, was Sie wollen und dass eine Stelle für Sie geeignet ist, dann lassen Sie sich nicht von einem schwarzen Arbeitgeberschaf als Praktikant ausbeuten.

Beispielsweise auf `www.praktikum.de` oder `meinpraktikum.de` können Sie gezielt nach Praktikumsangeboten suchen, aber auch bei XING und den Jobbörsen wie `www.backinthejob.de` gibt es dafür eigene Rubriken oder Suchfilter. Studenten aller Fächer finden bei den großen Zeitschriften wie UNICUM auch online (`www.unikum.de`) eine Job- und Praktikumsbörse.

Netzwerkgelegenheiten für Berufseinsteiger

Soso, Sie haben noch nie gearbeitet? »Doch!«, werden Sie rufen. »In der Ausbildung, neben dem Studium, schon als Schüler, wenn nicht gar bereits in der Wiege.« Wenn das stimmt, haben Sie bereits einen erheblichen Vorteil, nämlich Kontakte in die Arbeitswelt. Nicht umsonst werden Studiengänge heute immer weniger theoretisch und bieten immer mehr Gelegenheiten, sich in der wirklichen Arbeitswelt einmal umzusehen. Nutzen Sie das bereits als Student, sofern Sie nun noch Gelegenheit haben. Und auch in einer Ausbildung besteht oft die Möglichkeit, ein paar Wochen in einen anderen Betrieb zu wechseln, einen Meistertausch zu vereinbaren oder in verschiedenen Projekten offensiv mit den Angestellten anderer Unternehmen in Kontakt zu kommen. *Informelle Netzwerke* und ein guter Ruf bei dem, was Sie schon geleistet haben, wirken hier Wunder.

Wenn Sie nun dastehen und niemanden kennen, haben Sie es schwerer, aber es ist nicht unmöglich. Immerhin herrscht zunehmender Fachkräftemangel, also muss es einen Platz für Sie geben, Sie müssen ihn nur finden.

Versuchen Sie Kontakte zu schaffen:

- ✔ Fragen Sie bei Ihrem Ausbilder oder Professor, ob der Ihnen einen Kontakt verschaffen kann.

- ✔ Fragen Sie Kommilitonen nach deren Arbeitgebern und ob dort noch etwas frei sein könnte.

✔ Gehen Sie zu Alumni-Treffen Ihrer Hochschule. Auf der Internetseite so ziemlich jeder Universität gibt es einen Link zu den Alumni-Informationsseiten.

✔ Bilden Sie sich fort. Damit sind Sie einerseits auf dem aktuellen Wissensstand, der für Ihren Beruf vorausgesetzt wird, andererseits lernen Sie Menschen kennen.

✔ Nutzen Sie das Angebot der Bundesagentur für Arbeit (`www.arbeitsagentur.de`) hinsichtlich Jobbörse und Weiterbildungsangeboten.

✔ Lesen Sie Kapitel 17 und informieren Sie sich über die zuständigen Kammern oder Verbände und deren Angebote für Jobsuchende.

✔ Sehen Sie sich die Nachwuchsorganisationen Ihres Faches an. Ob Vereinigung junger Architekten e.V. (`www.vja.de`) oder Junioren des Handwerks (`www.handwerksjunioren.de`), junge und erfolgreiche Unternehmer expandieren und suchen häufig neue Angestellte in ihren Netzwerken.

Außerdem gelten für Sie selbstverständlich auch alle Tipps, die im nächsten Abschnitt zu Karrieremessen und anderen Organisationen stehen.

Schneller aus der Arbeitslosigkeit durch Netzwerken

Besonders wer schon eine längere Pause ohne Job hinter sich hat, kann häufig nicht mehr viele aktive Kontakte abrufen, um für die Karriereplanung zu netzwerken. Die Bedeutung von Jobmessen beschreibe ich näher in Kapitel 16, hier eine Liste der größten Karrieremessen in Deutschland:

✔ Das Staufenbiel Institut organisiert den *Absolventenkongress* (`www.absolventenkongress.de`) mit circa 250 Ausstellern und 150 Programmpunkten in verschiedenen Städten beziehungsweise Regionen (Köln, Berlin, Baden-Württemberg, Norddeutschland).

✔ *Jobmesse Deutschland* (`www.jobmessen.de`) tourt durch verschiedene Städte und hat über 500 Unternehmen im Angebot. Vor Ort finden Sie an fast allen Standorten auch Bewerbungsfotografen und einen Mappencheck. Das macht die Jobmesse in Ihrer Nähe zu einem guten Einstieg in das Bewerbungs- und Messetreiben.

✔ *Talents – Die Jobmesse* (`www.talents.de`) findet jährlich in München statt. Dabei werden Kandidaten aller Fachrichtungen einem Vorauswahlverfahren unterzogen und bei Bestehen zu konkreten Gesprächen mit ausgewählten Firmen auf der Messe bestellt. Dort können Sie ebenfalls an einem Assessment-Center teilnehmen. Für nicht eingeladene Besucher findet vor Ort ein Quick-Check der Unterlagen statt, um doch noch in die heiligen Hallen zu gelangen.

✔ *Karrierestart* (`www.messe-karrierestart.de`) ist in Dresden beheimatet. Sie steht nicht nur Jobsuchenden, sondern auch Gründern und Weiterbildungsinteressierten offen. Besonders wenn Sie noch nicht wissen, wie Sie weitermachen wollen, können Sie hier auf einen Schlag in viele Richtungen Informationen sammeln und Kontakte knüpfen.

✔ *T5* bietet eine Messe für Naturwissenschaftler und Informatiker an (`www.t5-futures.de`).

✔ Eine Fachmesse für erfahrene qualifizierte Arbeitskräfte bietet *Job40plus* (`www.job40plus.de`).

✔ IQB Career Service (`www.iqb.de`) veranstaltet mit *JOBday*, *JOBcon* und speziell für Juristen *JURAcon* in verschiedenen deutschen Städten Personalmessen. Dazu kommen mit der Reihe *meet@...* Hochschulmessen an verschiedenen Standorten.

✔ Der VDI-Verlag richtet den *Recruiting Day* der VDI Nachrichten (Zugriff über `www.ingenieurkarriere.de` – Karriere – Events) für Ingenieure aus.

Einen umfassenden Überblick über Jobmessen, auch speziell für Studenten, finden Sie auf `www.jobmesse-radar.de`. Ein Forum für alle Arbeitslosen ist beispielsweise das `www.arbeitslosennetz.de`. Unter `www.erwerbslose.de` gibt es eine umfangreiche Übersicht über Arbeitslosenorganisationen deutschlandweit. Der Bund stellt unter dem fragwürdigen Namen *Bundesarbeitsgemeinschaft für prekäre Lebenslagen* (`www.bag-plesa.de`) denen Informationen und Vernetzung zur Verfügung, die soziale Unterstützung benötigen.

Die Vernetzung von Arbeitslosen beziehungsweise -suchenden geht weit über Jobmessen hinaus. So bietet eine Reihe von regionalen Arbeitsloseninitiativen Hilfe bei der Bewerbung und Unterstützung durch Kontakte an. Das *Netzwerk erwerbsloser Akademiker* (`www.nea-ev.de`) agiert mit Schwerpunkt Bayern und der Hoffnung auf den Aufbau weiterer Regionalgruppen für den Austausch und die Unterstützung von Akademikern ohne Job.

Frauenpower

In diesem Kapitel

▷ Wozu Frauennetzwerke gut sind

▷ Welche allgemeinen Frauennetzwerke es gibt

▷ Wo Sie Spezialnetzwerke für Frauen finden können

***

Die Feminismus-Debatte hat an Fahrt verloren. Diskriminierung aufgrund der Zugehörigkeit zum weiblichen Geschlecht weisen besonders verantwortliche Männer, aber auch Frauen weit von sich und Frauen vom Schlage Alice Schwarzers, die sich mit Volldampf ins Zielfernrohr derer begeben, die gar kein Problem sehen können, werden selten. Wozu also dann noch Frauennetzwerke?

Die Antwort liefert schlicht die Realität, in der eben Frauen nicht dasselbe verdienen wie Männer in gleicher Position, bei Beförderungen trotz gleicher Qualifikation oft noch übersehen werden und als Selbstständige besonders in Hinsicht auf das Vitamin-B-Phänomen den alten und neuen Herren-Seilschaften meist hilflos gegenüberstehen. Um überhaupt an mancher Stelle einen Fuß in die Tür zu bekommen, einen Auftrag zu ergattern, empfohlen zu werden oder wichtige Kontakte zu knüpfen, ist die Solidarität unter Geschäftsfrauen enorm hilfreich. Dieses Kapitel gibt einen Überblick über verschiedene Netzwerke mit unterschiedlichen Spezialisierungsgraden und Ausrichtungen. Welchem Sie beitreten, müssen Sie nach Budget und Sympathie entscheiden.

Übergeordnete Frauennetzwerke

Der *Deutsche Frauenrat* (www.frauenrat.de) ist eine Vereinigung, die wie ein Dachverband bundesweit mehr als 50 frauenbezogenen Verbänden und Organisationen vorsteht und mit und für diese Lobbyarbeit betreibt. Der Frauenrat veröffentlicht sowohl eine Zeitschrift als auch online Neuigkeiten und Statistiken und bietet einen hervorragenden Ausgangspunkt zur eigenen und umfassenden Recherche über Frauenrechte und -organisationen. Alle Mitgliedsvereinigungen sind online gelistet. Als eines der Mitglieder des Frauenrats setzt sich der *Deutsche Frauenring* (www.deutscher-frauenring.de) zum Beispiel für die Gleichstellung von Frauen in der Gesellschaft ein.

Wenn Sie ein Netzwerk suchen, bei dem weniger die eigene Karriere im Fokus steht, sondern das eher der Charity-Bewegung zugeordnet werden kann (mit dem Ziel, sich dem Dienst an den Menschen zu verpflichten), könnten Sie in der *Union deutscher Zonta Clubs* (www.zonta-union.de) die passenden Ansprechpartnerinnen finden. Der Stellenwert von Ethik und Moral ist hoch und so liegt der Schwerpunkt auch bei der Vergabe von Stipendien und Preisen etwa für ehrenamtliches Engagement. Ähnlich gelagert ist das Anliegen der Menschenrechtsorganisation *Terre des Femmes* (www.frauenrechte.de), die sich international für die Rechte von Frauen und gegen Diskriminierung einsetzt. Politisch engagiert ist auch das *Weibernetz* (www.weibernetz.de), das sich für Frauen mit Behinderungen einsetzt.

Sollten Sie auf der Suche nach anderen, frauengeführten Unternehmen sein, hilft Ihnen das Frauenbranchenbuch (www.frauenbranchenbuch.de) sicher weiter.

Frauennetzwerke für Führungskräfte

Der *Bundesverband der Frau in Business und Management* (www.bfbm.de), ebenfalls Mitglied im Deutschen Frauenrat, ist eine Organisation für Angestellte und Selbstständige gleichermaßen, die sich satzungsgemäß die »Förderung der beruflichen und gesellschaftlichen Gleichberechtigung und Akzeptanz von Frauen, die in verantwortlichen Positionen im Management und im freien Beruf tätig sind« auf die Fahnen geschrieben hat. Bundesweit werden in 19 Regionalgruppen Stammtische, Freizeitaktivitäten und Weiterbildungen organisiert, Messeteilnahmen geplant und Kontakte gepflegt.

Nur für Selbstständige ist der *Verband deutscher Unternehmerinnen* (www.vdu.de) gedacht. In bundesweit 15 Landesverbänden und 15 Regionalkreisen sind darin Frauen aus dem Mittelstand, aber auch aus großen Unternehmen oder Neugründungen organisiert. Um Letztere zu unterstützen, gibt es seit 2001 die *Käte Ahlmann Stiftung*, deren Ziel es ist, Gründerinnen Mentorinnen zur Seite zu stellen, um die Erfolgschancen bei einer Neugründung zu verbessern. Die Verbandszeitschrift »Die Unternehmerin« kann online eingesehen werden.

Die Vereinigung *Business and Professional Women* (www.bpw-germany.de) bildet den deutschen Zweig des *BPW International*, der bereits 1930 in Genf gegründet wurde und weltweit in fünf Regionen und 80 Ländern aktiv ist. So ist einer der Hauptaspekte des BPW die internationale Vernetzung, aber auch Mentoring, ein Ableger für Frauen bis 35 (Young BPW) und Weiterbildungen stehen im Fokus. Der BPW ist regional in 41 Clubs unterteilt, bei denen jeweils die Aufnahme beantragt werden kann.

Mit internationalem Anspruch und eben stärkerer Ausrichtung agiert *Soroptimist International* (www.soroptimist.de). In jedem der 195 regionalen Clubs in Deutschland darf jeder Beruf beziehungsweise jede Tätigkeit nur durch ein aktives Mitglied vertreten sein. So sollen Informationsweitergabe und der Austausch zwischen den Mitgliedern bestmöglich gestaltet werden. Im Netzwerkkontext bedeutet das, innerhalb der Clubs konkurrenzlos empfehlbar zu sein.

Für Frauen in Führungspositionen – also Managerinnen – bietet das *European Women's Management Development International Network* (www.ewmd.org) einen europäischen Rahmen, um sich zu vernetzen. In Deutschland existieren derzeit acht Abteilungen (»chapter«). Auf deutscher Ebene sind die *Frauen im Management* (www.fim.de) in sieben Regionalgruppen aktiv.

Fach- und berufsbezogene Frauennetzwerke

Frauen sind nicht nur in der Geschäftswelt als solche vernetzt, um ihre Interessen zu wahren und Handlungsspielräume zu erweitern, auch in den einzelnen Branchen oder Lebensbereichen finden sich Zusammenschlüsse von Frauen für Frauen. Mit der Messe *Women&Work* (www.womenandwork.de) existiert eine eigene Karrieremesse nur für Frauen.

Netzwerke für Frauen in bestimmten Berufsgruppen

Je nach Beruf ist eine der folgenden Organisationen für Sie interessant:

✔ Für Handwerkerinnen gibt es den *Bundesverband UnternehmerFrauen im Handwerk* (www.bv-ufh.de), in dem sich mehrere Tausend Frauen zusammengeschlossen haben und Weiterbildungsangebote und Vorträge geboten bekommen.

✔ Weibliche Fach- und Führungskräfte in den neuen Medien können sich in *webgrrls.de* (www.webgrrls.de) vernetzen. Ziele des Netzwerks sind gegenseitiger Austausch und Hilfestellungen.

✔ Für die klassischen Freiberuflerinnen gibt es jeweils eigene Netzwerke

- Frauen im Gesundheitsumfeld sind zum Beispiel im *Deutschen Ärztinnenbund* (www.aerztinnenbund.de) oder im *Deutschen Hebammenverband* (www.hebammenverband.de) zusammengeschlossen. Auch der *Deutsche Pharmazeutinnenverband* (www.pharmazeutinnen.de) bietet Veranstaltungen und Möglichkeiten zur Vernetzung.

- Für Juristinnen gibt es unter anderem den Deutschen Juristinnenbund (www.djb.de) oder auf europäischer Ebene die *European Women Lawyers' Association* (www.ewla.org).

- Der *Journalistinnenbund* (www.journalistinnen.de) bietet Freien und Angestellten aus der Medienbranche ein Forum und Vernetzungsmöglichkeiten sowie ein eigenes Mentoring-Programm.

- Auch im Printbereich, aber eher für Verlagsfrauen, Buchhändlerinnen, Übersetzerinnen, Agentinnen und andere Frauen der Buchbranche, sind die *Bücherfrauen* (www.buecherfrauen.de) aktiv. Für Autorinnen sind Netzwerke wie *women's edition* (www.women-edition.de) oder die *Mörderischen Schwestern* (www.moerderische-schwestern.eu) speziell für Krimiautorinnen vielleicht interessant.

✔ Ingenieurinnen können wählen, ob sie dem VDI-Ableger *Frauen im Ingenieursberuf* (microsites.vdi-online.de/index.php?id=1572) oder lieber dem *Deutschen Ingenieurinnenbund* (www.dibev.de) beitreten möchten. Ersterer bietet durch die Nähe zum Hauptverband Vernetzungsmöglichkeiten in die Männerwelt, Letzterer legt Wert auf eben die Trennung davon und eigene eigenständige Lobby im ansonsten männerdominierten Ingenieursberuf.

✔ Übergreifend gibt es Netzwerke wie *PIA* (www.pia-net.de), das Planerinnen, Ingenieurinnen und Architektinnen verbindet (im Fall von Pia in Norddeutschland auch regional).

✔ Speziell für Designerinnen gibt es ein Forum (www.designerinnen-forum.org), das Kontakt- und Präsentationsmöglichkeiten bietet und Kooperationen nicht nur zwischen Designerinnen, sondern auch in Richtung Industrie und kulturelle Institutionen fördert.

✔ Künstlerinnen starten ihre Recherche in Sachen Vernetzung am besten auf den Seiten des *Verbandes der Gemeinschaften der Künstlerinnen und Kunstförderer* (www.gedok.de), wo unter »Netzwerke« eine Reihe von kooperierenden Organisationen für die unterschiedlichen künstlerischen Bereiche gelistet ist.

Netzwerke für Akademikerinnen und Wissenschaftlerinnen

Übergreifende Anlaufstelle für Akademikerinnen ist der *Deutsche Akademikerinnenbund* (DAB) (www.dab-ev.org), der mit der *International Federation of Uni-*

versity Women (IFUW) sowie den *University Women of Europe* (UWE/GEFDU) verbunden ist. In 22 deutschen Städten werden Treffen und Veranstaltungen angeboten.

Der DAB ist Partner von »Komm mach MINT«, wobei *MINT* für Mathematik, Informatik, Naturwissenschaften und Technik steht und auf den »nationalen Pakt für Frauen in MINT-Berufen« des Bundesministeriums für Bildung und Forschung (www.komm-mach-mint.de) verweist. Auf der Webseite finden Sie unter anderem eine Jobbörse, Projekte und Veranstaltungen.

Eine Verbindung von Wissenschaft und Weiterbildung findet sich in der *Europäischen Akademie für Frauen in Politik und Wirtschaft* (www.eaf-berlin.de). Die EAF ist ausgesprochen gut vernetzt und bietet die Möglichkeit, sich im angeschlossenen Förderverein zu engagieren.

Politische und kirchliche Frauenorganisationen

Wenn Sie sich nicht nur innerhalb Ihres persönlichen Umfeldes für die Rechte von Frauen oder bessere Berufschancen einsetzen wollen, sondern tatsächlich politikbezogen oder gar innerhalb einer politischen Partei oder kirchlichen Vereinigung für Frauen aktiv werden möchten, gibt es eine Reihe von Möglichkeiten.

Allgemein politisch motiviert sind

✔ vom Deutschen Gewerkschaftsbund (DGB) die *DGB-Frauen* (frauen.dgb.de) und

✔ der *Demokratische Frauenbund* (www.frauen-dfb.de), der wie der *Deutsche StaatsbürgerinnenVerband* (www.staatsbuergerinnen.org) überparteilich engagiert ist.

✔ Politisch engagiert für die bessere Vereinbarkeit von Familie und Beruf ist der *Verband berufstätiger Mütter* (www.vbm-online.de).

Frauengruppen der Parteien

Fast jede der großen Parteien hat eine eigene Frauengruppe.

✔ SPD: *Arbeitsgemeinschaft sozialdemokratischer Frauen* (www.spd.de/spd-organisationen/asf)

✔ CDU: *Frauenunion* (www.frauenunion.de)

✔ Bündnis 90/Die Grünen: *Bundesfrauenrat* (www.gruene.de/einzelansicht/artikel/bundesfrauenrat.html)

✔ FDP: *Liberale Frauen* (www.liberale-frauen.de)

Eine reine Frauenpartei ist die *Feministische Partei Die Frauen* (www.feministischepartei.de), deren Parteiprogramm Punkte wie Feministische Ökonomie, Migrantinnen und Gleichstellung aller Lebensweisen umfasst. Auf der Homepage findet sich eine lesenswerte Sammlung von Umschreibungen des Feminismus, die den Großteil des vermeintlichen Extremistinnen-Images auflösen können.

Frauen und Religion

Und auch die Kirchen haben eigene Gruppen und Bünde für die weiblichen Mitglieder eingerichtet:

✔ *Verband katholischer Frauen in Wirtschaft und Verwaltung* (www.kkf-verband.de) neben 20 anderen Verbänden in der Arbeitsgemeinschaft katholischer Frauenverbände und -gruppen (»AG Kath«)

✔ *Evangelische Frauen in Deutschland* (www.evangelischefrauen-deutschland.de)

✔ *Frauenwerk der evangelisch-methodistischen Kirche* (www.emk-frauen.de)

✔ *Jüdischer Frauenbund* (www.juedischerfrauenbund.org)

✔ *Aktionsbündnis muslimischer Frauen in Deutschland* (www.muslimische-frauen.de)

Netzwerke für Minderheiten

In diesem Kapitel

▷ Wieso immer nur Integration?

▷ Wo Sie Menschen finden, die Sie verstehen

*I*n einer vollkommenen Welt wäre es nicht nur überflüssig, Frauenbelange extra zu thematisieren. Auch Randgruppen der Gesellschaft, die oft allein dadurch, dass sie »anders als die anderen« sind, benachteiligt werden, können sich zusammenschließen und gemeinsam mehr Lebens- und Arbeitsqualität erlangen. Dabei liegt der Fokus in diesem Buch auf der geschäftlichen Verwertbarkeit von Verbindungen, aber erst müssen Sie sich in ein Netzwerk integrieren und zeigen, dass Sie auch etwas (Zeit, Lust, Engagement, Informationen) zu bieten haben, dann ergeben sich Geschäftskontakte meist von allein. Besonders bei gesellschaftlich ausgegrenzten Gruppen ist der innere Zusammenhalt oft stärker und die Bereitschaft, solidarisch gemeinschaftlich zu handeln und den anderen mit Aufträgen zu versorgen beziehungsweise zu empfehlen, größer als in »normalen« Netzwerken. Das kann ein großer Vorteil sein.

Integration ist das Stichwort im Zusammenhang mit den Menschen, für die dieses Kapitel geschrieben ist: Sie können sich in jedem x-beliebigen großen Netzwerk engagieren und integrieren, aber wenn Sie auch mal ein bisschen für sich sein wollen und dabei noch für Ihre Anliegen kämpfen möchten, ist es oft sinnvoller, sich Gemeinschaften von Gleichen anzuschließen. Ob das nun in Hinsicht auf die sexuelle Orientierung, die Herkunft, eine gesundheitliche Beeinträchtigung oder anderer Besonderheiten ist, die Sie nicht mit der Mehrheit der Gesellschaft teilen, ist dabei nebensächlich.

Die Wirtschaftskraft der Homosexuellen

Was hat Sexualität mit Netzwerken zu tun? Das fragt sich sicher nun der ein oder andere, in Unkenntnis der Tatsache, dass auch Schwule und Lesben (und Transidente und Bisexuelle, die ich hier schnell mit eingemeinde) ausgeprägt ihre Interessen in Verbänden verfolgen und damit auch wirtschaftlich erfolgreich sind.

✔ Der *Völklinger Kreis* (www.vk-online.de) ist ein Berufsverband schwuler Führungskräfte mit 700 Mitgliedern in 21 Regionalgruppen, die seit 1991 gegen die Diskriminierung im Berufsleben und für Chancengleichheit auftritt.

✔ Das lesbische Pendant dazu sind die *Wirtschaftsweiber* (www.wirtschafts weiber.de), eine Organisation von Fach- und Führungsfrauen, die in neun Regionalgruppen zu Treffen, Events und Workshops einladen.

✔ Der *Lesben- und Schwulenverband in Deutschland* (www.lsvd.de) ist übergreifend aktiv, um politische Lobbyarbeit für gleichgeschlechtliche Lebensformen zu leisten, aber auch durch Beratung und Veranstaltungen aktiv zu werden.

✔ Alle Organisationen unterstützen die *MILK Messe* (www.milkcareer.com), eine Karrieremesse, auf der sich Arbeitgeber präsentieren und Teilnehmer an Vorträgen und Workshops teilnehmen können, um mehr über Diversity, die Vielfalt der Arbeitnehmer und deren Vorteile, zu erfahren.

Informelle Netzwerke, wie sie sich in Freundes- und Bekanntenkreisen ergeben, sind ein wichtiger Vernetzungsfaktor. Allerdings hat mit den Jahren der Begriff des »Pink Money«, des Geldes, das innerhalb schwul-lesbischer Zusammenhänge den Besitzer wechselt, seine Bedeutung verändert. War es ursprünglich als Solidaritätsbekundung und auch gern mal unter Freunden die Beauftragung von Leistungen, auch wenn es passendere Angebote in der Hetero-Welt gegeben hätte, so ist inzwischen die Professionalisierung in Homo-Firmen weit genug fortgeschritten, um ohne Qualitäts- oder Preisabschläge untereinander Geschäfte machen zu können.

Ein Instrument, um Geschäftspartner und Gruppen oder Treffen zu finden, ist ein schwullesbisches Branchenbuch, das in vielen deutschen Großstädten von den regionalen Homo-Magazinen herausgegeben wird. In Berlin ist das der Siegessäule Kompass (www.siegessaeule-kompass.de), der auch online zugänglich ist. In Düsseldorf finden Sie bei Pinkbusiness (www.pinkbusiness.de) Ansprechpartner.

Arbeiten in fremder Kultur: Migrantennetze

Das grundlegende Merkmal von Migranten ist, dass sie aus anderen Kulturen oder Regionen stammen. Selbst solche, die in Deutschland aufgewachsen oder sogar geboren sind, können in einer Migrationskultur beheimatet sein und dementsprechend bereits informell durch die Nachbarschaft und den privaten Kreis gut vernetzt sein.

Wer neu nach Deutschland kommt, findet oft Informationen zum Geschäftsleben bei den jeweiligen eigenen Außenhandelskammern. So hat beispielsweise die *Amerikanische Handelskammer* (www.amcham.com) für Mitglieder ein umfangreiches Angebot an Veranstaltungen in Deutschland und anderen Vernetzungsmöglichkeiten. Auch Vereine wie das *Amerika Haus* (www.amerika-haus-berlin.de), die *Deutsch-Polnische-Gesellschaft* (www.dgp-bundesver band.de) oder *InDe Network* (www.inde-network.eu), das Deutsch-Indische Netzwerk, bieten Anlaufstellen zur Vernetzung.

Regional gibt es eine ganze Reihe von Initiativen für Migranten und Integration, wie zum Beispiel das norddeutsche *Kompetenzzentrum NOBI* (www.nobi-nord.de), das die berufliche Integration von Migranten fördern will. Auch das *Netzwerk Integration – Migranten in Leipzig* (www.migranten-leipzig.de) bietet Treffen und Weiterbildung. Die Liste der Netzwerkpartner bietet weitere Gruppen, in denen Migranten der Region Ansprechpartner finden.

Das *Netzwerk Migration in Europa* (www.network-migration.org) betreibt zusammen mit der Bundeszentrale für politische Bildung die Seite www.migra tion-info.de. Das Informationsportal enthält eine umfangreiche Liste von Projekten in Deutschland und weltweit, die sich mit Ausbildung, Gesundheit, aber auch wirtschaftlicher Förderung von Migranten befassen. Das Netzwerk *MUT* (www.migranten-unternehmen.de) besteht aus Unternehmern unterschiedlicher Kulturen, die ihr Wissen beispielsweise zu den Hürden der Bürokratie in Deutschland miteinander teilen und sich gegenseitig helfen.

Einzelne Nationen haben eigene Verbände. So ist *ATIAD* der *Verband türkischer Unternehmer und Industrieller in Europa* (www.atiad.org). Es gibt auch ein *Deutsch-Russisches Management Netzwerk* (www.drmn.de), das zwar für deutsche Führungskräfte gedacht ist, aber in Kooperation mit *dialog* (www.dialog-ev.de), der Vereinigung deutscher und russischer Ökonomen, auch Russen in Deutschland unterstützt.

Frauen als Unternehmerinnen mit Migrationshintergrund sind in *Petek – Business-Netzwerk Migrantinnen* (www.petekweb.de) zusammengeschlossen. Der *Bundesverband der Migrantinnen in Deutschland* (www.migrantinnen.net) steht Frauen türkischer und kurdischer Herkunft offen.

Netzwerken mit Handicap

Ein Forum für Informationen, Austausch und weitere Ansprechstationen ist das Online-Portal *MyHandicap* (www.myhandicap.de). Es bietet eine eigene Jobbörse sowie ein Adressbuch für behindertenrelevante Infrastruktur und Unternehmen (auch als App fürs iPhone). Ein weiteres Portal für den Themenbereich »Arbeitsleben und Behinderung« ist unter www.talentplus.de zu finden. Im Lexikon ist unter dem Stichwort Behindertenverbände eine Auswahl der Organisationen und Sozialverbände aufgelistet.

Die deutschen Behindertenverbände sind im *Deutschen Behindertenrat* organisiert (vdk.de/deutscher-behindertenrat). Auf dieser Ebene wird vor allem Antidiskriminierungspolitik betrieben und dabei der Patientenwunsch über dessen Beteiligung direkt in die Lobbyarbeit eingebracht.

Die *BIH – Bundesarbeitsgemeinschaft der Integrationsämter und Hauptfürsorgestellen* (www.integrationsaemter.de) bündelt die staatlichen beziehungsweise kommunalen Ämter und Projekte und bietet auf der Homepage eine Reihe von Beratungs- und Seminarangeboten.

Auf regionaler Ebene sind Projekte wie *BIBER* (www.equal-biber.de) vor Ort aktiv, um mit konkreten Angeboten im Integrationszentrum und Leistungen wie Coaching die berufliche Integration von Menschen mit Behinderung in Sachsen-Anhalt zu fördern.

MerkMal! heißt das Netzwerk Migration und Behinderung (www.handicap-net.de), das bemüht ist, von zwei Diskriminierungsumständen Betroffene zu unterstützen. Für behinderte Frauen steht das *Weibernetz* (das in Kapitel 19 vorgestellt wird) offen.

Weitere Besonderheiten

Anders als andere sind auch sogenannte Hochbegabte; Menschen mit einem nachgewiesenen IQ von über 130. Der Verein *Mensa in Deutschland* (www.mensa.de) als Ableger von Mensa international bietet den Test und das Netzwerk für die, die entsprechend abschneiden. Das Angebot ist freizeitorientiert, aber das Anliegen ist, frei von Vorurteilen und gewohnten Bahnen miteinander Gedanken spinnen zu können und zu dürfen. Dass sich daraus intensive Kontakte ergeben können, schadet dem beruflichen Fortkommen sicher nicht.

Auch der *Explorers Club* ist zugangsbeschränkt. Wenn Sie der erste Mensch auf dem Mond waren oder am Nordpol oder als Erster die Alpen überquert haben, können Sie aufgenommen werden. Aber auch als Erster eine Feldstudie über Schmetterlinge in New York durchgeführt zu haben, reicht den Angaben des Clubs zufolge aus. Informationen über das Netzwerk in Westeuropa finden Sie hier: www.explorerswesteurope.org

Teil VII

Der Top-Ten-Teil

The 5th Wave

By Rich Tennant

Vielleicht sollten Sie sich informieren, was in welcher Reihenfolge zu tun ist, bevor es brennt …

Netzwerke erfordern, dass Sie sich zu vielen unterschiedlichen Aspekten Gedanken machen. Sie lernen nicht nur, sich selbst einzuschätzen und zu organisieren, Sie sind auch gut mit ein paar grundlegenden Weisheiten zu den Themen Psychologie, Benehmen und Recherche bedient.

Weil man in einer so bunten Umgebung manchmal den Wald vor lauter Bäumen nicht mehr sieht, kommt nun der Top-Ten-Teil mit vier Kapiteln, die Ihnen einen schnellen Überblick darüber verschaffen sollen, welche Vorteile das Netzwerken für Sie haben kann, wie Sie beim Aufbau und der Pflege von Netzwerken am besten vorgehen und welche Netzwerktypen Sie kennen sollten.

Zehn Gründe, mit dem Netzwerken zu beginnen

21

In diesem Kapitel

▷ Wieso Sie nun aktiv werden sollten

▷ Welche Vorteile Ihnen Netzwerke bringen können

*I*m Grunde habe ich Ihnen nun ein Buch lang erzählt, dass Netzwerke – trotz aller Stolpersteine! – Ihr Leben bereichern können. Hier kommt noch einmal eine Zusammenfassung der wichtigsten Argumente, was Sie davon haben, wenn Sie nun mit dem Netzwerken beginnen.

Interessante Menschen kennenlernen

Das ist die Basis des Netzwerkens und der Punkt, um den sich alles andere dreht. Wenn Sie netzwerken, lernen Sie viele interessante Menschen kennen. Zunächst völlig unabhängig davon, was sich daraus ergibt, ob nun ein gutes Gespräch für einen Abend, eine kurze Kooperation oder längerfristige Zusammenarbeit, wenn nicht sogar irgendwann eine Freundschaft; wenn Sie offen sind für neue Menschen und Ansichten, können Sie nur gewinnen. Ihr Horizont erweitert sich, Sie werden toleranter und im Laufe der Zeit und mit viel Übung auch sicherer auf bislang unbekanntem Terrain.

Denken Sie immer wieder daran, wenn Sie zu einer Veranstaltung gehen, im Internet Foren beitreten oder in der Betriebskantine mit einem Fremden am Tisch plaudern: Netzwerken findet zwischen Menschen statt und lebt vom Interesse der Menschen aneinander, nicht vom Interesse daran, dem anderen schnellstmöglich etwas zu verkaufen.

Informationen sammeln

Während Sie so plaudern, chatten oder smalltalken, erfahren Sie fast immer auch interessante Fakten von den eben beschriebenen interessanten Menschen. Wo wird eine Stelle frei, wer wechselt den Zulieferer, wieso hat Firma xyz seit Monaten ihre Freien nicht bezahlt …? Fast nie geschieht es, dass zwei Menschen dasselbe Set an Informationen haben.

Sammeln und teilen Sie, dann werden Sie mit ein bisschen Geschick zu den gut Informierten gehören, und die haben immer einen Vorteil im Geschäftsleben. Und je mehr Sie sammeln und wissen, desto interessanter und wertvoller werden auch Sie als Kontakt für andere.

Schnelleren Zugang zu Dienstleistern schaffen

Sobald Sie Teil einer Gruppe oder mehrerer Netzwerke sind, können Sie leichter auf alle nun verbundenen Mitglieder zugreifen. Ob Sie nun bei XING oder in der Regionalgruppe der webgrrls nach einer Programmiererin suchen, in beiden Fällen hat das Netz die Auswahl anhand Ihrer Kriterien auf diejenigen eingegrenzt, mit denen Sie tatsächlich arbeiten möchten, und den Zugang erleichtert.

Als Dienstleister haben Sie einen neuen Kanal, über den Sie gefunden werden. Bei Netzwerken wie zum Beispiel den Soroptimisten gilt das Prinzip, dass es in der Gruppe jeden Beruf nur einmal gibt und bei Bedarf eben auch möglichst die vernetzte Person als Dienstleister gewählt wird.

Geschäftspartner finden

Das Gleiche wie für Dienstleister gilt auch für Geschäftspartner, seien es Zulieferer oder Vertriebspartner, neue Mitstreiter oder Firmenverbände: Innerhalb eines Netzwerks und am besten bei einem persönlichen Treffen, das in diesem Rahmen organisiert wird, können Sie andere beschnuppern und sich ein Bild von ihnen machen. Außerdem können Sie auch herumfragen, wie die Erfahrungen mit der angestrebten Firma ausgefallen sind, und so wiederum auf das gesammelte Wissen der Vernetzten zugreifen.

Kunden besser betreuen

Bestimmte Netzwerke eignen sich gut, um den Kunden und seine Bedürfnisse nicht aus den Augen zu verlieren. Sie können twittern oder eine Facebook-Seite einrichten, aber auch auf Hausmessen den A-Kunden einen Champagner hinstellen. Was immer Sie tun, Sie werden als besser erreichbar, transparenter und kommunikativer eingeschätzt, was dem Kunden von heute in allen Branchen gefällt.

Ihren Bekanntheitsgrad steigern

Netzwerke schaffen einen Raum für Sie, um von sich und Ihren Ideen zu berichten. Aussagen wie »Ich wusste gar nicht, dass es das gibt!« sind der beste Beweis dafür, dass es sich lohnt, Veranstaltungen zu besuchen und von sich zu erzählen. Auch für diejenigen unter Ihnen, die etwas tun, was es schon zuhauf gibt: In Netzwerken können Sie darstellen, wieso Sie besser sind als die Mitbewerber oder sich einen konkurrenzfreien Raum schaffen, indem Sie der Einzige Ihrer Art sind.

Da inzwischen für bestimmte Zielgruppen nicht mehr existiert, wer nicht online in sozialen Netzen aktiv ist, können Sie nicht nur Ihre Bekanntheit, sondern sollten Sie unbedingt Ihre Existenz dort kommunizieren, wenn Ihre Produkte für die »Generation Internet« bestimmt sind.

Ihren guten Ruf pflegen

Sie denken, dass Sie doch keine Netzwerke brauchen, weil Sie genug Aufträge haben, genug nette Menschen kennen und keine weiteren Partner wollen? Dann haben Sie eines übersehen: Ein Netzwerk oder zwei kann auch helfen, den Status quo zu erhalten. Wer weiß, ob sich die aktuellen Geschäftskontakte in ein paar Jahren noch an Sie erinnern, wenn Sie außen vor bleiben, was das Netzwerken betrifft. Sie müssen ja nicht neue Welten erobern, aber stellen Sie sicher, dass Ihr aktuelles Umfeld weiterhin erfährt, was Sie Tolles tun, wo Sie helfen oder welchen Service Sie bieten. Sonst werden Sie bald den Ruf haben, dass Sie modernen Entwicklungen hinterherhinken. Außerdem ist Netzwerken in und diesen Trend sollten Sie nicht verpassen.

Win-win-Situationen schaffen

Während Sie sich engagieren, sollen nicht nur Sie, sondern auch die anderen etwas davon haben. Die Spirale aus Nehmen, Geben, für das Netzwerk attraktiver werden und wieder mehr bekommen, mehr geben können und so weiter festigt Ihren Stand im Netzwerk und sorgt dafür, dass zukünftig der Aufwand, den Sie betreiben müssen, nicht mehr so umfangreich ist wie am Anfang. Wenn Sie für andere Gutes erreichen oder einfädeln, dann wird sich auch das in Zukunft auf Ihre Aufträge auswirken.

In schlechten Zeit eine Absicherung haben

Ein Netzwerk kann nicht nur relativ schnell für eine bessere Auftragslage sorgen, indem Sie empfohlen werden oder neue Kooperationen eingehen. Es kann Sie auch auffangen, wenn es mal geschäftlich nicht so gut läuft. Dazu sind naturgemäß Branchennetzwerke nicht so gut geeignet, wenn deren Mitglieder alle in derselben Krise stecken. Kleine Gruppen, in denen man sich kennt, geben dabei mehr Rückhalt als eine reine Verbandsmitgliedschaft. Aber nicht selten kommt es vor, dass das Überleben der anderen in Verbünden aufgrund von Abhängigkeiten beispielsweise zwischen Zulieferer und Industrie gesichert wird, damit nicht die eigene Produktivität leidet. In der Wirtschaftskrise seit 2009 haben etwa die großen deutschen Autobauer so manchem kleinen Spezialteilehersteller mehr gezahlt, damit dieser überlebt.

Spaß!

Kommen wir zu einem sehr wichtigen Grund, einem Netzwerk beizutreten: Es macht Spaß! Sie können Freizeiterlebnisse teilen, Kultur erleben, Sportangebote ausprobieren und auch einfach nur gut essen gehen und dabei angenehme Unterhaltung genießen. Und dabei dürfen Sie sich noch in den Terminkalender schreiben, dass Sie netzwerken, also quasi arbeiten. Wenn das nicht schöne Aussichten sind.

Zehn Überlegungen zum Aufbau Ihres Netzwerks

22

In diesem Kapitel

▷ Strategische Vorüberlegungen zum Netzwerkaufbau

▷ Inhaltliche Überlegungen zu der Art des Netzwerks

▷ Das Vorgehen beim Netzwerkaufbau planen

S ie wollen ein Netzwerk aufbauen? Klasse! Erst einmal herzlichen Glückwunsch, denn das ist eine gute Entscheidung. Damit Sie sich nicht in die falsche Richtung auf den Weg machen und am Ende enttäuscht sind, hier noch einmal die zehn wichtigsten Gedanken, die Sie durchdacht haben sollten, ehe Sie sich in Aktivitäten stürzen.

Wen kennen Sie schon?

Nehmen Sie sich einen Moment Zeit, einen Stift und einen Zettel und versuchen Sie, Ihr aktuelles Umfeld zu erfassen. Das bietet den ein oder anderen Anhaltspunkt, in welchen Bereichen Sie viele Menschen kennen (etwa Kollegen oder Familie) und welche Art von Kontakten noch recht dünn besetzt ist.

In welchen Netzwerken sind Sie bereits?

Sind Sie selbstständig und Pflichtmitglied einer Kammer, was Sie manchmal ganz vergessen? Sind Sie Arbeitnehmer und in einer Gewerkschaft? Gibt es einen örtlichen Kaninchenzüchterverein, dessen Stammtisch Sie regelmäßig besuchen? Oder einen Sportverein? All das sind schon bestehende Netzwerke, deren Ausbau sich möglicherweise lohnen könnte.

Was wollen Sie erreichen?

Haben Sie Ziele vor Augen? Wollen Sie überhaupt interessante Menschen treffen oder brauchen Sie unbedingt so bald wie möglich neue Aufträge? Geht es darum, neue Geschäftsfelder zu erschließen oder um Ihr aktuelles Angebot? Und wen wollen Sie überhaupt kennenlernen? Je nach Ziel der Aktivitäten ist das Vorgehen unterschiedlich.

Wie sieht's mit dem Budget aus?

Vor allem brauchen Sie Zeit. »Hab ich aber nicht!«, kommt an dieser Stelle oft wie aus der Pistole geschossen. Gar keine Zeit? Gut. Dann klappen Sie das Buch zu und lassen Sie es sein. Ganz ohne Zeit und damit verbunden Geduld kann Netzwerken nicht nachhaltig gelingen. Nehmen Sie sich die Zeit.

Zudem brauchen Sie Geld, falls Sie Beiträge zahlen, Veranstaltungen ausrichten oder auch nur eine Homepage einrichten wollen. In welchem Umfang Sie Zeit und Geld investieren wollen, bestimmt maßgeblich, in welchen Klubs Sie Mitglied werden (können) und wie erfolgreich Sie damit werden.

Welcher Typ sind Sie?

Versuchen Sie herauszufinden, was Ihnen liegt, bevor Sie etwas beginnen, was Sie gar nicht wollen. Klar kann es hilfreich sein, dass Sie einen Vortrag auf einer Fachtagung halten, aber wenn Sie schon Magenschmerzen bekommen, wenn Sie nur daran denken, dann besuchen Sie die Tagung doch erst einmal als Gast. Vielleicht hilft ein wenig Netzwerkerfahrung, um im Jahr darauf selbst im Rampenlicht zu stehen. Machen Sie sich Ihre Stärken und Schwächen bewusst, damit Sie wissen, was Sie sich vornehmen können und wo Sie sich besser (noch) zurückhalten sollten.

Welche persönlichen Interessen können hilfreich sein?

Falls Sie Kaninchen züchten, aber noch nicht im entsprechenden Verein sind, könnte das ein Ansatzpunkt sein. Es ist immer leichter, mit Menschen in Kontakt zu kommen, die ein gemeinsames Interesse teilen. Das kann Redenhalten, Politik, Sport, Haustier oder Kunst sein. Überlegen Sie, welche Ihrer Interessen ohnehin schon zu lange brach liegen und in welchen Bereichen Sie zudem möglicherweise nützliche Geschäftskontakte treffen könnten.

Womit wollen Sie anfangen?

Je nach Typ und Budget können Sie verschiedene Einstiege ins Netzwerken wählen. Schauen Sie sich online um, wenn Sie eher schüchtern sind und erst mal gucken wollen. Gehen Sie zu einem Treffen, wenn es Ihnen mehr liegt, sich gleich in die Menge zu stürzen. Besuchen Sie eine Messe, wenn Sie Informationen brauchen und andere aus Ihrer Branche fragen wollen, in welchen Netzwerken sie so sind.

Welches Material haben Sie und welches fehlt?

Sie haben Ihren Kopf, der ist angewachsen und in der Regel mit einem funktionsfähigen Mundwerk ausgestattet. Sie haben Augen und Ohren, Hände zum Schütteln und die Möglichkeit, sich zu Treffen zu bewegen. Damit haben Sie die Grundausstattung zum Netzwerken von Geburt an: sich selbst. (Alle, denen etwas des Genannten fehlt, bitte ich hiermit um Verzeihung für die Verallgemeinerung, aber Sie haben sicherlich alternative Hilfsmittel gefunden.)

Prüfen Sie nun, was Sie noch brauchen. Visitenkarten und ein Internetzugang sind unabdingbar beim Netzwerken, Taschen, Flyer, Ständer und Wimpel nur bei bestimmten Gelegenheiten nützlich.

Welche Netzwerke kommen infrage?

In diesem Buch wird exemplarisch eine Reihe von Netzwerken vorgestellt, die auch für Sie interessant sein können. So eine Auflistung kann aber nie erschöpfend sein, denn schon während dieses Buch gedruckt wird, kann ein neuer Netzwerkstern aufgehen oder verglühen. Betreiben Sie also Ihre eigene Recherche. Gehen Sie von den Grundfragen (online versus offline, breit versus spezialisiert) aus, bedenken Sie Ihre Interessen und Ihren Typ und dann suchen Sie, bis Sie ein Netzwerk gefunden haben, das tatsächlich Ihren Vorstellungen entspricht. Im Zweifel denken Sie darüber nach, ob Sie selber eines gründen, wenn nichts zu Ihren Anforderungen passt.

Haben Sie einen Plan?

Die letzte Überlegung, bevor Sie loslegen, ist die, ob Sie einen Plan brauchen (ja!) und auch haben. Alle Vorüberlegungen, die in diesem Kapitel genannt sind, ergeben ein Bild davon, was Sie mit wem, wann und wie zeit- und kostenintensiv unternehmen wollen. Schreiben Sie das auf und checken Sie, ob Ihr Plan mit dem, was Sie nun anpacken, zusammenpasst.

Zehn Grundregeln, um in Netzwerken nicht anzuecken

23

In diesem Kapitel

▷ Welchen Sinn Regeln haben

▷ Wie Sie sich im Netzwerkverbund verhalten sollten

▷ Was Sie online beachten sollten

▷ Welche Umgangsformen angebracht sind

R egeln, na klar, typisch deutsch! Ist das wirklich nötig? Ja! Jedes Spiel verläuft nach Regeln und wenn Sie wollen, dass die anderen Sie mitspielen lassen, sollten Sie die Grundlagen kennen und beachten.

Grundsätzliches zum Miteinander in Netzwerken

Wann immer Sie auf andere Menschen treffen, und das werden Sie in Netzwerken zwangsläufig, gibt es das Set an »normalen« Verhaltensregeln, in unserer Kultur meist christlich geprägt und mit Geboten besetzt. Und dann gibt es noch deren netzwerkbezogene Anwendungen oder Beispiele, die ich Ihnen jetzt vorstellen möchte.

Respekt zeigen

Sie sind nicht allein auf der Welt und Sie sind auch nicht allein in Ihrem Netzwerk. Das bedeutet, dass Ihre Freiheiten wie immer im Leben dort enden, wo der Raum der anderen beginnt. Alle Netzwerkteilnehmer haben bestimmte Ziele und Vorstellungen, viele sind sehr hilfsbereit und für die Mitstreiter engagiert, manche bringen sich gar ehrenamtlich ein. Respektieren Sie den Einsatz und die Wünsche der anderen. Wer in Netzwerken nur sein eigenes Ding machen will, macht sich schnell unbeliebt und erreicht damit das Gegenteil von dem, wofür Netzwerke gut sind: gemeinsam stark zu sein.

Verbündete berücksichtigen

Respektieren Sie nicht nur Ihre Mitstreiter, sondern setzen Sie sich aktiv für sie ein. Empfehlen Sie sie weiter, wenn Sie das guten Gewissens tun können, und fragen Sie im Netzwerk nach Menschen, die Ihnen geschäftlich weiterhelfen können. Eine Win-win-Situation entsteht nur dann, wenn Sie die anderen einbeziehen und deren Vorteile mit im Auge haben. Dabei ist es nicht der Sinn der Sache, dass in Netzwerken Sonderkonditionen vereinbart werden, sondern dass auf Gegenseitigkeit – wenn auch oft über ein paar Umwege oder Ecken – Aufträge und Gelder fließen, ohne das ertragsmindernde Haifischbecken des freien Marktes und die dort mitunter herrschenden Dumpingpreise durchkreuzen zu müssen.

Informationen teilen

Ihr Wissen ist umso wertvoller, je umfassender es wird. Das gesammelte und vernetzte Wissen einer Gruppe von Menschen ist immer umfassender als die Summe der einzelnen Bestandteile, weil sich mit zunehmender Information erst ein realistisches Bild formt. In dem Moment, in dem Sie Ihr Wissen anderen zugänglich machen, können Sie oft auf das der anderen zugreifen und am Ende wissen alle mehr. Im Kleinen reicht es schon, wenn Sie eine für Netzwerkpartner X interessante Meldung einfach weiterleiten. Wer weiß, wann Ihnen jemand etwas mitteilt, das genau in dem Moment hilfreich ist.

Verantwortung übernehmen

Auch wenn Sie nicht sofort in den Vorstand von Klubs gehen oder die Leitung von Foren übernehmen müssen, ist es doch im Zuge der Regeln 1 bis 3 wichtig, Verantwortung für sich und die anderen zu übernehmen. Empfehlen Sie Netzwerkkollegen nur, wenn Sie das verantworten können, teilen Sie nur Wissen, dessen Verbreitung Sie verantworten können, und organisieren Sie Events oder Aktivitäten mit, wenn Sie sie verantworten wollen.

Online-Etikette und -Fallen

Auch das Netzwerken im Internet ist nicht frei von Regeln, an die sich alle halten sollten, damit es nicht ungemütlich wird.

Zurückhaltung üben

Im Zusammenhang mit den Profil-Informationen in Online-Netzwerken ist Zurückhaltung ein wichtiges Thema. Stellen Sie nur die Dinge online, von denen Sie wollen, dass Sie verbreitet werden. Kein Profil ist »unhackbar«. Auch in puncto Meinungsäußerung sind Zurückhaltung und Bescheidenheit nicht die schlechteste Wahl. Gerade in Online-Foren und -Diskussionen neigen die Teilnehmer manchmal dazu, die Anonymität des Internets zu nutzen, um mal so richtig vom Leder zu ziehen. Lassen Sie das sein, eines Tages werden Sie vielleicht doch erkannt und es fällt dann auf Sie zurück. Gelassenheit ist eine unglaublich hilfreiche Eigenschaft, auch um sich nicht über die anderen Klugschwätzer zu ärgern.

Transparenz bieten

Geheimniskrämer wirken verdächtig und wer bei Profilen, etwa in XING, alles auf privat setzt, hat den Sinn der Sache nicht erkannt. Sie sollen für andere wahrnehmbar und einschätzbar sein. Sie schicken mit einer Bewerbung ja auch keinen Lebenslauf mit, bei dem die Seiten leer oder die Lücken groß sind. Auch wenn Sie nicht alles – besonders Privates! – mitteilen sollten, so ist das Internet doch ein Weg, sich für andere sichtbar zu machen. Seien Sie transparent und ansprechbar, um ohne größere Hindernisse mit potenziellen Geschäftspartnern in Kontakt zu kommen.

Reaktionsgeschwindigkeit prüfen

Geschäftliche Kommunikation findet inzwischen meist per E-Mail statt. Achten Sie darauf, dass Sie Ihre Mails regelmäßig abarbeiten und versprochene Informationen zeitnah weiterleiten. Wie auch im persönlichen Gespräch, in dem es einfach nervt, wenn Ihr Gegenüber ständig »Moment noch ...« sagt und etwas anderes tut, anstatt Ihnen seine Aufmerksamkeit zu widmen, ist es unhöflich, andere mehrere Tage auf einfache Anfragen warten zu lassen. Dabei findet auch Ihre Kontaktekategorisierung Anwendung: je wichtiger der Kontakt für Sie, desto schneller Ihre Antwort.

Verhalten bei persönlichen Treffen

Zu guter Letzt werden Sie Ihre Netzwerkenden hoffentlich auch einmal persönlich treffen. Dabei können Sie durch das Beachten von Kleinigkeiten große Wirkung erzielen.

Umgangsformen einhalten

Da Ihr Ziel ist, möglichst gut in ein Netzwerk integriert zu sein, bei vielen bekannt und beliebt und ein Bestandteil der Informationsflüsse zu werden, sollte Sie so angenehm wie möglich auftreten. Seien Sie authentisch, aber höflich, und verschaffen Sie sich einen guten Ruf, indem Sie »old school« Türen aufhalten, Stühle rücken und freundlich grüßen und sich verabschieden. In modernen Umgebungen, in denen das gar zu antiquiert erscheinen würde, zeigen Sie Stil durch die Wahl der Themen und Art, wie Sie sich in Gespräche einbringen.

Small Talk betreiben

Schon schlichtes Zuhören und Ausredenlassen sind wichtige Elemente des Small Talks, die oft unter den Tisch fallen und doch so leicht umzusetzen sind. Zu den »Regeln der Kunst« beim Smalltalken gehören zudem die Themenwahl und Distanz, denn das kleine Gespräch ist ja dazu da, sich langsam zu beschnuppern.

Authentisch auftreten

Viel bemüht, gestreckt und auf Konzepte gezogen, zu denen es gar nicht passt: Authentizität ist ein Modewort, aber das nicht ohne Grund. Sie selbst zu sein ist oft schwierig, wenn es verlockend erscheint, den anderen das zu zeigen, wie Sie sich gern sehen würden. Aber Sie müssen zu sich stehen, und andere wollen vor allem wissen, woran sie sind, wenn sie mit Ihnen zu tun haben. Also vermeiden Sie, aufgesetzt oder als Blender (Knigge würde sagen: Windbeutel) durch die Welt und Ihr Netzwerk zu wandeln. Echte Kontakte entstehen nur zwischen echten Menschen, Projektionen sind nur selten belastbar.

Anhang

Die Sozialen: Internationale Service-Clubs

Lions Club	
gegründet	1917, USA
Kontakt	Lions Club International – Distrikt Deutschland Bleichstr. 1-3, 65183 Wiesbaden Tel.: 0611-991 54-0 www.lions.de
Anliegen	Gemeinnützige Projekte, Entwicklungshilfe, Katastrophen-hilfe Motto: »We serve«
Verbreitung	International, Jugendorganisation Leo Clubs
Zugang	Auf Einladung, allerdings oft so gelöst, dass man sich auf offenen Veranstaltungen informieren und dann einladen lassen kann
Kosten	Von den regionalen Clubs festgelegt

Rotary Club

gegründet	1905, USA
Kontakt	Rotary Verlags GmbH Raboisen 30, 20095 Hamburg Tel.: 040 3499970 www.rotary.de
Anliegen	Humanitäre Dienste, Frieden, Völkerverständigung; denen zur Seite stehen, die sich nicht selbst helfen können Motto:»Service above self«
Verbreitung	International, Unterorganisationen Rotaract für 18- bis 32-Jährige, Interact für 14- bis 18-Jährige, Inner Wheel für weibliche Angehörige von Rotariern
Zugang	Auf Einladung, zumeist mit Bürgen
Kosten	Je nach Regionalclub mehrere Hundert Euro Aufnahmege-bühr und Jahresbeitrag plus eine erwartete Spendenbereit-schaft oberhalb dieser Beträge

Kiwanis

gegründet	1915, USA
Kontakt	E-Mail: kontakt@kiwanis.de www.kiwanis.de
Anliegen	Das Wohl der Kinder und der Gemeinschaft Motto:»Serving the children of the world«
Verbreitung	International
Zugang	Vorschlag durch Mitglieder notwendig, Interessenbekundung im Internet möglich
Kosten	Circa 150 Euro/Jahr

Round Table

gegründet	1952, England
Kontakt	Round Table Deutschland Schlossrain 21, 73252 Lenningen www.round-table.de
Anliegen	Lokale, nationale wie internationale Serviceprojekte unterstützen Motto: »We care«
Verbreitung	International, wer die 40 überschreitet, kann zum »Old Table« beziehungsweise »41+« wechseln
Zugang	Männer im Alter von 18 bis 40 Jahren können sich per E-Mail beim District-Präsidenten bewerben; Annahme unter anderem nach Berufsgruppe, da pro Tisch nur jeweils zwei Vertreter aufgenommen werden.
Kosten	Je nach regionalem Round Table unterschiedlich

Soroptimist

gegründet	1921, USA
Kontakt	Soroptimist International Deutschland Seelhorststraße 51, 30175 Hannover Tel.: 0511-2 88 03 26 www.soroptimist.de
Anliegen	Menschenrechte für alle, weltweiten Frieden und internationale Verständigung
Verbreitung	International
Zugang	Frauen, auf Einladung. Pro Club wird jeder Beruf nur einmal aufgenommen.
Kosten	Circa 100 Euro/Jahr

Zonta

gegründet	1919, USA
Kontakt	Union deutscher ZONTA-Clubs: Dr. Nicolle Macho, Unionspräsidentin Belchenstr. 56, 68163 Mannheim E-Mail: info@zonta-union.de www.zonta-union.de
Anliegen	Stellung der Frau im rechtlichen, politischen, wirtschaftlichen und beruflichen Bereich verbessern
Verbreitung	International
Zugang	Frauen, auf Einladung, Bewerbungsformular auf www.zonta.org
Kosten	Circa 200 Euro/Jahr

Die Exklusiven

China Club Berlin

gegründet	2003, Deutschland
Kontakt	China Club Berlin, Adlon Palais Behrensstraße 72, 10117 Berlin Tel.: 030 209120 www.china-club-berlin.de
Anliegen	Unter sich bleiben
Verbreitung	Berlin
Zugang	Auf Empfehlung
Kosten	10.000 Euro Aufnahmegebühr, 1.500 Euro/Jahr

Der Übersee-Club

gegründet	1922, Deutschland
Kontakt	Der Übersee-Club e.V. Neuer Jungfernstieg 19, 20354 Hamburg Tel.: 040 35 52 90-0 www.uebersee-club.de
Anliegen	Forum für Vorträge und Diskussionen prominenter Gäste zu aktuellen Themen
Verbreitung	Hamburg
Zugang	Auf Empfehlung von zwei Mitgliedern
Kosten	307 Euro Aufnahmegebühr, 307 Euro/Jahr

Kaufmanns-Casino

gegründet	1832, Deutschland
Kontakt	Kaufmanns-Casino München e.V. Odeonsplatz 6, 80539 München Tel.: 089-299294 www.kaufmanns-casino.de
Anliegen	Förderung des geistigen, geselligen und kulturellen Lebens unter seinen Mitgliedern
Verbreitung	München
Zugang	Auf Empfehlung eines Mitglieds
Kosten	Auf Anfrage

Frankfurter Airport Club

gegründet	1988, Deutschland
Kontakt	Airport Club für International Executives GmbH Frankfurt Airport Center I Hugo-Eckener-Ring, 60549 Frankfurt am Main Tel.: 069 69707-111 www.airportclub.de
Anliegen	Kontakt schaffen und Vernetzen
Verbreitung	Frankfurt a. M.
Zugang	Auf Empfehlung eines Clubmitglieds, der Deutschen Bank oder der Deutschen Bahn
Kosten	Aufnahmegebühr 500 Euro, Jahresgebühr 1.300 Euro

Entrepreneurs Organisation

gegründet	1987, USA
Kontakt	Entrepreneurs Organisation Germany e.V. c/o Shirtinator AG, Sven Rittau Infanteriestr. 19, 80797 München Tel.: 08031-2214991 www.eogermany.org
Anliegen	Mitglieder durch engen Austausch und außergewöhnliche Lernerfahrungen persönlich wachsen und geschäftlich noch erfolgreicher werden zu lassen
Verbreitung	International
Zugang	Unternehmer mit einem Jahreserlös über 1 Mio. Dollar, Bewerbungsformular online auf www.eonetwork.org
Kosten	Keine Angaben

Führungskräfte und Unternehmer

Die Führungskräfte

gegründet	k. A., Deutschland
Kontakt	DIE FÜHRUNGSKRÄFTE Alfredstraße 77-79, 45130 Essen Tel.: 0201 95 97 1-0 www.die-fuehrungskraefte.de
Anliegen	Verbändenetzwerk, Förderung beruflicher Interessen der Mitglieder
Verbreitung	Deutschlandweit mit europäischen Kooperationen
Zugang	Antragsformular im Internet
Kosten	195 Euro/Jahr

Deutscher Führungskräfte Verband (ULA)

gegründet	1951, Deutschland
Kontakt	Deutscher Führungskräfteverband ULA Kaiserdamm 31, 14057 Berlin Tel.: 030-306963-0 www.ula.de
Anliegen	Dachverband, Vertretung der gemeinsamen gesellschaftspolitischen, sozialen, rechtlichen und wirtschaftlichen Interessen der Führungskräfte in Politik, Wirtschaft und Gesellschaft
Verbreitung	Deutschlandweit mit europäischen Kooperationen
Zugang	Über den jeweiligen Branchenverband
Kosten	Je nach Beiträgen des Branchenverbands

Baden-Badener Unternehmergespräche

gegründet	Erstmalig 1954, Deutschland
Kontakt	Baden-Badener Unternehmergespräche Lichtentaler Straße 92 76530 Baden-Baden Tel.: 07221 9789-0 www.bbug.de
Anliegen	Förderung des Unternehmernachwuchses, Plattform des gegenseitigen Austauschs von Persönlichkeiten aus Wirtschaft, Politik und Wissenschaft
Verbreitung	Treffen einmal jährlich
Zugang	Vom Unternehmen können Führungskräfte mit mindestens sieben Jahren Führungserfahrung, zwei davon in der Unternehmensleitung unter 50 Jahren vorgeschlagen werden, Zulassung nach Eignung
Kosten	Keine Angaben

ASU Die Familienunternehmer

gegründet	1949, Deutschland
Kontakt	Bundesgeschäftsstelle ASU Charlottenstraße 24, 10117 Berlin Tel.: 030 300 65-0 www.familienunternehmer.eu
Anliegen	Freiheit, Eigentum, Wettbewerb und Verantwortung
Verbreitung	Deutschlandweit
Zugang	Unternehmer, dessen Unternehmen sich maßgeblich in Besitz seiner und oder weiterer Familien beziehungsweise in seinem alleinigen Besitz befindet, Alter über 40, Umsatz über 1 Mio. Euro/Jahr, Eintrag Handelsregister
Kosten	Jahresbeitrag nach Umsatzgröße; bis 14,9 Mio. Euro 800 Euro, von 15 bis 49,9 Mio. Euro 1.200 Euro und über 50 Mio. Euro 1.600 Euro

Junges Gemüse

Tönisteiner Kreis

gegründet	1959, Deutschland
Kontakt	Tönissteiner Kreis e. V. Haus der Deutschen Wirtschaft Breite Straße 29, 10178 Berlin Tel.: 030 20308 4090 www.toeissteiner-kreis.de
Anliegen	Gesprächskreis von Führungskräften aus Wissenschaft, Wirtschaft und Politik mit Auslandserfahrung
Verbreitung	Mitglieder international, regelmäßige Treffen in Berlin
Zugang	Auf Empfehlung, Alter unter 35, Hochschulabschluss, Auslandserfahrung
Kosten	215 Euro Jahresbeitrag

BJU Die jungen Unternehmer

gegründet	1950, Deutschland
Kontakt	DIE JUNGEN UNTERNEHMER – BJU Charlottenstr. 24, 10117 Berlin Tel.: 030 300 65-0 www.bju.de
Anliegen	Interessenvertretung der Mitglieder, Juniororganisation des ASU
Verbreitung	Deutschlandweit, europäische Kooperationen
Zugang	Unternehmer mit mindestens zehn Beschäftigten oder 1 Mio. Euro Jahresumsatz, Eintrag Handelsregister
Kosten	Nach Umsatzgröße bis 14,9 Mio. Euro 600 Euro, von 15 bis 49,9 Mio. Euro 1.000 Euro und ab 50 Mio. Euro 1.400 Euro

Young Presidents Organisation

gegründet	1950, USA
Kontakt	Keine deutsche Niederlassung www.ypo.org
Anliegen	Vernetzung von Nachwuchsführungskräften
Verbreitung	International
Zugang	Für Führungskräfte unter 45 mit mindestens 50 Angestellten und einem Personalbudget von mindestens 1 Mio. Dollar
Kosten	Je nach Chapter mehrere Tausend Dollar Aufnahme- und Jahresgebühr

Regionale Netzwerke

Industrieclub Sachsen

gegründet	1990, Deutschland
Kontakt	Industrieclub Sachsen e.V. Blasewitzer Straße 41, 01307 Dresden Tel.: 0351 213914 50 www.inmdustrieclub-sachsen.de
Anliegen	Stärkung der regionalen Entwicklung
Verbreitung	Regional, Kooperationen mit anderen Industrieclubs
Zugang	Auf Antrag
Kosten	Auf Anfrage

Industrieclub Thüringen

gegründet	1998, Deutschland
Kontakt	Industrieclub Thüringen Hotel Elephant / Frau Ursula Sander Markt 19, 99423 Weimar Tel.: 03643 802-642 www.industrieclub-thueringen.de
Anliegen	Stärkung der regionalen Entwicklung
Verbreitung	Regional, Kooperationen mit anderen Industrieclubs
Zugang	Antragsformular online erhältlich
Kosten	Auf Anfrage

Industrieclub Potsdam

gegründet	1998, Deutschland
Kontakt	Industrieclub Potsdam »Christian Peter Wilhelm Beuth« e. V. Weinbergstraße 20, 14469 Potsdam Tel.: 0331 2 33 39 90 www.industrieclub-potsdam.de
Anliegen	Stärkung der regionalen Entwicklung in der Tradition des »Vereins zur Beförderung des Gewerbefleisses in Preussen von 1821«
Verbreitung	Regional, Kooperationen mit anderen Industrieclubs
Zugang	Auf Antrag
Kosten	Auf Anfrage

Verein Berliner Kaufleute und Industrieller

gegründet	1879, Deutschland
Kontakt	Verein Berliner Kaufleute und Industrieller e.V. Ludwig Erhard Haus Fasanenstr. 85, 10623 Berlin Tel.: 030 72 61 08 – 0 www.vbki.de
Anliegen	Netzwerken, Unterstützung von Bildung, Wissenschaft und Kultur
Verbreitung	Berlin
Zugang	Über zwei Bürgen aus dem Verein
Kosten	Für Personen: Aufnahmegebühr 634 Euro, Jahresbeitrag 317 Euro Für Firmen (ohne Bürgen): Jahresbeitrag 1.500 bis 2.500 Euro

Der Club zu Bremen

gegründet	1783, Deutschland
Kontakt	Der Club zu Bremen Haus Schütting Am Markt 13, 28195 Bremen Tel.: 0421 323094 www.dczb.de
Anliegen	Internationale Zusammenarbeit Bremer Mitglieder fördern
Verbreitung	Bremen
Zugang	Aufnahme muss von zwei Mitgliedern beantragt werden
Kosten	Für Personen: Jahresbeitrag 260 Euro Für Firmen: Jahresbeitrag 520 Euro

Exportclub Bayern

gegründet	1948, Deutschland
Kontakt	Export-Club Bayern e. V. Haus der Bayerischen Wirtschaft Max-Joseph-Straße 5, 80333 München Tel.: 089 30 907 19-0 www.export-club.org
Anliegen	Internationale Geschäfte bayerischer Unternehmen fördern
Verbreitung	Bayern
Zugang	Aufnahmeantrag (unter Berufung auf zwei Referenzen von Mitgliedern) online
Kosten	Personen: Jahresbeitrag 160 Euro, Firmen: Jahresbeitrag ab 350 Euro

Marketing- und Empfehlungsnetzwerke

Business Network International (BNI)

gegründet	1985, USA
Kontakt	BNI GmbH & Co. KG (Österreich und Deutschland) Erdbergstr. 32-34/3/9, 1030 Wien, Österreich www.bni.de
Anliegen	Kontakte zwischen den Mitgliedern knüpfen, offensiv gegenseitig empfehlen
Zugang	Aufnahmeantrag online, Mitgliedschaft für ein oder zwei Jahre, dann Prüfung der Aktivität
Kosten	Aufnahmegebühr 150 Euro, Jahresbeitrag 780 Euro (ein Jahr), 1.380 Euro (zwei Jahre), plus 19 % Umsatzsteuer

Stichwortverzeichnis

A

Affiliate-Marketing 160
   Affilinet 160
   Zanox 160
Alumni 35
Alumni-Netzwerk 104
App
   RSS-Feeds 168
Aufgabenverwaltung 128
Auftreten 230
Ausstattung 113
   Bewerbung 118
   Flyer 118
   Handout 117
   Informationsmaterial 119
   Veranstaltungen 225
   Visitenkarten 114
Authentizität 74, 117

B

Bekanntheitsgrad 52
Benchmarking 92 f.
Beschwerdemanagement 56
Bewertungsportale 45
   Qype 176, 248
   Yelp 177
Beziehungen 30, 39
   soziale 33
Brainstorming 91
   Faktoren 90
   Software 91
Budget 278
Business-Netzwerke siehe
   Geschäftsnetzwerke 139

C

CAPup 154
Chat 66
Customer Relationship Management siehe
   Kontaktorganisation 125

D

Datensicherheit 133
   Cookies 134
   Flash-Cookies 134
   Internet Explorer 134
   IP-Adresse 133
   Logfile 133
   Proxy 135
   Spyware 136
Diskussionsrunde 234
Dresscode 230

E

E-Mail
   Signatur 120
Ehrenamt 220
Elevator Pitch 233
Empfehlungen 47, 53, 57, 217
Empfehlungsnetzwerke 50, 176
Empfehlungstreffen 222
Experte 234
Expertennetzwerke 53
Expertenportale 175
   Anwälte 175
   Fachkräfte 175
Eyseneck, Hans Jürgen 76

F

Facebook 157, 274
   Anwendungen 158
   Seiten 157
Familie 34
Fax 120
Flurfunk 50
Frauennetzwerke 261
   Akademikerinnen 264
   nach Berufsgruppen 263
   politisch 265
   religiös 266
   Selbstständige und Führungskräfte 262
Fremdwahrnehmung 74

G

Geschäftsnetzwerke   139
   LinkedIn   151
   WEPS   154
   XING   140
Gewerkschaften   50, 256
Grußkarten siehe Kontaktpflege   108

I

Informationssuche
   Google   132, 138
Interkulturelle Kompetenz   201
Intranet   178

J

Jobmessen   258
Jobportale   177
   Experteer   177
   Jobscout   177
Jobsuche   56, 177
   Fach-Portal   161
   Internetportale   160
   Jobmesse   224

K

Kanten   39
Karrieremessen   258
Kleidung   204, 230
Knigge   195
Knoten   39
Körpersprache   71, 229
Kommunikation   63, 283
   Annahmen   63
   Ebenen   67
   Fauxpas   72
   Fragen stellen   71
   Körpersprache   70
   Komplimente   69
   S-O-R-Paradigma   66
   Sender-Empfänger-Modell   64
   Signale   64
   Störung   64 f.
   Streit   72
   Vier-Ohren-Modell   66
Komplimente   214
Kontakte
   aktuelle   101
   Bestandsaufnahme   101

dritten Grades   39
ehemalige   104
erfassen   277
ersten Grades   39, 103
Familie   102
Freizeitkontakte   103
Freunde   102, 104
Geschäftskontakte   102
Klassenkameraden   104
Kollegen   102
Organisation siehe Kontaktorganisation
   121
Pflege siehe Kontaktpflege   104
wiederbeleben   112
zweiten Grades   39, 41, 95, 165
Kontaktkategorien   104, 106
   ABC-Kontakte   106
   aktiv   105
   VIP   105
Kontaktorganisation   121
   ABC-Kontakte   121
   CRM   125
   elektronisch   123
   physisch   122
Kontaktpflege   107
   Anrede   110
   E-Mail   109
   Geschenke   109
   Gratulation   108
   Grußformeln   111
   Grußkarten   108
   Mailings   110
   Telefonat   109
   Visitenkarten   116
Kontaktverwaltung   108
Kooperationen   52
Kunden
   gewinnen   44, 49
   suchen   49
Kundenbeurteilung   106
Kundenkontakt   44

L

Lebenssituation   31
LinkedIn   139, 151
   Anwendungen   154
   Gruppen   153
   Kontakte   152
   Mitgliedschaft   151
   Nachrichten   153
   Navigation   152

Profil 151
Stellensuche 153
Lobbyarbeit 209

M

Mailings 166
Messen 55
  als Aussteller 219
  als Besucher 218
  Kontakte 218
  Marktüberblick 223
  Warenpräsentation 222
  Zuschüsse 219
Messen siehe auch Veranstaltungen 218
Mindmapping 91, 101, 103, 105
  Ordnung schaffen 91
  Software 91
Multiplikator 95

N

Netzwerkauswahl 188
  Arbeitnehmer 191
  Arbeitslose 191
  Führungskräfte 190
  nach Zielen 194
  Selbstständige 189
  Vertriebler 190
Netzwerkbegriff 29, 31
  betriebswirtschaftlicher 32
  geisteswissenschaftlicher 33
  technisch 32
Netzwerke 45
  aboutdrinks® 247
  Ärztinnenbund 263
  Amerika Haus 269
  Ampel 250
  Architektenkammer 251
  ATIAD 269
  Autoren-Club 254
  Banking-Club 247
  BdU 254
  Bhive 206
  bitcom 246
  BNI 190
  Bücherfrauen 264
  Bund der Selbstständigen 242
  Bundesärztekammer 249
  Bundesverband der Deutschen Industrie 243

Bundesverband der Freien Berufe 249
Bundesverband der Migrantinnen in Deutschland 269
Business Angels Netzwerk Deutschland 59
companize 256
Designerinnenforum 264
Deutsch-Polnische-Gesellschaft 269
Deutsche Akademikerinnenbund 264
Deutsche Hotel- und Gaststättenverband 247
Deutscher Behindertenrat 270
Deutscher Designer Club 253
Deutscher Frauenrat 261
Deutscher Frauenring 261
Deutscher Führungskräfteverband 190
Deutscher Ingenieurinnenbund 264
Deutscher Journalistenverband 190
DGB 256
dialog 269
DJV 253
Explorers Club 270
Facebook 55
Feministische Partei Die Frauen 266
Frauen im Management 263
Händlerbund 244
Handwerkskammer 245
Hartmannbund 249
HRnetworx 247
IHK 242
InDe Network 269
Ingenieurskammer 251
Integrationsämter 270
Kiwanis 60
Kiwanis International 190
Leo Clubs 60
Lions Club 60, 190
LSVD 268
Mensa in Deutschland 270
MerkMal! 270
MUT 269
MyHandicap 269
NENA 205
Netzwerk arbeitsloser Akademiker 58
Netzwerk der Kreativen 253
Netzwerk erwerbsloser Akademiker 259
Netzwerk Integration 269
Qype 176
Rotary Club 60, 190
Round Table 60
Sekretaria 176
Soroptimist 263
Soroptimisten 60, 274
Steuerberaterkammer 251

Terre de femmes 262
VDI 251
Verband deutscher Unternehmerinnen 262
Verband leitender angestellter Führungskräfte 190
Völklinger Kreis 268
webgrrls 263, 276
Weibernetz 262, 270
Wirtschaftsjunioren 42, 243
Wirtschaftsprüferkammer 251
Wirtschaftsweiber 268
Zonta 60, 262
Netzwerke für...
Abenteurer 270
Ärzte 249
Arbeitnehmer 256
Arbeitslose 259
Architekten 251
Banker 247
Berater 254
Berufseinsteiger 257
Designer 253
Entdecker 270
Frauen siehe Frauennetzwerke 261
Gaststättengewerbe 247
Gewerbetreibende 241
Handwerker 245
Hochbegabte 270
Homosexuelle 267
Informatiker 246
Ingenieure 251
Journalisten 253
Migranten 268
Öko-Bauern 244
Personaler 246
Rechtsanwälte und Notare 252
Selbstständige 242
Steuerberater und Wirtschaftsprüfer 251
Therapeuten 250
Tierärzte 250
Wissenschaftler 248
Netzwerken
Angst überwinden 89
bemerkt werden 182
Definition 30
Einstieg 279
firmenintern 207
in der Freizeit 220
Krisensituationen 97
Material 279
Nutzen 46
Online-Profil 136

Regeln 281
Rituale 200
Typologie der Beteiligten siehe Netzwerkertypen 73
Verhaltensweisen 182
Voraussetzungen 73
Vorüberlegungen 277
Zeitplanung 97
Ziele siehe Ziele 88
Netzwerken für...
Angestellte 44, 49, 191
Arbeitslose 56, 191
Freiberufler 42
Manager 41
Selbstständige 51, 189
Unternehmen 43, 46, 54
Netzwerkertypen
Analytiker 78, 82, 193
bekannte Persönlichkeiten 83
Choleriker 76
Homo dictyous 75
Macher 78 f., 192
Melancholiker 76 f.
Phlegmatiker 76
Sanguiniker 76 f., 79
Selbsttest 84
Star 78, 80, 192
Temperamente 76
Test 84
Umgänger 78, 81, 193
Netzwerkstrategie siehe Strategie 96
Netzwerktheorie 33
Netzwerktreffen 216
Nachbereitung 122
Netzwerktypen 278
Netzwerkverhalten 186
Ämter übernehmen 183
Ausreden 198
Begrüßung 200
Beziehung aufbauen 184
Ehrlichkeit 198
Empfehlungen abgeben 183
Etikette 195 f.
Geduld 199
Grundlagen 197
Höflichkeit 197
Kleidung 204
Lebensstil 204
Projekte einschätzen 187
Pünktlichkeit 197
Selbstaufopferung 187
Selbstreflexion 199
telefonieren 200

Umgangsformen 196
Vorstellen 183
Werte 203, 213
Werteebenen 203
Zuverlässigkeit 198
Netzwerkziele 223
Newsletter 110, 125, 166

P

Pareto-Prinzip 106
Persönlichkeitsmodell 78
  Big-Five-Modell 78
  OCEAN 78
Portfolio 234
Praktikumsbörsen 256

R

Referenzen
  Ausstattung 118
Reputation 42, 47, 54, 275
RSS-Channel 168
RSS-Feed 167 f.
  Software 168
RSS-Reader 168

S

Schneeballsysteme 43
Schultz von Thun, Friedemann 66
Selbstwahrnehmung 74
Service-Clubs 50, 60
  Lions Club 252
  Rotary Club 252
Small Talk 68, 90, 105, 184, 214, 223, 231, 284
  Dauer 69
  Fettnäpfchen 69
  Gesprächseinstieg 69
  Themen 68, 70
SMART siehe Ziele 89
Soziale Netzwerke 139, 155
  Facebook 157, 177
  Google+ 160
  Lokalisten 159
  MySpace 159
  VZ-Netzwerke 159
Soziogramme 33
Spreed 149

Stammbaum 34
Statussymbole 205
Sternnetzwerk 32, 34, 36
Strategie 87, 94
  Instrumente 96
  Planung 97
  Taktik 94 f.
Successity 154

T

Telefonate 109
Terminorganisation 124, 127
Terminverwaltung 124
  elektronisch 128
  online 126
  Software 125
Twitter 149, 155, 274
  @ Erwähnung 156
  direct message 156
  Promoted Tweets 157
  Retweet 156

V

vCard 119
Verabredungen
  Abendessen 211
  Besprechungsraum 212
  Brunch 210
  Kaffee 210
  Mittagessen 210
  Restaurants 212
Veranstaltungen 215
  Anmeldung 227
  Auswahl 223
  Feedback 222
  Formalitäten 225
  Fristen 225
  Hauptversammlung 216
  Jobmessen 224
  Kooperationspartner finden 224
  Material 226
  Mitgliedertreffen 216
  Nachbereitung 228, 238
  private 221
  selbst organisieren 235
  Selbstpräsentation 232
  Solidaritätsveranstaltungen 220
  Termine 230
  Verhalten 229

Visitenkartenpartys 222
Vorbereitung 228, 235
Vorträge 217
Weiterbildung 217
Workshops 221, 235
Ziele 221
Verbraucherzentrale 45
Vertrauen 40, 47, 68, 213
Vertrieb 43, 49, 190
Visitenkarten 114, 219, 225, 279
Gestaltung 114
Grafiken 115
Größe 115
Inhalt 115
Layoutvorlagen 116
Ringbuch 122
Rolodex 122
Texterkennungssoftware 123
Zweck 114
Visitenkartenpartys 216, 222
Vortrag 227
halten 232
Lebenslauf 233

W

Watzlawick, Paul 63
Weiterbildung 58
Werte
Höflichkeit 66
Respekt 281
Verantwortung 282
Zurückhaltung 283
Win-win-Situation 48, 81, 275, 282
Workshops siehe Veranstaltungen 235

X

XING 39, 42, 138 ff., 274
Applikationen 148
Best Offers 147
Einstellungen 143
Erweiterte Suche 164, 170
Event organisieren 174

Events 146
Goldmind 151, 176
Gruppen 146, 165, 173, 176, 220
Gruppennewsletter 167
Jobanzeigen schalten 145
Jobsuche 143, 145
Kontakte 143, 144, 170, 171
Kosten 140
Mitglieder suchen 144, 163
Mitgliedschaft 140, 143
mobil 148
Nachrichten 142
Navigation 142 f.
Powersuche 144
Privatfreigabe 142
Privatsphäre 172
Profil einrichten 141
Profilfoto 141
Referenzen eintragen 141
Status 171
Themenseiten 140
Treffen vereinbaren 174
Unternehmen suchen 147
Unternehmensprofil 147
Vorteilsangebote 147

Z

Zeitaufwand 97
Engagement 98
Nachbearbeitung 99
Orientierung 98
Zeitwahrnehmung 202
Ziele 87 ff., 92 f., 95 f., 214, 277
Absicherung 276
Bekanntheitsgrad 194
bestimmen 89
formulieren 88
Jobsuche 194
Kooperationspartner 88, 194, 274
Kunden gewinnen 48
SMART 89 ff.
Spaß 276
Umsatz 88, 194
Zielsystem 92